"十二五"普通高等教育汽车服务工程专业规划教材

（第二版）

工程热力学与传热学

Gongcheng Relixue yu Chuanrexue

李岳林　主编

人民交通出版社

China Communications Press

内容提要

本书围绕能量转换与传递这一主线，介绍工程热力学及传热学的基本理论和基本分析方法，全书共分两篇、十二章，每章末均附有复习思考题和习题。

本书可作为非动力类各专业热工基础课教材，也可供有关工程技术人员参考。

图书在版编目(CIP)数据

工程热力学与传热学 / 李岳林主编. —2 版. —北京：人民交通出版社，2013.9

ISBN 978-7-114-10849-5

Ⅰ.①工… Ⅱ.①李… Ⅲ.①工程热力学②工程传热学 Ⅳ.①TK123②TK124

中国版本图书馆 CIP 数据核字(2013)第 198741 号

"十二五"普通高等教育汽车服务工程专业规划教材

书　　名：工程热力学与传热学（第二版）
著 作 者：李岳林
责任编辑：夏　韡
出版发行：人民交通出版社股份有限公司
地　　址：（100011）北京市朝阳区安定门外外馆斜街 3 号
网　　址：http://www.ccpress.com.cn
销售电话：（010）59757973
总 经 销：人民交通出版社股份有限公司发行部
经　　销：各地新华书店
印　　刷：北京市密东印刷有限公司
开　　本：787×1092　1/16
印　　张：14.75
插　　页：1
字　　数：377 千
版　　次：2007 年 6 月　第 1 版
　　　　　2013 年 9 月　第 2 版
印　　次：2019 年 5 月　第 4 次印刷　累计印刷 7 次
书　　号：ISBN 978-7-114-10849-5
定　　价：32.00 元

（有印刷、装订质量问题的图书由本社负责调换）

前 言
Qianyan

本书是根据全国汽车运用工程专业教学指导委员会于 1996 年在天津会议审订的"工程热力学与传热学教学基本要求"而编写的,按 50 学时安排,作为非动力类各专业学生学习热工基础的教材。2012 年在全国汽车服务工程专业教学指导委员会天津会议上决定对其进行修订;是汽车服务工程专业本科学生必学的技术基础课之一。

本书将《工程热力学》与《传热学》合二为一,抓住能量转换与传递这一主线予以阐述,注重科学性与教学性的结合,注重理论联系实际,以便学生学完本课程之后能熟练地运用热力学及传热学的基本理论和基本分析方法,进一步学好后续课程,解决实际工程技术问题。

书中采用国际单位制,鉴于目前的实际情况,书后附录列出了单位换算表。每章末均附有一定数量的复习思考题和习题,以帮助学生复习、练习和巩固所学内容。

本书由长沙理工大学李岳林教授主编(第一至四章),参加编写的还有长沙理工大学刘志强(第五、六章)、武和全(第七、九、十章)、徐小林(第十二章)、邹铁方(第八章)、吴钢(第十一章),全书最后由李岳林修改定稿。全书由长沙理工大学傅俊萍教授担任主审,审稿期间对本书书稿提出了不少有益的意见,编者在此表示衷心的感谢。

由于编者水平有限,书中缺点和错误在所难免,欢迎读者批评指正。

编 者
2013 年 4 月

目　录

Mulu

绪论 ………………………………………………………………………………………… 1

第一篇　工程热力学

第一章　基本概念 ……………………………………………………………………… 5

第一节　热力系统 ………………………………………………………………………… 5

第二节　状态和基本状态参数 …………………………………………………………… 6

第三节　状态方程、参数坐标图 ………………………………………………………… 9

第四节　热力过程、准静态过程和可逆过程 …………………………………………… 10

第五节　功和热量 ………………………………………………………………………… 12

第六节　熵和温熵图 ……………………………………………………………………… 14

第七节　热力循环 ………………………………………………………………………… 15

第二章　热力学第一定律 …………………………………………………………… 18

第一节　热力学第一定律的实质、内能 ………………………………………………… 18

第二节　热力学第一定律的数学表达式 ………………………………………………… 20

第三节　稳定流动能量方程的应用 ……………………………………………………… 25

第三章　理想气体的热力性质和热力过程 ……………………………………… 29

第一节　实际气体和理想气体 …………………………………………………………… 29

第二节　理想气体的比热容 ……………………………………………………………… 29

第三节　理想气体的内能、焓、熵 ……………………………………………………… 35

第四节　分析热力过程的目的与一般方法 ……………………………………………… 37

第五节　四种典型热力过程、多变过程 ………………………………………………… 37

第四章　热力学第二定律 …………………………………………………………… 54

第一节　热力学第二定律的任务和表述 ………………………………………………… 54

第二节　卡诺循环和卡诺定理 …………………………………………………………… 55

第三节　熵的导出 ………………………………………………………………………… 59

第四节　孤立系统熵增原理 ……………………………………………………………… 61

第五章　气体的流动 ………………………………………………………………… 69

第一节　一元稳定流动的基本方程 ……………………………………………………… 69

第二节　促使流速改变的条件 …………………………………………………………… 70

第三节　气体流经喷管的流速和流量 …………………………………………………… 73

　　第四节　喷管中有摩擦的绝热流动过程 ………………………………… 78
　　第五节　绝热节流过程 ………………………………………………………… 79
第六章　气体的压缩过程及动力循环 …………………………………………… 82
　　第一节　压气机的压气过程 …………………………………………………… 82
　　第二节　活塞式内燃机循环 …………………………………………………… 88
　　第三节　增压内燃机及其循环 ………………………………………………… 93
第七章　水蒸气和湿空气 ………………………………………………………… 96
　　第一节　水蒸气的热力性质 …………………………………………………… 96
　　第二节　理想混合气体的基本性质 ………………………………………… 104
　　第三节　理想混合气体的比热容、内能、焓和熵 ………………………… 108
　　第四节　湿空气的基本概念 ………………………………………………… 109
　　第五节　湿空气的焓－湿图 ………………………………………………… 113
第八章　制冷循环 ……………………………………………………………… 119
　　第一节　制冷装置的理想循环及制冷系数 ………………………………… 119
　　第二节　蒸汽压缩制冷装置循环 …………………………………………… 120
　　第三节　其他制冷装置 ……………………………………………………… 124
　　第四节　制冷剂 ……………………………………………………………… 126

第二篇　传　热　学

第九章　导热 …………………………………………………………………… 137
　　第一节　基本概念 …………………………………………………………… 137
　　第二节　导热的基本定律 …………………………………………………… 138
　　第三节　导热微分方程式 …………………………………………………… 139
　　第四节　简单形状物体的一维稳态导热计算 ……………………………… 141
　　第五节　通过肋片的稳态导热 ……………………………………………… 145
第十章　对流换热 ……………………………………………………………… 153
　　第一节　对流换热的基本概念 ……………………………………………… 153
　　第二节　牛顿冷却公式 ……………………………………………………… 156
　　第三节　对流换热的实验方法 ……………………………………………… 158
　　第四节　对流换热的分析计算 ……………………………………………… 164
第十一章　热辐射和辐射换热 ………………………………………………… 175
　　第一节　热辐射的基本概念及基本定律 …………………………………… 175
　　第二节　固体表面间的辐射换热 …………………………………………… 181
　　第三节　辐射换热的网络求解法 …………………………………………… 187
第十二章　传热与换热器 ……………………………………………………… 192
　　第一节　概述 ………………………………………………………………… 192
　　第二节　传热过程 …………………………………………………………… 192
　　第三节　传热的增强和减弱 ………………………………………………… 196
　　第四节　间壁式换热器及其热计算原理 …………………………………… 197
　　第五节　效率——传热单元数热计算法 …………………………………… 203

附　录

附录 A　单位换算表 ·· 208

附录 B1　饱和水与干饱和蒸汽表（按温度排列）···················· 209

附录 B2　饱和水与干饱和蒸汽表（按压力排列）···················· 211

附录 C　未饱和水与过热蒸汽表 ···································· 213

附录 D　金属材料的密度、比热容和导热系数 ···················· 217

附录 E　保温、建筑及其他材料的密度和导热系数 ················ 219

附表 F　干空气的热物理性质$(p=760mmHg\approx1.01\times10^5Pa)$ ··· 220

附录 G　未饱和水(1.013×10^5Pa)和饱和水的热物理性质 ······ 221

附录 H　干饱和水蒸气的热物理性质 ······························ 223

参考文献 ·· 225

3

目
录

绪　论

一、热能的利用

用来产生各种所需能量的自然资源称为能源。能源是人类赖以生存和发展所必需的燃料和动力来源，是发展生产和提高人类生活水平的重要物质基础。自然界中存在的能源主要有：风能、水能、太阳能、地热能、燃料化学能、原子能等。在这些能源中，除风能和水能是以机械能的形式直接被利用外，其他各种能源只能直接或间接地（通过燃烧、核反应）提供热能。据统计，有85% ~90%的能源是转换成热能后再加以利用的。

热能利用的方式有两种。一种是通过各种类型的发动机（热机）及发电机，使燃料热能转变为机械能或电能。例如内燃机、蒸汽动力装置、燃气动力装置等都能实现热能的转换并获得机械能或电能。这是热能利用的重要方式，这种热能的间接利用方式极其重要，是人类文明及生产发展的物质基础。然而热能的间接利用，还存在着热能转为机械能或电能过程中的有效程度的问题。如在热力发电厂中，最简单的装置，热能有效利用率只有25%左右，最先进的大型装置也只能达到40%左右。而交通运输中的汽车、火车、飞机及轮船，热能的有效利用率更低。因此，如何在动力装置中提高热能的有效利用率，是热能科技工作者的首要任务。热能利用的另一种方式是热能的直接利用，如工业生产中的冶炼、加热、干燥及分馏等，又如日常生活中的热水供应及采暖等。工业中的热能直接利用的设备很多，如各种工业炉窑、工业锅炉、各种加热器、蒸发器、冷凝器等。研究工业设备中的热量传递规律也是热力学的重要课题。

二、热力学的发展简史

人们对热的本质及热现象的认识，经历了一个漫长的、曲折的探索过程。在古代，人们就知道热与冷的差别，能够利用摩擦生热、燃烧、传热、爆炸等热现象，来达到一定的目的。但在很长时间内，只看到了热的现象，认为热是一种没有形体的"热素"，物体得之则热，失之则冷。直到1850年，由于迈耶（Mayer）和焦耳（Joule）等人的艰苦实践，才确立了热能之间的当量关系，也就是确认了热力学第一定律。1850 ~1851年间，克劳修斯（Clausius）和汤姆逊（Thomson）先后提出了关于热能和机械能在转换上存在着方向性问题，即热力学第二定律的基本观点。它们都是从无数实践经验中总结出来的、公理性的定律。这两个定律的确立，奠定了热力学的基础。

在热力学形成的初期，主要是研究热机中热能和机械能的转换。后来，随着热力学本身的不断发展，除了指导热机的发展外，又被广泛应用到其他自然科学和生产部门中去。它在工程、物理、化学、生物等学科上都显得很重要，不但与热机、制冷、热泵、空气分离、空气调节等传统工程有关,而且发展到宇宙航行、海水淡化、城市排污、超导传递、化学精炼、高能激光及新能源探索等新技术领域中。

三、本课程的研究对象和主要内容

热力学是研究能量(特别是热能)性质及其转换规律的科学。工程热力学是研究热能与机械能相互转换的一门学科。它的主要内容包括三部分:

(1)介绍构成工程热力学理论基础的两个基本定律——热力学第一定律和热力学第二定律;

(2)介绍常用工质的热力性质;

(3)根据热力学的基本定律,结合工质的热力性质,分析计算实现热能和机械能相互转换的各种热力过程和热力循环,阐明提高转换效率的正确途径。

传热学是研究热量传递规律的学科。由于热能可以自发地从高温物体向低温物体传递,所以,只要存在温差,就必然有热能的传递过程。传热学的主要内容就是对传热的基本方式和实际的传热过程进行分析,研究物体内部或物体与物体之间的热能传递机理,从而找出提高传热效果或减少热损失的途径以及常见简单物体内温度分布规律的建立。

四、热力学的研究方法

热力学的研究有两个途径:一是现象或经典热力学;二是统计热力学。经典热力学完全由宏观现象出发,以实践为基础来描述客观规律,把由大量分子组成的物质看成是连续均匀的整体,采用一些宏观物理量来描述物质所处的状况,并且根据两个基本定律,导出这些物理量之间的普遍关系,因此具有高度的普遍性和可靠性。经典热力学的结构比较简单,只要利用几个基本概念就能进行热力学定律的推演,而这些基本概念较为直观,易于理解,涉及的变量也少。

统计热力学是研究热现象的微观理论。它从物质内部的微观结构出发,应用力学规律说明分子的运动,并用统计的方法说明大量分子紊乱运动的统计平均性质。因而它能够从物质内部的微观运动机理,更好地说明宏观热现象的物理实质。但它的分析过程较为复杂,不像宏观理论那样直观、简单,故主要用于理论研究工作。

传热学同热力学一样,从根本上说同属于物理学领域,在研究方法上常采用实验物理和理论物理两种方法。

本课程主要采用宏观方法进行讨论。为了帮助对某些热现象的进一步理解,必要时,则以微观分析方法作适当的解释。

第 一 篇

工程热力学

　　现代工业、农业、交通运输和国防建设等领域广泛使用着各种动力机械,如蒸汽机、汽油机、柴油机、汽轮机、燃气轮机、喷气发动机等。虽然它们具有不同的结构,使用不同的燃料,但从能量转换观点看,它们有个共同点,即都是将燃料燃烧时所释放的化学能首先转换为热能,再通过工作媒质(工质)的作用转变为机械能或进一步转化为电能。工程热力学正是研究这种能量转换规律的学科。

第一章 基本概念

在开始研究热功转换的基本规律之前,要建立一些必要的基本概念,如热力系统、热力状态、热力过程、热力循环等。正确理解和掌握这些概念,对学会热力学的分析方法并用来解决能量转换的实际问题是很重要的。

第一节 热力系统

作任何分析研究,首先必须明确研究对象。热力系统就是具体指定的热力学研究对象。把热力系统外面与热功转换过程有关的其他物体统称为外界。对于外界一般只笼统地考察它们和热力系统间传递的热量和机械功。热力系统和有关的外界之间的分界面称为边界。边界面可以是真实的(如图1-1和图1-2中取气体工质为热力系统时,汽缸内壁和活塞内壁可以认为是真实存在的界面),也可以是假设的(如图1-2中进口截面和出口截面便是假想的界面);可以是固定的,也可以是变动的(如图1-1中当活塞移动时界面发生变化)。

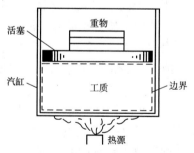

图 1-1 汽缸热力系统

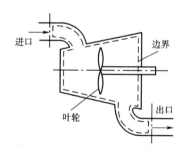

图 1-2 汽轮机热力系统

热力系统的选取,取决于研究的目的和任务。它可以是某种物质,如汽缸中的气体;也可以是一部动力设备,如包括油箱、发动机、循环水泵在内的整个机器;也可以是某一特定的空间,如研究喷气发动机时尽管划定范围内的物质随时在更换,而我们仍将划定的空间作为热力系统。有时在划定的空间内也许不存在任何物质,如研究真空中的辐射,它也是一个热力系统。

在作热力学分析时,既要考虑热力系统内部的变化,也要考虑热力系统通过界面和外界发生的能量交换和物质交换。工程热力学主要关注系统与外界之间的相互作用,根据系统与外界相互作用的不同情况,可将热力系统分为以下四种类型:

(1)闭口系统:在所研究的时间内,系统与外界只有热量和机械能等能量的交换而无物质的变换。如图1-1所示,汽缸中的工质在膨胀时,工质的质量不变,但从外界吸入热量并举起重物提高了它们的势能。

（2）开口系统：在所研究的时间内，系统与外界不仅有热量和机械能等能量的交换，而且有物质的交换。如图1-2所示，在进出口处分别有气体携带着热能及宏观动能通过边界进出系统，同时气流推动叶轮通过轮轴向外界输出机械能。

（3）绝热系统：在所研究的时间内，系统与外界无热量交换，但有其他能量的交换。

（4）孤立系统：在所研究的时间内，系统与外界既无能量交换，也无质量交换。

必须指出，真正的绝热系统和孤立系统是不存在的。例如，研究气体在汽缸中的压缩或膨胀过程，不可避免地与外界有热量的交换。但是，为了突出主要矛盾，忽略所交换的微小的能量和质量，抽象成为绝热系统或孤立系统，使问题得以简化。

第二节　状态和基本状态参数

一、热力状态和平衡状态

热动力装置中，热能向机械能的转换是借助于工质吸热和对外膨胀做功来完成的。显然，在此过程中，工质的压力、温度等一些物理特性随时都在改变，或者说工质的状态随时都在改变。热力学中把工质所处的某种宏观状况称为工质的热力状态，简称状态。用来描述和说明工质状态的一些物理量（如压力、温度等）则称为工质的状态参数。状态参数值只取决于工质的状态，也就是说，对应一定的状态，工质的各状态参数有确定的数值。因而，任何物理量，只要它的变化量等于始、终两状态下该物理量的差值，而与工质的状态变化途径无关，都可以作为状态参数。

描述热力系统的状态时，如果整个系统的状态参数均匀一致，在系统内到处有相同的温度和相同的压力，那么系统的每一个状态参数可各用一个确定的数值表示。例如，我们说工质在某一状态下具有温度 $T(\mathrm{K})$，这就意味着这时系统内工质各点的温度都是 T，否则 T 这个数值就说明不了工质的状况。系统内工质各点相同的状态参数均匀一致的这种状态，在热力学上称作"平衡状态"，如无外界的影响，系统内工质各部分的状态将不再随时间而变化，亦即平衡状态不会自发地破坏。

一个热力系统，当其内部无不平衡的力，且作用在边界上的力和外力相平衡，因而各部分间不会发生相对位移，则该热力系即处于力平衡。若热力系统内的温度各部分间无温度差别，且等于外界温度，因而就不会发生热的传递，则该热力系统即处于热平衡。所以，为了能够实现平衡状态，必须满足力平衡、热平衡条件。如热力系统内还存在化学反应，则还要包括化学平衡。

工程热力学只对平衡状态进行分析研究，这是因为处于不平衡状态时，工质各部分的状态参数不尽相同，且随时间而变化，还常发生热量传递、相对位移，无法用共同的参数来简单描述工质所处的状态。依平衡状态分析，所得的结果与实际变化相差不大，这就使得研究工质的状态和状态变化规律的工作得到很大的简化。因此，我们研究的热力学是平衡状态下的热力学，不涉及时间因素。

二、基本状态参数

在工程热力学中常用的状态参数有六个，即压力、质量体积（俗称比容）、温度、内能、焓和熵。其中压力、质量体积和温度可以直接测量,也比较直观,称为基本状态参数。下面先介绍这三个基本状态参数。

1. 压力

压力是指单位面积上承受的垂直作用力,即

$$p = \frac{F}{A}$$ (1-1)

式中:p——压力;

F——垂直作用力;

A——面积。

根据分子运动论,气体的压力是大量分子向容器壁面撞击的平均结果。式(1-1)算出的压力是气体的真正压力,称为绝对压力。由于测量压力的仪表通常总是处于大气环境中,因此不能直接测得绝对压力,而只能测出绝对压力和当时当地的大气压力的差值(参看图1-3),当气体的绝对压力高于大气压力时,压力表所指示的是绝对压力超出大气压力的部分,称为表压力(p_g):

$$p_g = p - p_b$$ (1-2)

式中:p_b——大气压力,可用气压表测定。

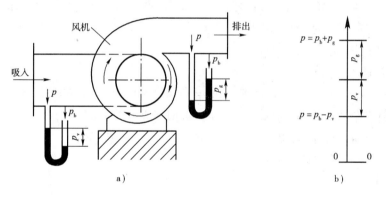

图1-3 压力测量

当气体的绝对压力低于大气压力时,真空表所指示的是绝对压力低于大气压力的部分,称为真空度(p_v):

$$p_v = p_b - p$$ (1-3)

因此,如果需要知道气体的绝对压力,仅仅知道压力表或真空表的读数是不够的,还必须知道当时当地气压表的读数,然后通过下列关系式将绝对压力计算出来:

$$p = p_b + p_g$$ (1-4)

$$p = p_b - p_v$$ (1-5)

显然,大气压力是经常变化的,所以即使绝对压力不变时,随着大气压力变化,表压力或真空度也要发生变化。因而作为气体状态参数的压力,只能是气体的绝对压力。

常用测定气体压力的有 U 形管压力表和弹簧管压力表,一般测量较小的压力常用 U 形管压力表。用 U 形管压力表(或真空表)通过液柱高度差测定表压力(或真空度)时,其换算关系如下:

$$p_g(或 p_v) = \rho g \Delta z$$ (1-6)

式中:ρ——液体的密度;

g——重力加速度；

Δz——液体高度差。

在法定单位制中，压力的单位是帕（Pa）即 N/m^2，在工程使用时嫌太小，而以 MPa 为应用单位。常用压力单位与法定压力单位换算见表1-1。

常用压力单位与法定压力单位换算   表1-1

压力单位名称	压力单位代号	与帕的换算关系	备 注
标准大气压	atm	$1\,atm = 101325\,Pa$	
巴	bar	$1\,bar = 10^5\,Pa$	
托 （毫米汞柱）	Torr （mmHg）	$1\,Torr = 1\,mmHg$ $= 133.32\,Pa$	Torr 及 mmHg 均为习惯上常用的符号
工程大气压 （千克力/厘米²）	at （kgf/cm²）	$1\,at = 1\,kgf/cm^2$ $= 9.80665 \times 10^4\,Pa$	
毫米水柱	mmH_2O	$1\,mmH_2O = 9.80665\,Pa$	mmH_2O 为习惯上常用的符号

【**例1-1**】 某柴油机在做惯性增压试验时，测得汽缸内燃烧气体的最高压力为 $72.94 \times 10^5\,Pa$，进气管的真空度为 $293 \times 10^2\,Pa$，试验时气压表读数为 $1.007 \times 10^5\,Pa$，试计算这两处的绝对压力各为多少 Pa？

解：（1）汽缸压力 p_1：

$$p_1 = p_a + p_g = 1.007 \times 10^5 + 72.594 \times 10^5 = 73.601 \times 10^5\,Pa = 7.3601\,(MPa)$$

为了避免复杂的计算，有时认为大气压力近似地为 $10^5\,Pa$，则

$$p_1 = 10^5 + 72.594 \times 10^5 = 73.594 \times 10^5\,(Pa)$$

两者误差不超过 0.02%。

（2）进气管压力 p_2：

$$p_2 = p_b - p_v = 1.007 \times 10^5 - 293 \times 10^2 = 0.7137 \times 10^5\,(Pa)$$

同样，当 p_b 等于 10^5 时，则

$$p_2 = 10^5 - 293 \times 10^2 = 0.714 \times 10^5\,(Pa)$$

两者误差将近 1%。所以，工程上当绝对压力较高时，常将大气压力近似地等于 $10^5\,Pa$，而在绝对压力接近大气压力时，作这种近似处理则将影响计算的精确度。

2. 质量体积

单位质量工质所占有的容积称为质量体积，以符号 v 表示，单位为 m^3/kg，即

$$v = \frac{V}{m} \tag{1-7}$$

式中：V——容积；

m——质量。

单位容积内工质的质量称为密度，以 ρ 表示，单位为 kg/m^3，即

$$\rho = \frac{m}{V} = \frac{1}{v} \tag{1-8}$$

可知质量体积与密度互成倒数。所以密度 ρ 也可以作为状态参数，它们都是描述工质

分子的密集程度。当其中一个具有确定值时,另一个也具有确定值,因此它们不能作为两个相互独立的状态参数。

3. 温度

温度是表征物体冷热程度的物理量。热物体温度高,冷物体温度低。当两个物体接触时,温度高的物体就要向温度低的物体传热。如果两者间没有热量传递,则两物体的冷热程度一样,即处于热平衡状态,两物体温度相等。"当两个物体同时与第三个物体热平衡时,这两个物体之间也必然是热平衡",这便是热平衡定律。它也是热力学的基本定律之一,它不是从热力学第一定律或第二定律推演出来的。从热力学的逻辑推理来看,它是居于热力学第一和第二定律之前,因此也称为热力学第零定律。

处于热平衡的物体具有相同的温度,这是用温度计测量物体温度的依据。当温度计与被测物体达到热平衡时,温度计的温度即等于被测物体的温度。

从微观角度分析,物体的冷热程度取决于物体内部微粒运动的状况。按分子运动理论,气体的热力学温度与气体分子的平均移动动能成正比。它们之间的关系是:

$$\frac{\overline{m}\overline{c}^2}{2} = \frac{3kT}{2} \tag{1-9}$$

式中 :$\overline{m}$——分子的平均质量;

$\overline{c}$——分子的均方根移动速度;

$\dfrac{\overline{m}\overline{c}^2}{2}$——分子的平均移动动能;

k——玻耳兹曼常数($k = 1.380662 \times 10^{-23}$ J/K);

T——绝对温度。

法定单位制中采用热力学温标,又称开尔文温标或绝对温标,计量单位用开(K)表示,温度值采用 T 表示。摄氏温标或百度温标计量单位用摄氏度(℃)表示;温度值用 t 表示。它们之间的换算关系如下:

$$T(\text{K}) = t(\text{℃}) + 273.15 \tag{1-10}$$

显然,摄氏温标的每一度(1℃)和开尔文温标的每一开(K)是相等的,只是摄氏温标的零点比开尔文温标零点高出273.15℃。

第三节　状态方程、参数坐标图

一、状态方程

对于由气体工质所组成的热力系统,当处于平衡状态时,热力系统内各部分将具有相同的压力、温度和质量体积等参数。实验指出,如维持气体的质量体积不变(v = 常数),加热后,压力将随温度的升高而增大;当压力不变时,气体的质量体积随温度的升高而加大;如果质量体积和压力都保持不变,则温度就只能是定值。由此可知,状态参数之间并不是彼此孤立的,而是相互联系的。这种内在的联系可用数学式表达,即

$$f(p,v,t) = 0 \tag{1-11}$$

式(1-11)称为状态方程,它们的具体形式取决于工质的性质,一般由实验求出,也可由理论分析求得。普通物理中所讲的理想气体状态方程 $pv = RT$ 或 $pV = mRT$ 就是一例。

二、参数坐标图

以上说明了三个状态参数之间存在内在的联系,三个状态参数中只有两个是彼此独立的。因此,用三个状态参数中的任意两个参数就可以表明工质所处的状态。这样,只要用三个基本参数中的任意两个独立参数,就可以作为一个平面直角坐标图的横坐标和纵坐标作出参数坐标图,就能清晰地表示工质所处的热力状态。如图 1-4 所示的 p-v 图(称为压容图),是以压力作为纵坐标,质量体积作为横坐标。此坐标图任意一点(如点 1 和点 2)对应于工质某一确定的状态(p_1、v_1 或 p_2、v_2)。显然,不平衡状态没有确定的状态参数,不能在状态图上表示。除以上介绍的 p-v 图以外,热力学中还用到由其他状态参数组成的坐标图,这将在后面的章节中陆续介绍。

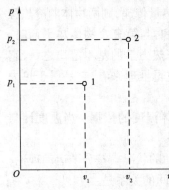

图 1-4　参数坐标图(p-v 图)

图示法具有直观、简单和便于分析等优点,本课程将广泛借助热力参数坐标图进行分析计算。在以后的学习中,将会看到 p-v 图具有特殊意义,所以使用最频繁。

第四节　热力过程、准静态过程和可逆过程

一、热力过程

当工质受到外界影响时,例如,外界对工质加热,工质所处的平衡状态遭到破坏,工质的状态就会发生变化。工质从一个状态经过一系列的中间状态变至另一状态,我们就将这种工质的状态发生变化的过程称为热力过程,简称过程。

二、准静态过程

在状态变化过程中,若平衡状态的每一次被破坏都离平衡状态非常近,而状态变化的速度(即破坏平衡状态的速度)又远远小于工质内部分子运动的速度(即恢复平衡状态的速度),则状态变化过程的每一瞬间,工质都可以认为是处于平衡状态。也就是说,工质内部各点的压力和温度随时都是均匀一致的,即随时都处于内平衡状态。这种由一系列内平衡状态所组成的(说得确切些,由无限接近平衡状态的状态组成的)过程,称为准静态过程,或准平衡过程。

在准静态过程中,工质所经历的每一个状态都是平衡状态,而任意一个平衡状态都可用 p-v 图上的一个点来表示,所以一个准静态过程就可以用 p-v 图上一条曲线来代表。如图 1-5 所示 p-v 图,图上的曲线 1-2 就代表一个准静态过程。如果工质由状态 1′ 变化到状态 2′ 所经过的不是一个准静态过程,则该过程无法在 p-v 图上表示,仅可标出其 1′、2′ 两个平衡状态,而其过程用虚线表示。

准静态过程是实际过程的理想化。因为任何热力过程

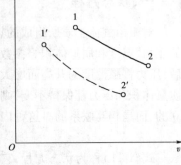

图 1-5　准静态过程示意图

都是工质状态发生变化的过程,都不可避免地要破坏工质状态原来所处的平衡状态,所以实际过程都不可能是准静态过程。但在适当的条件下,可以近似地当作准静态过程。只有准静态过程才能用热力学方法进行分析研究。

准静态过程中的每一中间状态都处于平衡态。任何过程进行时必然破坏原来的平衡,使系统处于非平衡态。要使系统达到新的平衡态需要一定的时间,称为弛豫时间。这个时间的长短由促成平衡的过程性质决定。例如在气体中压强趋于平衡是分子碰撞、互相交换动量的结果,弛豫时间约为 10^{-16} s;而气体中浓度的均匀化需要分子作大距离的位移,弛豫时间可延长至几分钟。若过程进行的时间与弛豫时间比很长时,它的每一个中间态都非常接近平衡态;当过程进行得无限缓慢时,其中间状态便无限接近平衡态。因此,准静态过程是实际过程的极限,这种极限情况虽然不可能完全实现,但可以无限接近。凡是同弛豫时间相比进行得足够缓慢的过程,都可以当作准静态过程来处理。例如转速 $n = 1500 \text{r/min}$ 的四冲程内燃机的整个压缩冲程的时间为 2×10^{-2} s,与压强的弛豫时间相比,可认为这一过程进行得足够缓慢,因而可以近似地将它当作准静态过程来处理。

三、可逆过程

可逆过程是指当系统由始态变化到终态,又由终态沿原来途径返回始态时,若参与该变化过程的系统及外界均能完全返回原来的状态,则称该变化过程为可逆过程。反之,则为不可逆过程。

图 1-6 所示为一由工质、热机和热源组成的热力系统。工质从热源 T 处吸收热量进行准静态的膨胀过程,在 p-v 图上可用 1—3—4—5—2 连续曲线表示。过程中,工质通过活塞将一部分能量传给飞轮,以动能的形式储存于飞轮中。当 1—2 过程完成以后,若完全利用飞轮所储存的动能推动活塞逆行,使工质从状态 2 沿原路径 2—5—4—3—1 压缩回到状态 1。并且在压缩过程中,工质恰好又把同等热量放回给热源 T。当工质回复到原状态点 1 时,机器和热源也都回复到了原状态,过程所牵涉的整个系统和外界,全部都回复到原来状态而不留下任何变化。则 1—2 这个热力过程就是可逆过程。

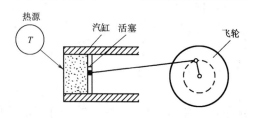
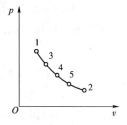

图 1-6　可逆过程示意图

一个可逆过程必定是准静态过程,而过程的不平衡必然导致过程的不可逆。上述例子中若 1—2 过程是在力不平衡的情况下发生的,例如工质的作用力大于外界的反作用力,那么要使工质能够从状态 2 按逆过程压缩回到状态 1,就必须改变外力的大小,否则逆过程就不可能发生。这样,在完成正、逆两过程后,工质虽然回到了原状态,但是外界变化了,因而过程就是不可逆的。

可逆过程在实际中并不存在,因为实际的热力过程中不可避免的存在着摩擦作用,在上述例子中,若工质内部或热机的部件间存在摩擦,那么,当工质膨胀时,就会有一部分能量消耗于摩擦上。在逆过程中,飞轮要完全依靠在正过程中得到的能量把工质压缩到原来的状态是不可能的。要想完成逆过程，除了飞轮要释放出它在正过程中得到的全部能量外，还需要外界多消耗一些能量来用于支付正、反两过程中的摩擦消耗。这样，在正、逆过程完成以后，工质虽然回到了原状态，而外界并未回到原状态(它失去了一部分能量)。所以，有摩擦作用存在的过程是不可逆的。在这同一例子中，正过程进行时工质从热源 T 吸入热量。若热量的传递是在热源 T 的温度高于工质温度的条件下进行(不等温传热)，那么，在逆过程中，温度较低的工质就不可能把热量交还此热源而只能向另一温度更低的热源排热。这样，在完成正、逆两个过程以后，外界就有了变化，即热源 T 失去了热量，而冷源得到了热量。可见，有温差的传热过程也必定是不可逆过程。

由此可见，可逆过程应具备以下几个特点：

(1)在过程进行时，工质内部及其与外界恒处于平衡状态，故过程进行无限缓慢。

(2)在变化期间，无任何能量的不可逆损耗。

由以上讨论可见，对工质而言，准静态过程与可逆过程同为一系列平衡状态所组成。因此，都能在热力参数坐标图上用一连续的曲线来描述，并用热力学方法对之进行分析。但准静态过程与可逆过程又有一定的区别，可逆过程不仅工质内部是平衡的，工质与外界间的相互作用也是可逆的，也就是可逆过程必须保持内、外力平衡和热平衡，且无任何摩擦。总之，在过程进行中不存在任何能量的不可逆损耗。而准静态过程只是着眼于工质内部的平衡，至于外部有无摩擦对工质内部的平衡并无关系。这就是说，准静态过程进行时，外界可能发生能量损耗。例如气体在准静态过程中所做的功并不一定全为外界所得，只有在可逆过程中，工质所做的功必须无任何损耗地全部为外界所得。因此，准静态过程的概念，只包括在工质内部的状态变化，而可逆过程则是分析工质与外界所产生的总效果。可逆过程必然是准静态过程，而准静态过程只是可逆过程的条件之一。

实际过程都是不可逆的，只是不可逆的程度不同而已。可逆过程虽然不能实现，但是过程中能量损耗为零，理论上由热变功为最大。这就是说，它表示在实际过程中可能获得最大的外功。所以可逆过程是将一切实际过程理想化后所得出的一种科学抽象概念，是进行热力学分析的一种重要的研究方法。引用可逆过程的概念来研究工质与外界所产生的总效果，可作为改进实际过程的一个准绳，并借以指出努力的方向。

除特殊指明外，本书后面所分析的过程，都是指可逆过程。

第五节　功和热量

工质经历一个热力过程后，除了本身状态发生变化之外，还将与外界有能量的交换，可能对外作机械功，也可能与外界发生热能的传递，或者两者都有。现在分别讨论如下。

一、功

功的基本概念起源于力学，含义是力与沿力的作用方向所产生位移的乘积。在工程热力学里，热力系统通过界面和外界进行的机械能的交换量称为做功量，简称为功(机械功)，以符号 W 表示。由于工程热力学中常以单位质量的工质来分析和计算能量转换的情况。故用 w 表示 1kg 质量气体所做的功。在法定单位制中，w 的单位采用 J/kg 或 kJ/kg。

观察图 1-7a)汽缸内的气体。设有 1kg 的气体在汽缸中进行膨胀，经历一个可逆过程从 1 状态到 2 状态。当气体膨胀推动活塞右移一个微小的距离 dx 时，气体对外所做的微元

功 δw 为

$$\delta w = pA\mathrm{d}x$$

式中:A——活塞的截面积。

因为 $$A\mathrm{d}x = \mathrm{d}v$$

所以 $$\delta w = p\mathrm{d}v \qquad (1\text{-}12)$$

这个微元功可以用图 1-7b)中 p-v 曲线阴影面积代表,且全过程所做的功为

$$w = \int_1^2 p\mathrm{d}v \qquad (1\text{-}13)$$

w 可以由过程曲线与横坐标所包围的面积来代表,这就是常采用 p-v 图来研究气体的热力过程的缘故。

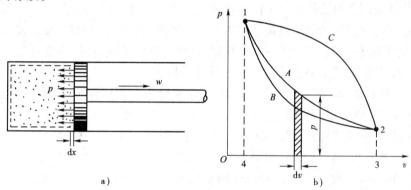

图 1-7 做功示意图

我们的研究对象是气体,气体的压力总是向外的。当图 1-7 中的活塞右移时,$\mathrm{d}x > 0$,$\mathrm{d}v > 0$,我们称气体做了正功。反之,当活塞左移时,力的方向仍然向外,$\mathrm{d}x < 0$,$\mathrm{d}v < 0$,我们称气体做了负功,也就是气体被外力做了功。简单地说,气体膨胀时做正功,被压缩时做负功。

如果我们所研究气体的质量为 m kg,则所做的功为

$$W = mw = m\int_1^2 p\mathrm{d}v = \int_1^2 p\mathrm{d}(mv)$$

故 $$W = \int_1^2 p\mathrm{d}V \qquad (1\text{-}14)$$

其次,我们看到气体从初态 1 到终态 2,完全可以经历不同的过程。如果经历的是不可逆过程,则所有中间状态无法确切描述,在 p-v 图上也无法确切划出过程线,因而就无法计算气体所做的功;如果经历的是可逆过程,我们可以用式(1-13)或式(1-14)来计算功,但对该式进行积分时,还必须知道此过程 p 和 v 的函数关系。因为,在相同的初始和终了状态情况下,气体可以经历不同的可逆过程。如图 1-7b)所示,可以是 1—A—2,可以是 1—B—2,也可以是 1—C—2。考虑到 p-v 图上过程曲线下的面积代表功的大小,不同过程所做的功也就不同。由于功 w 的这一性质,我们称功 w 为过程的函数。

我们从式(1-13)中还可以看出,式中包含着两个状态参数,即 p 和 v,而这两个状态参数对做功来说却起到不同的作用。压力 p 的大小将直接影响到功 w 的大小,而质量体积 v 本身的大小并不影响到功的量。无论 v 本身有多大,只要它不发生变化,再大的压力,气体也不可能对外做功。对照力学中的 $w = \int F\mathrm{d}x$,我们称为压力 p 为广义力,而称 $\mathrm{d}v$ 为广义位移,气体所做的功等于广义力与广义位移的乘积。

【例1-2】 2kg温度为100℃的水,在压力为0.1MPa下,完全汽化为水蒸气,若水和水蒸气的质量体积各为0.001m³/kg和1.673m³/kg。试求此2kg水因汽化膨胀,对外所做的功为多少kJ?

解: 由式(1-13)

$$w = \int_1^2 pdv = p(v_2 - v_1) = 10^5 \times (1.673 - 0.001) = 1.672 \times 10^5 (\text{J/kg})$$

$$W = 2w = 2 \times 1.672 \times 10^5 = 3.344 \times 10^5 = 334.4 (\text{kJ})$$

二、热量

当温度不同的两个物体相互接触时,高温物体会逐渐变冷,低温物体会逐渐变热。显然,有一部分能量由高温物体传给了低温物体。热力学中,将这种依靠温差而传递的能量称为传热量或简称为热量。因此,热量是在热传递过程中,物体内部热能改变的量度。它不是状态参数,而是和过程紧密相关的一个过程量。所以,我们不应该说"系统在某状态下具有多少热量",而只能说"系统在某个过程中与外界交换了多少热量"。

热量用符号 Q 表示,在工程热力学中,由于常常分析单位质量气体的热能传递,所以常以 q 表示单位质量所传递的热能。在法定单位制中,Q 的单位为 J,q 的单位为 J/kg,热力学中通常规定,热力系统从外界吸热为正($Q>0$),热力系统向外界放热为负($Q<0$)。

由以上分析可见,热量和做功量都是能量传递的度量,都不是状态参数。但是热量和做功量又有不同之处,在做功过程中,往往伴随着能量形态的转化。如工质膨胀推动曲柄连杆机构做功的过程中,热能转变成了机械能。当过程反过来进行时,机械能转变成了工质的热能。而在传热过程中,高温物体把自己的热能传递给低温物体,成为低温物体的热能,在过程中不出现能量形态的转化。

第六节　熵和温熵图

当我们对气体加热时,可以使气体的温度保持不变,例如使气体作相应的膨胀;也可以使气体的质量体积保持不变,例如对密闭容器中包含的气体加热,使它的压力和温度作相应的提高;也可以使气体压力保持不变,例如,对图1-8中的气体加热,也将使气体维持在与重物和活塞的质量相等的压力下进行膨胀。这样一来,p、v、t 三个基本参数中,没有一个可以作为广义位移的参数。为此,我们先设想有这样一个状态参数,称之为气体的熵,以符号 S 表示。单位质量气体的熵称为比熵,以符号 s 表示。对热量来说,熵具有广义位移的特征,即在可逆过程的条件下只有在气体的熵发生变化时,才有可能吸热或放热,当比熵等于常量即 $ds = 0$ 时,气体与外界不发生热能的传递。另外,对照功 $w = \int_1^2 pdv$,事实上气体做功是在气体与外界有压差的情况下进行的,若取极限情况,可以采用

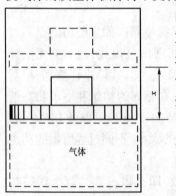

图1-8　气体做功

pdv 来计算微功 δw。

当气体与外界有传热时,我们知道事实上是在有温差的情况下才能进行,所以可以说温度 T 对于热量 q 类似于压力 p 对于功 w 的作用,即广义力的作用。根据如上类比,我们可以写出:

$$\delta q = T\text{d}s \tag{1-15}$$

即

$$q = \int_1^2 T\text{d}s \tag{1-16}$$

所以

$$Q = mq = m\int_1^2 T\text{d}s = \int_1^2 T\text{d}(ms)$$

故

$$Q = \int_1^2 T\text{d}s \tag{1-17}$$

由式(1-15)可知:

$$\text{d}s = \delta q/T \tag{1-18}$$

式中:s——工质的比熵,$s = S/m$,其单位在法定单位制中为 kJ/(kg·K),在工程中为 kcal/
(kgf·K);

$\text{d}s$——工质比熵的增量。

因为熵或比熵是系统的状态参数,所以 $\text{d}S$ 或 $\text{d}s$ 是全微分。关于熵是系统的状态参数,
我们将在热力学第二定律一章中予以证明。

对比 p-v 图,建立以绝对温度 T 为纵坐标、
比熵 s 为横坐标的温熵图(T-s 图)。如图 1-9 所
示,系统的初态 1(T_1,s_1)用点 1 表示,终态 2
(T_2,s_2)用点 2 表示,从初态到终态的某一可逆
过程可用曲线 1—2 表示。而曲线下的面积(如
图中 12ba1)则表示 1—2 过程中工质与外界所交
换的热量。因此温熵图又称示热图。在热力学
中,温熵图和压容图具有同样的实用价值。

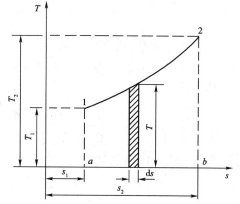

图 1-9　温熵图(T-s 图)

对于实际过程中系统与热源之间热交换的
方向,可以从系统与热源之间的温差来断定。但
对于可逆过程,系统与热源的温差无限小,因此无
法用两者的温差来判别,这时可用系统比熵的变化来判别。由式 $\delta q = T\text{d}s$ 可以看出,由于绝对
温度 T 总是正值,故若 $\text{d}s > 0$,则 $\delta q > 0$,说明过程中工质的熵增加;表示外界对工质加热,若
$\text{d}s < 0$,则 $\delta q < 0$,说明工质的熵减少,表示工质向外界放热;若 $\text{d}s = 0$,则 $\delta q = 0$,表示工质与
外界无热量交换。因此,根据工质熵的有无增减,可以判断在可逆过程中是吸热、放热还是
绝热。可逆的绝热过程为定熵过程。

值得强调指出的是,如采用式(1-15)计算熵的变化 $\text{d}s = \delta q/T$,其量值只有在可逆过程
中才是正确的,离开可逆这个条件,工质熵的变化 $\text{d}s \neq \delta q/T$。

第七节　热 力 循 环

一部实际有用的热机或制冷机都必须循环不断地进行工作,因此作为能量转换媒体的
工质,在做功之后要以某种方式回到初始状态,以便进行第二次、第三次…做功。同样,工质
在吸热后,要以某种方式回到初始状态,才有可能连续不断地实现能量转换。工质从某一初
态出发经历一系列状态变化过程之后,又回到了初始状态时,我们称为经历一个"热力循
环",或简称"循环"。既然循环由过程所组成,我们称完全由可逆过程所组成的循环为可逆

循环,即工质在一循环达到原状态之后可以按原途径所经历的全部状态而顺序相反的逆行再回到初始状态。不难看出,在整个循环中,只要存在任何一部分不可逆过程,则循环就不可逆。工程热力学中主要讨论的是可逆循环。它们在 p-v 图和 T-s 图上都将呈现为封闭的曲线,如图 1-10 所示。如果用点 a 表示初始状态,工质经 a—b—c 过程到达 c 点后再经 c—d—a 过程回复至初态 a。可以明显地得到:

$$\oint \mathrm{d}p = 0, \oint \mathrm{d}v = 0, \oint \mathrm{d}T = 0, \oint \mathrm{d}s = 0$$

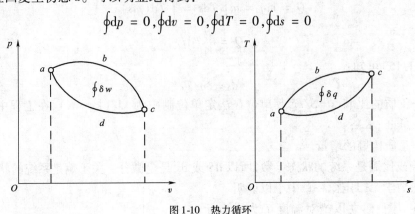

图 1-10　热力循环

这也正是状态参数所共有的特征,它们都是点函数。至于功和热量可以分别分成两部分考虑。a—b—c 过程气体做正功并吸热,c—d—a 过程气体做负功并放热,对整个循环,工质所做的净功为

$$W = \oint \delta W = \int_{abc} \delta W = \int_{cda} \delta W$$

这可以用 p-v 图上循环曲线包围的面积来代表,整个循环的结果是气体做了正功。工质与外界所交换的净热量为

$$q = \oint \delta q = \int_{abc} \delta q + \int_{cda} \delta q$$

这可以用 T-s 图上循环曲线包围的面积来代表,整个循环的结果是气体从外界吸收了热量。当然循环也可以逆向进行,例如,从初态 a 出发经 a—d—c 到达 c 点后再由 c—b—a 回复至初态。这样一来,我们不难看出:

$$W = \oint \delta W < 0, q = \oint \delta q < 0$$

也就是说工质经过一循环之后,一方面被外力做功,另一方面也向外界放热。由于一般热功转换希望将热能转换为功,所以习惯上将前一种循环(吸入热量做正功的循环)称为正循环,后一种循环称为逆循环;从图线方向看,顺时针进行的为正循环,逆时针进行的为逆循环。

思　考　题

1. 什么叫热力系统,热力系统可分为哪几种类型?

2. 有人认为开口系统内系统与外界有物质交换,而物质又与能量不可分割,所以开口系统不可能是绝热系统。对不对,为什么?

3. 为什么在热力学中引用平衡状态参数这个概念?

4. 什么是可逆过程?哪些情况会使过程不可逆?可逆过程与准静态过程有何不同?

5. 功和热量的热力学定义是什么?它们的相同点与不同点是什么?为什么功和热量不是状态参数?

6. 熵是如何定义的?如何利用熵变判断可逆过程中系统与外界热交换方向?

7. 什么叫正循环和逆循环？其作用的结果有何不同？

习　题

1. 当大气压力为 97990Pa 时,由压力表测得汽缸内的表压力为 0.5MPa。现因气候变化,大气压力为 98700Pa,压力表的读数应为多少 Pa?

2. 直径为 1m 的球形刚性容器,抽气后真空度为 752.5mmHg,若当地大气为 0.101MPa,求:

（1）容器内绝对压力为多少 Pa?

（2）容器表面受力多少 N?

3. 用斜管压力计测量锅炉烟道中烟气的真空度（图 1-11）。管子的倾斜角 $\alpha = 30°$;压力计中使用密度为 $800kg/m^3$ 的煤油;斜管中的液柱长度 $l = 200mm$,当地大气压 $p_b = 99323Pa$,求烟气的真空度和绝对压力（以 Pa 为单位）。

4. 用 U 形管测量容器中气体的压力。在水银柱上加一段水柱（图 1-12）,已测得水柱高度为 850mm,汞柱高度为 520mm。当时大气压力为 755mmHg。问容器中气体的绝对压力为多少 Pa?

5. 图 1-13 中容器为刚性绝热容器,分成两部分,一部分装气体,一部分抽成真空,中间是隔板,求:

（1）若突然抽去隔板,气体（系统）是否做功？是否为可逆过程？

（2）设真空部分装有许多隔板,逐个抽去隔板,每抽一块板让气体先恢复平衡再抽下一块,则又如何？

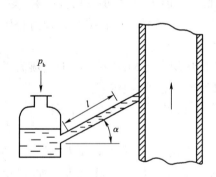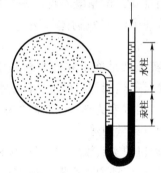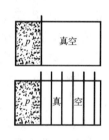

图 1-11　习题 3

图 1-12　习题 4

图 1-13　习题 5

6. 在标准大气压力下,用 20℃的热源给 0℃冰缓慢加热,使之熔化为 0℃的水,在这过程中冰水的温度始终保持 0℃,问这一冰的熔化过程是否为准静态过程,是否为可逆过程?

7. 在标准大气压力下,将两块 0℃的冰互相缓慢摩擦,致使冰化为 0℃的水,问这一冰的熔化过程是否为准静态过程,是否为可逆过程。

8. 判断下列过程中哪些是:可逆的;不可逆的;可以是可逆的。并说明不可逆的原因。

（1）对刚性容器内的水加热,使其在恒温下蒸发;

（2）对刚性容器内的水做功,使其在恒温下蒸发;

（3）对刚性容器内的空气缓缓加热,使其从 50℃升温到 100℃;

（4）定质量的空气在无摩擦、不导热的汽缸和活塞中被慢慢压缩;

（5）100℃的蒸汽流与水流绝热混合;

（6）在水冷发动机汽缸中的热燃气随活塞迅速移动而膨胀;

（7）汽缸中充有水,水上面有无摩擦的活塞,缓慢地对水加热使之蒸发。

第二章 热力学第一定律

第一节 热力学第一定律的实质、内能

一、热力学第一定律的实质

在工农业生产各个部门和人民生活中,都离不开各种形式能量(如电能、热能、化学能、机械能等)的利用。在利用过程中还经常伴随着不同形式能量之间的相互转换,如化学能与热能、热能与机械能、热能与电能之间的相互转换等。人们在长期的实践中,逐步科学地总结出自然界一切能量形式之间相互转换所遵循的基本规律——能量守恒与转换定律,即"自然界一切物质都具有能量。能量既不可能被创造,也不可能被消灭,但能够从一种形式转换成另一种形式,或从一个(一些)物体传递至另一个(一些)物体,在转换或传递过程中能量的总和始终保持不变"。

热力学第一定律的实质就是能量守恒与转换定律在热现象上的应用。在工程热力学中,热力学第一定律主要研究热能与机械能之间的相互转换。它可以表述为:

"热可以变为功,功也可以变为热;一定量的热消灭时,必产生一定量的功;消耗了一定量的功时,必出现与之相应数量的热。"

制造和使用热力发动机的实践说明:为了产生机械功,所有的热机都必须消耗燃料,利用燃料燃烧所获得的热量产生动力。企图制造那种不消耗能量而可产生机械功的所谓"第一类永动机",都不可避免地要失败的,根本原因是违背了能量守恒与转换这个基本规律。因此,热力学第一定律又可表述为:"第一类永动机是不可能制成的。"

按照热力学第一定律,热力循环中工质接受的净热量应该等于工质对外界所做的净功,即

$$\oint \delta Q = \oint \delta W \qquad (2-1)$$

对于 1kg 工质而言,为

$$\oint \delta q = \oint \delta W \qquad (2-1')$$

必须指出,在式(2-1)、式(2-1')中,热量和功量的单位都应该一致,如采用法定单位制,热量和功量的单位为 J 或 kJ,若热量和功量采用不同的单位,则必须引入两种单位的换算系数,各种能量单位的换算关系,参见附表 A。

【例 2-1】 一台柴油机,功率为 7.35kW,燃油消耗率为 272.1g/(kW·h),试求它的废

气每小时所排出的热量。

解:按照热力学第一定律,在热力循环中,

$$\oint \delta Q = \oint \delta W$$

或

$$Q_1 - Q_2 = W$$

即热机所作的净功 W_0 等于热机从燃料燃烧得到的热量 Q_1 减去废气放出的热量 Q_2。

柴油的发热量为 43961.4kJ/kg,故每小时柴油机从燃料燃烧得到的热量为

$$Q_1 = 43961.4 \times \frac{272.1}{1000} \times 7.35 = 87919.9 \text{kJ/h}$$

转换为机械功的热量为

$$W_0 = 7.35 \times 3600 = 26460 \text{kJ/h}$$

所以,由废气排出的热量为

$$Q_2 = Q_1 - W_0 = 87919.9 - 26460 = 61459.9 \text{kJ/h}$$

二、内能

工质内部所具有的各种微观能量,总称为内能。它包括下面各项:

(1)分子热运动而产生的内动能(移动动能、转动动能和分子内部的原子振动动能),它与工质的温度有关,是温度 T 的函数。

(2)分子间由于相互作用力而具有的内位能,它与工质的分子间距离有关,是质量体积 v 的函数。

(3)与分子结构有关的化学能和原子能等内部能量。

本课程所讨论的热力状态变化过程,不涉及化学变化和原子反应。因此工程热力学中的内能指的是分子运动的动能和位能的总和,也称为热力学能。

热力学中总内能符号用 U 表示,单位为 J。单位质量的工质的内能称为比内能,用符号 u 表示,单位为 J/kg。

综上所述,工质的内能决定于它的温度和质量体积,即决定于工质所处的状态。因此,内能也是一个状态参数,可以表示为两个独立参数的函数。

$$u = f_1(T, v) \tag{2-2}$$

根据状态方程 $f(p, v, T) = 0$,上式还可写为

$$u = f_2(p, T) \qquad \text{或} \qquad u = f_3(p, v) \tag{2-2'}$$

三、总能

除热力学能外,工质的总能量还包括工质在参考坐标系中作为一个整体,因有宏观运动速度而具有动能,因有不同高度而具有位能。前一种能量称之为内部储存能,后两种能量则称之为外部储存能。我们把内部储存能和外部储存能的总和,即热力学能与宏观运动动能和位能的总和,称为工质的总储存能,简称总能。若总能用 E 表示,动能和位能分别用 E_k 和 E_p 表示,则

$$E = U + E_k + E_p$$

若工质质量为 m,速度为 c_f,在重力场中的高度为 z,则宏观动能为

$$E_k = \frac{1}{2} m c_f^2$$

重力位能为

$$E_p = mgz$$

式中: c_f、z——力学参数,它们只取决于工质在参考系中的速度和高度。

这样,工质的总能可写成

$$E = U + \frac{1}{2}mc_f^2 + mgz$$

1kg 工质的总能,即比总能,可写为

$$e = u + \frac{1}{2}c_f^2 + gz$$

第二节　热力学第一定律的数学表达式

热力学第一定律是热力学的基本定律。它适用于一切热力过程,是工程上进行热力分析和热工计算的主要基础。当用于分析实际问题时,需要将它表示为数学解析式,即根据能量守恒原则,列出参与过程的各种能量之间的数量关系,这种关系式也称为能量平衡方程式。

对于任何系统,各项能量之间的平衡关系可一般表示为:

$$\text{进入系统能量} - \text{离开系统能量} = \text{系统中储存能量的增加} \tag{2-3}$$

在闭口系统、开口系统、稳定系统和非稳定流动的情况下,进入和离开系统的能量不尽相同,因而能量方程的形式也有区别。下面分别对闭口系统、稳定流动、开口系统三种情况进行讨论。

一、闭口系统的能量方程

取封闭在活塞汽缸中的工质为研究对象,即图 2-1 中虚线(界面)所包围的闭口系。现设汽缸内有 1kg 工质,当工质从外界吸入热量 q 后,从状态 1 膨胀到状态 2,并对外界做功 w。由于是闭口系统,工质质量恒定不变,系统同外界只有热量和功的交换而无物质交换;若忽略工质的宏观动能和位能,则工质的储存能即为内能。

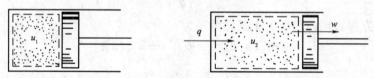

图 2-1　汽缸示意

根据式(2-3),对于 1kg 工质,进入系统的能量为 q,离开系统的能量为 w,系统能量的增加则是 Δu。于是

$$q - w = \Delta u = u_2 - u_1 \quad \text{或} \quad q = \Delta u + w \tag{2-4}$$

对 m kg 工质,可写为

$$Q = \Delta U + W \tag{2-4'}$$

对微元过程,可写为

$$\delta q = du + \delta w \tag{2-4''}$$

以上三式都可称为闭口系热力学第一定律解析式。它反映了热功转换时量的关系,

是热工计算的重要依据。因为它们都遵循能量守恒这一普遍原则,推导时没有附加任何条件,因此无论是理想气体还是实际气体,无论是可逆过程还是不可逆过程,都是普遍适用的。

在热力学第一定律解析式中,一般地说工质吸收的热量一部分用于改变工质的内能,另一部分则以机械能的形式传给了外界。在状态变化过程中,由热转化为机械功的部分始终是 $q - \Delta u$,闭口系统工质所做的机械功也称为容积变化功或膨胀功。

应当注意,能量方程中的热量、功量、内能的变化量都是代数值,根据热功转换的实际情况,可为正值、零或负值。工程上统一规定:吸热为正,做膨胀功为正,内能增加为正;反之为负。同时,读者在使用能量方程时应注意单位的一致性。

如果过程是可逆的,则单位质量工质所做的膨胀功可用 $w = \int_1^2 p\mathrm{d}v$ 这一通式表示。故闭口系统热力学第一定律解析式又可写为

$$q = \Delta u + \int_1^2 p\mathrm{d}v \qquad (2\text{-}5)$$

或

$$Q = \Delta U + m\int_1^2 p\mathrm{d}v \qquad (2\text{-}5')$$

或

$$\delta q = \mathrm{d}u + p\mathrm{d}v \qquad (2\text{-}5'')$$

以上三式仅适用于可逆过程。

【例2-2】 设有一定量气体在汽缸内被压缩,容积由 $1.4\mathrm{m}^3$ 压缩到 $0.9\mathrm{m}^3$,过程中气体压力保持常数且 $p = 100000\mathrm{N/m}^2$。又设在压缩过程中气体的内能减少12000J,求此过程中有多少热量被气体吸入或放出?

解:汽缸内的气体质量不变,是闭口系统。由题意

$$\Delta U = U_2 - U_1 = -12000\mathrm{J}$$

由于 p 是常数,故

$$W = \int_1^2 p\mathrm{d}V = p(V_2 - V_1) = 10^5 \times (0.9 - 1.4) = -50000\mathrm{J}$$

W 为负值,表示气体消耗了外界压缩功。将 ΔU 和 W 值代入式(2-5'),得

$$Q = \Delta U + W = -12000 + (-50000) = -62000\mathrm{J}$$

负号表示气体放热。因此本过程气体对外界共放出热量62000J。

二、稳定流动能量方程

在实际的热机中,工质的吸热和做功过程往往伴随着工质的流动而进行。例如活塞式动力机械在工作时,工质并不一直封闭在汽缸中,而总是伴有进气、排气过程交替进行着。显然,不论我们观察整个过程的哪一段,都不能把系统看作与外界没有物质交换,这种情况自然就与闭口系统有所区别了。

如图2-2所示的一个系统,工质不断地经由1—1截面进入系统,同时系统不停地从外界吸收热量,并不断地通过轴对外界输出轴功,做功以后的工质则不断地通过截面2—2流出系统。这样一种工质与外界不仅有能量的交换,而且有质量交换的系统,即为开口系统。

如果在流动过程中,热力系统在任何截面上工质的一切参数都不随时间而变,则称这种流动过程为稳定流动过程。因此,要使流动达到稳定,必须满足下列条件:

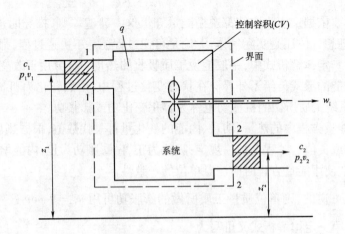

图 2-2　稳定流动示意图

（1）进出口处工质流量相等且不随时间而变，满足质量守恒条件。

（2）系统内储存的能量保持不变。为此，要求系统与外界交换的热和功等一切能量不随时间而变，满足能量守恒条件。

稳定流动的分析较简单，且有实用意义。因各种热力设备在正常工况下运行时，工质的流动基本上是稳定的。现讨论稳定流动的能量方程。

如图 2-2 所示，假设 1kg 质量的工质，在状态 $1(p_1, v_1)$ 时，以 c_1 的速度从高程为 z_1 的界面 1—1 流进系统；外界加给工质的热量为 q；同时系统与外界有功量的交换，为了与单纯的容积膨胀功相区别，此处交换的功量用 w_i 表示，即为流动工质对外输出的机械功，此功称为轴功。在高程为 z_2 的界面 2—2 处，工质的状态为 $2(p_2, v_2)$，工质流出系统的速度为 c_2。那么，随工质带入系统的能量为：

（1）工质在流速为 c_1 时所具有的动能为 $\frac{1}{2}c_1{}^2$。

（2）工质在高程为 z_1 时所具有的位能为 gz_1。

（3）在 p_1、v_1 状态下工质所具有的内能为 u_1。

（4）外界将工质推入系统所作的推动功为 p_1v_1。

由于在截面 1—1 处原已充满压力为 p_1，比容为 v_1 的工质，因而欲使截面 1—1 前的 m kg 工质（图 2-2 中阴影线部分）流入热力系统，外界必须用力 $F_1 = p_1 A_1$ 以克服系统内工质的阻挡把它推进来，否则工质无法流入热力系统，此时，外界对工质作功 $F_1 l_1 = p_1 A_1 l_1 = p_1 V_1 = m p_1 v_1$。当 m kg 的工质由热力系统截面 2—2 流出时，也必须克服外界阻力 $p_2 A_2$，对外做功为 $p_2 V_2$。这部分工质在流动时所做的功称为流动功或推动功。

同理，随工质带出系统的能量为：

（1）工质流速为 c_2 时所具有的动能为 $\frac{1}{2}c_2{}^2$。

（2）工质在高程为 z_2 时所具有的位能为 gz_2。

（3）在 p_2，v_2 状态下工质所具有的内能为 u_2。

（4）工质从界面 2—2 流出时推开前方的工质而付出的推动功为 p_2v_2。

引用能量平衡方程式（2-3），得

$$\left(u_1 + \frac{1}{2}c_1{}^2 + gz_1 + p_1v_1 + q\right) - \left(u_2 + \frac{1}{2}c_2{}^2 + gz_2 + p_2v_2 + w_i\right) = 0$$

上式前一括号中各项代表进入系统的能量,后一括号中各项表示离开系统的能量。因为所研究的是稳定流动,所以系统储存能保持不变,等号右边为零。将上式移项整理后,得

$$q = (u_2 + p_2 v_2) - (u_1 + p_1 v_1) + (c_2^2 - c_1^2) / 2 + g(z_2 - z_1) + w_i$$

现将计算式中经常成组出现的量 $u + pv$ 合并为一项,得到一个新的物理量 h,称为工质的焓,其定义式为

$$h = u + pv \qquad (\text{kJ/kg}) \tag{2-6}$$

于是,能量方程可进一步简化为

$$q = (h_2 - h_1) + (c_2^2 - c_1^2) / 2 + g(z_2 - z_1) + w_i \tag{2-7}$$

式(2-7)就称为稳定流动能量方程式。

现在再来看焓的定义式,它是一个组合的状态函数,从式(2-2)知,u 既然可以表示成 T 和 v 的函数,所以,

$$h = f_1(T, v) \quad \text{或} \quad h = f_2(p, T) \quad \text{或} \quad h = f_3(p, T) \tag{2-8}$$

至于焓的物理意义,可以从它的定义来说明。焓包括 u 和 pv 两项,内能的物理意义较易理解,前面已介绍过,而 pv 这一项则代表 1kg 工质在流动情况下的流动功。当工质流入某系统时,不仅将它所具有的内能、动能和位能带入系统,而且,还把它从外界获得的流动功也传给了系统。在这四部分能量中,只有 u 和 pv 两项取决于热力状态。所以,焓代表系统因流入工质而获得的能量中取决于工质热力状态的那部分能量。因此,焓可看作为随工质转移的能量。如果工质的动能和位能可以忽略不计,则焓就代表随工质流动而转移的总能量。

式(2-7)和式(2-4)并不矛盾,具体分析 w_i 的组成就可以证实这一点。为易于比较,将上式改为

$$w_i = (q - \Delta u) + (p_1 v_1 - p_2 v_2) + (c_1^2 - c_2^2)/2 + g(z_1 - z_2)$$

可见,流动工质对外输出的机械能即轴功是由四部分组成:①$q - \Delta u$;②进出口推动功之差;③进出口动能之差;④进出口位能之差。其中后面三项本来就是机械能,在过程中由工质传递给了机器;只有第一项 $q - \Delta u$ 原来是热能,在过程中通过工质的膨胀才转化为机械能,和后面三项一起传给了机器。所以,此处在过程中从热能转化而成的机械能仍旧是相当于 $q - \Delta u$ 的膨胀功 w。

分析式(2-7)可以看出,方程右侧的后三项是工程上直接可以利用的。例如喷管中利用 $\frac{1}{2}(c_2^2 - c_1^2)$ 项以得到高速气流;水泵中利用 $g(z_2 - z_1)$ 项以提高水流的水位;而热机中利用 w_i 对外做功。但($p_2 v_2 - p_1 v_1$)项与其他各项不同,它是维持工质流动所必须支付的功,在工程上不能直接利用。所以工程热力学中将后面三项之和总称为技术功,以符号 w_t 表示。即

$$w_t = \frac{1}{2}(c_2^2 - c_1^2) + g(z_2 - z_1) + w_i \tag{2-9}$$

代入式(2-7)得

$$q = h_2 - h_1 + w_t = \Delta h + w_t \tag{2-10}$$

式(2-10)称为用焓表示的热力学第一定律解析式,又称热力学第一定律的第二解析式。

若将膨胀功 $w = q - \Delta u$ 和焓 $h = u + pv$ 代入式(2-10)得

$$q = u_2 + p_2v_2 - (u_1 + p_1v_1) + w_t$$

即

$$w_t = (q - \Delta u) - (p_2v_2 - p_1v_1) = w - p_2v_2 + p_1v_1 \tag{2-11}$$

式(2-11)表明,工质流经热力设备所做的技术功应等于膨胀功和推动功的代数和。

稳定流动能量方程式和第一定律的第二解析式,都是从能量方程式直接推出,因此能普遍适用于可逆和不可逆过程,也普遍适用于各种工质。

对可逆过程,如图 2-3 所示 $p\text{-}v$ 图中连续曲线 1—2, $w = \int_1^2 p\mathrm{d}v$, 则

$$
\begin{aligned}
w_t &= \int_1^2 p\mathrm{d}v + p_1v_1 - p_2v_2 \\
&= \text{面积 12341} + \text{面积 14051} - \text{面积 23062} \\
&= \text{面积 12651} = -\int_1^2 v\mathrm{d}p
\end{aligned}
\tag{2-12}
$$

由式(2-12)可见,若 $\mathrm{d}p$ 为负,即过程中工质的压力是降低的,则技术功为正,此时工质对机器做功。反之,若 $\mathrm{d}p$ 正,则过程中工质的压力是升高的,则技术功为负,此时机器对工质做功。蒸汽机、蒸汽轮机和燃气轮机属于前一种情况,活塞式压气机和叶轮式压气机属于后一种情况。

对可逆的微元过程,热力学第一定律的第二解析式可表示为

$$\delta q = \mathrm{d}h - v\mathrm{d}p$$

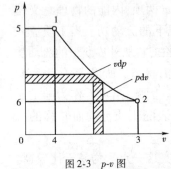

图 2-3 $p\text{-}v$ 图

在一般的情况下,热力发动机或工作机的进口和出口两处工质的流速及离地高度相差不大,即两处工质的流动动能的变化和重力位能的变化可以忽略不计,则式(2-9)可以写成

$$w_t = w_i \tag{2-13}$$

式(2-13)表明在不计工质进口、出口动能的变化及重力位能的变化的情况下,工质所做的技术功表现为热力设备所输出的轴功。

三、开口系统的能量方程

热力设备在正常工况下运行、工质的流动状态稳定时,可应用稳定流动能量方程。若热力设备在变工况下运行、工质流动不稳定时,如高压容器的充放气过程,则我们需研究不稳定流动问题,以建立开口系统能量方程式的一般表达式。

图 2-2 也可用来研究工质的不稳定流动。图中用虚线围起来的部分表示所划定的控制容积,以 CV 表示。下面我们来分析研究控制容积中能量的变化。

设在一段极短的时间 $\mathrm{d}\tau$ 内,进入控制容器的质量为 δm_1[注意:这里用"δ"表示微元过程中传递的微小量,以便和状态量的微小增量(全微分符号)"d"区分开],离开控制容积的质量为 δm_2,(如图中影线部分所示),两者不一定相等。

在进口截面 1—1 处,随质量为 δm_1 的工质进入系统的能量为 $e_1\delta m_1$,从后面获得的推动功为 $p_1v_1\delta m_1$。

在出口截面 2—2 处,随质量为 δm_2 的工质离开系统的能量为 $e_2\delta m_2$,对外界所做出的推动功为 $p_2v_2\delta m_2$。

又设在 $d\tau$ 时间内系统经分界面从外界吸收了微小的热量 δQ，工质对外界做出了微小的功 δw_i，控制容积内总储存能量的变化为 dE_{cv}。

于是，对该控制容积引用能量方程式(2-3)，则得

$$\left[\delta Q + (e_1 + p_1 v_1)\delta m_1\right] - \left[(e_2 + p_2 v_2)\delta m_2 + \delta w_i\right] = dE_{cv} \qquad (2-14)$$

将 $h = u + pv$ 和 $e = u + c^2/2 + gz$ 代入上式，并整理，得

$$\delta Q = dE_{cv} + \left(h_2 + \frac{1}{2}c_2^2 + gz_2\right)\delta m_2 - \left(h_1 + \frac{1}{2}c_1^2 + gz_1\right)\delta m_1 + \delta w_i \qquad (2-15)$$

式(2-15)就称为开口系统能量方程的一般表达式。

从开口系统能量方程的一般表达式可导出稳定流动能量方程式，只要将稳定流动的条件加上即可。

第三节 稳定流动能量方程的应用

许多热力设备在不变的工况下运行时，工质的流动可看作稳定流动，因而可以应用稳定流动的能量方程来分析过程中能量转换的一般规律。但对具体问题要作具体分析，必须与所研究的实际过程实施的条件结合起来，有时候可以将某些次要因素忽略不计，使能量方程简明清晰。现以几种典型的热力设备为例，说明稳定流动能量方程的具体应用。

一、热力发动机

对蒸汽轮机、燃气轮机等热力发动机，如图 2-4 所示，取 1—1 和 2—2 截面间的流体作热力系统，气流通过发动机时，压力降低，对外做功。外界并未给工质加热，而工质向外界散热很小，动能差和位能差也很小，相对于 w_i 可略去不计。因此，稳定流动能量方程式用于蒸汽轮机和燃气轮机时就简化为

$$w_i = h_1 - h_2 \qquad (2-16)$$

即每 kg 工质流经热力发动机时，所做的轴功等于它的焓降，这时的轴功就是技术功。

二、喷管

喷管是一种特殊的短管，气流经过喷管后，压力下降，速度增加。如图示 2-5 所示，取进出口截面 1、2 间的流体作热力系统来分析喷管中气体作稳定流动时的能量转换情况。

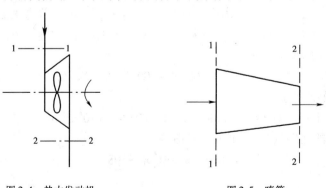

图 2-4　热力发动机　　　　　图 2-5　喷管

因气流迅速流过喷管，散热损失很小，可认为 $q = 0$；由于是管内流动，无转动机械，气体

流过喷管时对外无功输出,$w_i = 0$;同时,进、出口重力位能差也可忽略不计,即 $g(z_2 - z_1) \approx 0$。因此,稳定流动能量方程可简化为

$$0 = h_2 - h_1 + \frac{1}{2}(c_2^2 - c_1^2)$$

即

$$\frac{1}{2}(c_2^2 - c_1^2) = h_1 - h_2 \tag{2-17}$$

可见,喷管中气体动能的增加是由气体进出口的焓降转换而来的。

三、热交换器

工质流经热交换器时,和外界有热量交换而不做功,故 $w_i = 0$;位能差和动能差很小可忽略不计,即 $g(z_2 - z_1) \approx 0, \frac{1}{2}(c_2^2 - c_1^2) \approx 0$。因此,稳定流动能量方程简化为

$$q = h_2 - h_1 \tag{2-18}$$

可见,工质在热交换器中吸入的热量等于其焓的增量。

四、泵和风机

工质流经泵和风机时消耗外功而使工质压力增加,外界对工质做功($-W_i$);一般情况下,进、出口动能之差可忽略,即 $(c_2^2 - c_1^2)/2 \approx 0, g(z_2 - z_1) \approx 0$;而对外散热也很小,可以忽略,即 $q \approx 0$,因此,稳定流动动能方程式简化为

$$-w_i = h_2 - h_1 \tag{2-19}$$

即工质在泵和风机中被压缩时,外界所消耗的功等于工质焓的增加。

通过上述各例和分析可以看出,在不同的条件下,稳定流动能量方程式可以简化为不同的形式。因此,如何根据过程进行的具体情况,正确地提出相应的简化条件,是正确应用这个方程的前提。

【例2-3】 某蒸汽锅炉的蒸汽产量 $m = 4000\text{kg/h}$,水进入锅炉时的温度为50℃,其焓值为209.3kJ/kg,蒸汽流出锅炉时的焓值为2721.4kJ/kg。试求:

(1)锅炉中水的吸热量为多少 kJ/h;

(2)若锅炉效率为80%,所用煤的发热量为29308kJ/kg,问每小时的耗煤量为多少 kg?

解:(1)取锅炉中的水及水蒸气为开口系统。考虑到水在锅炉中的加热汽化与外界无功量交换,故 $w_i = 0$;且工质进出口高度差不大,即 $g(z_2 - z_1) \approx 0$;一般进水流速 $c_1 = 1 \sim 2\text{m/s}$,蒸汽流出速度 $c_2 < 30\text{m/s}$,则 $(c_2^2 - c_1^2)/2 \approx 0.1\text{kJ/kg}$,也可忽略。于是,依据稳定流动能量方程式(2-8)得 1kg 水的吸热量为

$$q = h_2 - h_1 = 2721.4 - 209.3 = 2512\text{kJ/kg}$$

每小时的总吸热量为

$$Q = mq = 4000 \times 2512 = 10.048 \times 10^6 \text{kJ/h}$$

(2)设每小时的耗煤量为 B,则由热平衡得

$$Q = B \times 80\% \times 29308$$

故

$$B = \frac{Q}{80\% \times 29308} = \frac{10.048 \times 10^6}{0.8 \times 29308} = 428.55\text{kg/h}$$

思 考 题

1. 热力学能就是热量吗？

2. 热力学第一定律的实质是什么？

3. 写出稳定流动能量方程式,说明各项的意义？

4. 如果将能量方程写为:$\delta q = \mathrm{d}u + p\mathrm{d}v$ 或 $\delta q = \mathrm{d}h - v\mathrm{d}p$,那么它们的适应范围如何？

5. 能量方程 $\delta q = \mathrm{d}u + p\mathrm{d}v$ 与焓的微分式 $\mathrm{d}h = \mathrm{d}u + \mathrm{d}(pv)$ 很相像,为什么热量 q 不是状态参数,而焓 h 是状态参数？

6. 为什么推动功出现在开口系统能量方程中,而不出现在闭口系统能量方程式中？

7. 用隔板将绝热刚性容器分成 A、B 两部分(图 2-6)。A 部分装有 1kg 的气体,B 部分为高度真空。将隔板抽去后,气体内能是否会发生变化？ 能不能用 $\delta q = \mathrm{d}u + p\mathrm{d}v$ 来分析这一过程。

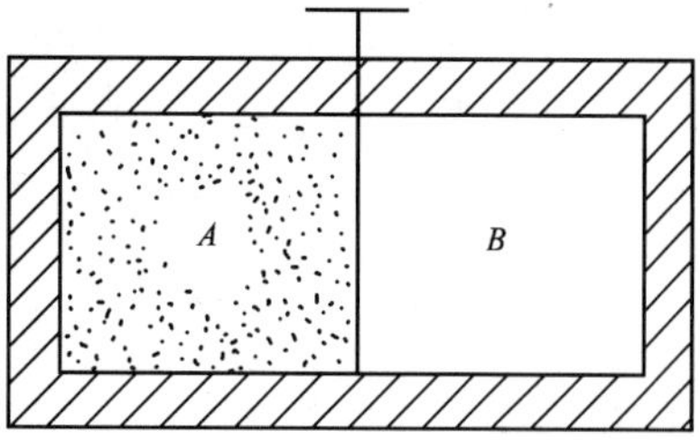

图 2-6 思考题7

8. 说明下列论断是否正确:

(1)气体吸热后一定膨胀,内能一定增加。

(2)气体膨胀时一定对外做功。

(3)气体压缩时一定消耗外功。

9. 膨胀功、流动功、轴功和技术功四者之间有何联系和区别？

习 题

1. 气体在某一过程中吸入热量 12kJ,同时内能增加 20kJ。问此过程是膨胀还是压缩? 气体与外界交换的功量是多少 kJ?

2. 某闭口系统经一热力过程,放热 8kJ,对外做功 26kJ。为使其返回原状态,对系统加热 6kJ,问需对系统做多少功?

3. 初态为 $p_1 = 5 \times 10^5 \mathrm{Pa}$,$t_1 = 20℃$ 的氧气,从 $V_1 = 0.2\mathrm{m}^3$ 膨胀到 $V_2 = 0.4\mathrm{m}^3$,若过程为可逆的,且工质的温度始终不变,即 pv = 常数,试计算此过程所完成的膨胀功,并将此功量定性地表示在 p-v 图上。

4. 冬季车间内通过墙壁和门窗向外散发热量为 $30 \times 10^5 \mathrm{kJ/h}$,车间内各种生产设备的总功率为 $500\mathrm{kW}$,假定设备在运行中将动力全部转变为热量。另外还用 50 盏 100W 的电灯照明。为使车间温度保持不变,求每小时还需向车间加入多少 kJ 的热量?

5. 一载货汽车重为 13500N,沿山坡下行,车速为 28m/s,在离山脚高度为 30m 处突然制动,且至山脚时刚好制动住。若风力及其他摩擦阻力都不计,求因制动而产生的热量为多少?

6. 一闭口热力系统中,工质沿 acb 途径由状态 a 变到状态 b 时吸入热量 80kJ,并对外做功 30kJ。如图 2-7 所示。问:

(1)如果沿路径 adb 变化时,对外做功 10kJ,则进入系统的热量为多少?

(2)当工质沿直线途径从 b 返回 a 时,外界对工质做功 20kJ,此时工质是吸热还是放热? 是多少 ?

(3)若 $U_a = 0$,$U_d = 40\mathrm{kJ}$ 时,过程 ad 和 db 与外界交换的

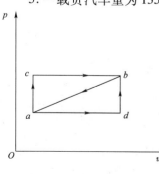

图 2-7 习题6

热量各是多少？

7. 有一个热交换器，工质在其中流过时，工质的焓降低了 25kJ/kg，若工质的流动可看作稳定流动，且进出口处工质的流速及离地高度的变化均不大，试求工质在热交换器中传递的热量？

8. 某蒸汽锅炉给水的焓为 62kJ/kg，产生的蒸汽焓为 2721kJ/kg。已知锅炉蒸汽产量为 4000kg/h，锅炉每小时耗煤量为 600kg/h，煤的发热量为 25000kJ/kg，求锅炉的热效率（锅炉热效率系指锅炉每小时由水变成蒸汽所吸收的热量与同时间内锅炉所耗燃料的发热量之比，它表明在锅炉中燃料所产生的热量的利用程度）。

第三章 理想气体的热力性质和热力过程

第一节 实际气体和理想气体

在分析热力过程及热力循环时,在一定条件下将工质当作理想气体处理,大大方便热工问题的分析与计算。那么如何来定义理想气体和实际气体? 在工程实用上区分这两种气体的原则是什么? 这就是本节所要阐述的内容。

实际气体就是实际存在的一切气体。从分子运动论可知,各种气体均由庞大数目的分子所组成,分子占有一定的体积,分子间有相互作用力,分子不停地作热运动。这种运动情况相当复杂,不可能用简单的数学模型来描述其状态及其变化规律。

研究工质的热力性质是工程热力学的任务之一,探讨实际气体的状态方程式及各种热力学函数关系式也是工程热力学的重要课题。应用理论分析和根据实验数据整理的实际气体状态方程式,目前所发表的都相当复杂,工程上只能编制成各种气体的热力性质表或图(如水蒸气表或图)供热力计算之用。

为了研究问题的方便,现在提出理想气体这个概念。从微观看,理想气体是分子本身的体积和分子间的相互作用力都可忽略不计,完全实现了弹性碰撞的那样一种气体。理想气体实质上是实际存在的气体在一定条件下($v \to \infty$, $p \to 0$)时的极限状态。实践证明,如空气、燃气、氧、氮等实际气体在通常情况下都很接近理想气体,热工计算时把它们当作理想气体处理,不致引起大的偏差。

工程上常按照气体是接近液态还是远离液态来区分是实际气体还是理想气体。刚刚脱离液态的蒸气其质量体积较小,分子间的作用力及分子本身的体积均不能忽略,属于实际气体;远离液态的气体其温度越高、质量体积越大就越接近理想气体。某种工质能否当作理想气体处理要看它所处的状态。例如,锅炉中产生的水蒸气、制冷剂蒸气等靠近液态,属于实际气体;而大气中的水蒸气,相对来讲因为分子压力低、质量体积大却可当作理想气体处理。本章将着重讨论理想气体。

第二节 理想气体的比热容

在热工计算中,经常要计算工质吸收或放出的热量。本节介绍比热容的概念和应用比热容计算理想气体热量的方法。

一、热容量和比热容

根据日常生活经验和科学实验,给不同的物体加热,使它们升高相同的温度,所需的热量是不同的。

一物体温度升高1℃所需的热量,称为该物体的热容量,单位为 kJ/℃。单位物量物体的热容量称为该物体的比热容量,简称比热容。比热容与物性有关,不同的物质,由于它们的分子量、分子结构特性不同,比热容的数值也不相同。所以,比热容是物性参数。

按照物量的计量单位不同,比热容可分为三类:物量单位用千克(kg)表示时,所得的比热容称为质量比热容,用符号 c 表示,其单位为 kJ/(kg · K),由于在温度间隔上开尔文温度与摄氏温度相同,于是比热容单位也可用 kJ/(kg · ℃);物量单位用标准状态下立方米(Nm³)表示时,所得的比热容称为容积比热容,用符号 c' 表示,其单位为 kJ/(Nm³ · K);物量单位用千摩尔(kmol)表示时,所得比热容称为千摩尔比热容,用符号 μ_c 表示,其单位为 kJ/(kmol · K)。三者之间的换算关系为

$$\mu_c = \mu \cdot c = 22.4c' \tag{3-1}$$

比热容还与加热(或冷却)的过程有关。在工程上定容加热过程和定压加热过程有着广泛的应用,因此,相应有定容比热容与定压比热容之分。再考虑到采用物量单位的不同,于是有定容质量比热容 c_v、定容容积比热容 c'_v、定容摩尔比热容 μ_{cv} 和定压质量比热容 c_p、定压容积比热容 c'_p、定压摩尔比热容 μ_{cp}。

气体的定压比热容比定容比热容的数值要大一些,这是因为定容吸热时气体的容积保持不变,而在定压下吸热时一方面工质的内能增加了,另一方面还要克服外力膨胀做功。所以,1kg 质量的气体同样升高1℃时定压下吸收的热量比定容下吸收的热量要多一些,即 $c_p > c_v$。

如果加热气体既不是定压也不是定容过程,而是其他的过程,则比热容就有不同的值。不过一般常用的是定压比热容和定容比热容。

二、应用比热容计算热量的方法

根据大量精确的实验数据和比热容的量子力学理论,实际气体的比热容是温度和压力的复杂函数,即 $c = f(p, t)$,理想气体的比热容与压力无关,只随温度而变,故 $c = f(t)$。因此应用比热容计算热量时,还有平均比热容与真实比热容之分。

1. 平均比热容:设 1kg 气体,温度由 t_1 升高到 t_2 所需的热量为 q,则

$$c_m \bigg|_{t_1}^{t_2} = \frac{q}{t_2 - t_1} \qquad [\mathrm{kJ/(kg \cdot ℃)}] \tag{3-2}$$

式中:$c_m \bigg|_{t_1}^{t_2}$——由 t_1 到 t_2 的平均质量比热容。

2. 真实比热容:设 1kg 气体,温度由 t 升高到 $t + \Delta t$ 时所需的热量为 Δq,当 $\Delta t \rightarrow 0$ 时,则

$$c = \lim_{\Delta t \to 0} \frac{\Delta q}{\Delta t} = \frac{\delta q}{\mathrm{d}t} \qquad [\mathrm{kJ/(kg \cdot ℃)}] \tag{3-3}$$

式中:c——t℃时的真实质量比热容。

理想气体的质量比热容与温度的关系可用下式表示:

$$c = a + bt + et^2 + \cdots \tag{3-4}$$

此式在比热容-温度(c-t)坐标图上为一曲线,如图 3-1 中曲线 1-2 所示,它表示出比热容与温度之间的曲线关系。气体由 t_1 升高到 t_2 所需的单位质量热量,按式(3-3)积分得

$$q = \int_{t_1}^{t_2} c\mathrm{d}t = \text{面积 } ABCDA$$

即可用 c-t 图上 t_1 与 t_2 间曲线 AB 下的面积 ABCDA 来表示单位质量热量。以 CD 边为

底作矩形 *CDEF*,使其面积与面积 *ABCDA* 相等,则此矩形的高度即为该温度范围内的平均比热 $c_m\Big|_{t_1}^{t_2}$,于是可得

$$q = c_m\Big|_{t_1}^{t_2}(t_2 - t_1) \tag{3-5}$$

由于 $c_m\Big|_{t_1}^{t_2}$ 的数值是随两个变量(t_1 和 t_2)而变化的,要列出每一种气体的 $c_m\Big|_{t_1}^{t_2}$ 表就很复杂。为了简化表格,热工手册中把 $t_1 = 0℃$ 和 $t_2 = t$ 的比热容列成表格,即给出 $0℃$ 到 t 的平均比热容 $c_m\Big|_0^t$ 表。这时,求单位质量热量的公式可由图 3-1 导出,即

$$q = 面积\ ABCDA = 面积\big|BCO\big| - 面积\big|ADO\big| = c_m\Big|_0^{t_2}t_2 - c_m\Big|_0^{t_1}t_1 \tag{3-6}$$

当比热容与温度之间为曲线关系时,应用表 3-1 所列出由 $0℃$ 到 t 的各种气体平均定压比热容值和式(3-6)来计算单位质量热量。

若温度不太高、温度变化范围不大时,假定真实比热容与温度为直线关系已是足够准确(图 3-2),即

$$c = a + bt \tag{3-7}$$

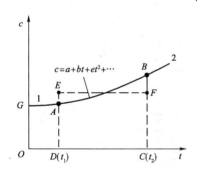

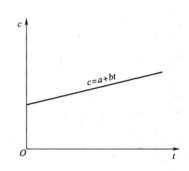

图 3-1　真实比热　　　　　　　　图 3-2　直线关系

则从 t_1 升高到 t_2 时所需的单位质量热量为

$$q = \int_{t_1}^{t_2} c\,\mathrm{d}t = \int_{t_1}^{t_2}(a + bt)\,\mathrm{d}t = a(t_2 - t_1) + b\frac{t_2^2 - t_1^2}{2}$$

$$= \left[a + \frac{b}{2}(t_1 + t_2)\right](t_2 - t_1)$$

对照平均比热容的定义式,则有

$$c_m\Big|_{t_1}^{t_2} = a + \frac{b}{2}(t_1 + t_2)$$

自 $0℃$ 至 t 范围内的平均比热容则可写为

$$c_m\Big|_0^t = a + \frac{b}{2}t \tag{3-8}$$

比较式(3-8)与式(3-7),可见从 $0℃$ 到 t 的平均比热容直线关系式与 t 时真实比热容的直线关系式所不同之点在于 t 的系数,前者为后者的 $1/2$。热工手册中往往给出的不是真实比热容的直线关系式,而是如表 3-2 所列以 $0℃$ 到 t 的平均定压比热容和定容比热容直线式。显然,在计算 t_1 到 t_2 之间的平均比热容时,需用($t_1 + t_2$)代替式(3-8)中的 t。

气体的平均定压比热容（曲线关系）

t (℃)	O$_2$ c_{pm} $\left[\frac{kJ}{(kg\cdot℃)}\right]$	O$_2$ c'_{pm} $\left[\frac{kJ}{(Nm^3\cdot℃)}\right]$	N$_2$ c_{pm} $\left[\frac{kJ}{(kg\cdot℃)}\right]$	N$_2$ c'_{pm} $\left[\frac{kJ}{(Nm^3\cdot℃)}\right]$	CO$_2$ c_{pm} $\left[\frac{kJ}{(kg\cdot℃)}\right]$	CO$_2$ c'_{pm} $\left[\frac{kJ}{(Nm^3\cdot℃)}\right]$	H$_2$O c_{pm} $\left[\frac{kJ}{(kg\cdot℃)}\right]$	H$_2$O c'_{pm} $\left[\frac{kJ}{(Nm^3\cdot℃)}\right]$	空气 c_{pm} $\left[\frac{kJ}{(kg\cdot℃)}\right]$	空气 c'_{pm} $\left[\frac{kJ}{(Nm^3\cdot℃)}\right]$	t (℃)
0	0.9148	1.3059	1.0304	1.2946	0.8148	1.5998	1.8593	1.4943	1.0036	1.2971	0
100	0.9232	1.3176	1.0316	1.2958	0.8658	1.7003	1.8476	1.5052	1.0061	1.3004	100
200	0.9353	1.3352	1.0346	1.2996	0.9102	1.7873	1.8936	1.5223	1.0115	1.3071	200
300	0.9500	1.3561	1.0400	1.3067	0.9487	1.8627	1.9192	1.5424	1.0191	1.3172	300
400	0.9651	1.3775	1.0475	1.3163	0.9826	1.9297	1.9477	1.5654	1.0283	1.3289	400
500	0.9793	1.3980	1.0567	1.3276	1.0128	1.9887	1.9778	1.5897	1.0387	1.3427	500
600	0.9927	1.4168	1.0668	1.3402	1.0396	2.0411	2.0092	1.6148	1.0496	1.3565	600
700	1.0048	1.4344	1.0777	1.3536	1.0639	2.0884	2.0419	1.6412	1.0605	1.3708	700
800	1.0157	1.4499	1.0881	1.3670	1.0852	2.1311	2.0754	1.6680	1.0710	1.3842	800
900	1.0258	1.4645	1.0982	1.3796	1.1045	2.1692	2.1097	1.6957	1.0815	1.3976	900
1000	1.0350	1.4775	1.1078	1.3917	1.1225	2.2035	2.1436	1.7229	1.0907	1.4097	1000
1100	1.0434	1.4892	1.1170	1.4034	1.1384	2.2349	2.1771	1.7501	1.0999	1.4214	1100
1200	1.0509	1.5005	1.1258	1.4143	1.1530	2.2638	2.2106	1.7769	1.1082	1.4327	1200
1300	1.0580	1.5106	1.1342	1.4252	1.1660	2.2898	2.2429	1.8028	1.1166	1.4432	1300
1400	1.0647	1.5202	1.1422	1.4348	1.1782	2.3136	2.2743	1.8280	1.1242	1.4528	1400
1500	1.0714	1.5294	1.1497	1.4440	1.1895	2.3354	2.3048	1.8527	1.1313	1.4620	1500
1600	1.0773	1.5378	1.1564	1.4528	1.1995	2.3555	2.3346	1.8761	1.1380	1.4708	1600
1700	1.0831	1.5462	1.1631	1.4612	1.2091	2.3743	2.3630	1.8996	1.1443	1.4788	1700
1800	1.0886	1.5541	1.1690	1.4687	1.2179	2.3915	2.3907	1.9213	1.1501	1.4867	1800
1900	1.0940	1.5617	1.1748	1.4758	1.2259	2.4074	2.4166	1.9423	1.1560	1.4939	1900
2000	1.0990	1.5692	1.1803	1.4825	1.2334	2.4220	2.4422	1.9628	1.1610	1.5010	2000

気体的平均定圧比熱容和定容比熱容直線式(適用範囲:0～1500℃)　　表 3-2

气　体	c_{pm} 和 c_{vm} [kJ/(kg·℃)]	c'_{pm} 和 c'_{vm} [kJ/(Nm³·℃)]
O_2	$c_{pm} = 0.9203 + 0.0001065t$	$c'_{pm} = 1.3138 + 0.0001577t$
	$c_{vm} = 0.6603 + 0.0001065t$	$c'_{vm} = 0.9429 + 0.0001577t$
N_2	$c_{pm} = 1.02410 + 0.0000886t$	$c'_{pm} = 1.2799 + 0.0001066t$
	$c_{vm} = 0.7272 + 0.0000886t$	$c'_{vm} = 0.9090 + 0.0001066t$
CO	$c_{pm} = 1.0304 + 0.0000969t$	$c'_{pm} = 1.2870 + 0.0001210t$
	$c_{vm} = 0.7331 + 0.0000969t$	$c'_{vm} = 0.9160 + 0.0001210t$
空　气	$c_{pm} = 0.9956 + 0.0000930t$	$c'_{pm} = 1.2866 + 0.0001201t$
	$c_{vm} = 0.7088 + 0.0000930t$	$c'_{vm} = 0.9157 + 0.0001201t$
H_2O	$c_{pm} = 1.8334 + 0.0003111t$	$c'_{pm} = 1.4733 + 0.0002498t$
	$c_{vm} = 1.3716 + 0.0003111t$	$c'_{vm} = 1.1024 + 0.0002498t$
CO_2	$c_{pm} = 0.8725 + 0.0002406t$	$c'_{pm} = 1.7132 + 0.0004723t$
	$c_{vm} = 0.6837 + 0.0002406t$	$c'_{vm} = 1.3423 + 0.0004723t$

应用比热容的直线关系式计算热量有一定误差,但在一般工程上已可满足精确度的要求。对于二氧化碳和一般多原子气体,比热容与温度的关系不能满意地用直线关系式表示,最好采用按比热容与温度为曲线关系编制的比热容表。

只有温度变化范围很窄或作粗略估算时,才允许用定值比热容进行热量的计算。这时

$$q = c(t_2 - t_1)$$

下面列出理想气体定值摩尔比热容表 3-3 及某些常用气体的定压质量比热容 c_p 和定容质量比热容 c_v 的数值表 3-4,以供计算时选用。

理想气体定值摩尔比热容表　　表 3-3

气　体	SI 制[kJ/(kmol·K)]	工程单位制[kcal/(kmol·K)]
单原子气体	$\mu c_p = 20.9, \mu c_v = 12.6$	$\mu c_p = 5, \mu c_v = 3$
双原子气体	$\mu c_p = 29.3, \mu c_v = 20.9$	$\mu c_p = 7, \mu c_v = 5$
多原子气体	$\mu c_p = 37.6, \mu c_v = 29.3$	$\mu c_p = 9, \mu c_v = 7$

常用气体的 c_p 和 c_v (25℃)的数值　　表 3-4

气体	分子量	定压比热容 c_p		定容比热容 c_v		比热容比 $k = c_p/c_v$
		[kJ/(kg·K)]	[kcal/(kg·K)]	[kJ/(kg·K)]	[kcal/(kg·K)]	
He	4.003	5.234	1.25	3.15	0.753	1.667
Ar	39.94	0.524	0.1253	0.316	0.0756	1.667
H_2	2.016	14.36	3.43	1.022	2.44	1.404
O_2	32.000	0.917	0.219	0.657	0.157	1.395
N_2	28.016	1.038	0.248	0.741	0.177	1.400
空气	28.97	1.004	0.24	0.716	0.171	1.400
CO	28.011	1.042	0.249	0.745	0.178	1.399
CO_2	44.010	0.850	0.203	0.661	0.158	1.258
H_2O	18.016	1.863	0.445	1.402	0.335	1.329
CH_4	16.04	2.227	0.532	1.687	0.403	1.32
C_2H_4	28.054	1.721	0.411	1.427	0.034	1.208

【例 3-1】 锅炉的空气预热器在定压下将空气从 20℃ 加热到 200℃，空气流量为 4000Nm³/h。试用定值比热容、比热容的直线关系式、比热容的曲线关系式分别计算每小时加给空气的热量。

解:(1)用定值比热容计算。

设空气为双原子气体，其定压容积比热容可查表 3-3，则

$$c_p' = \frac{\mu c_p}{22.4} = \frac{29.3}{22.4} = 1.308 \text{kJ}/(\text{Nm}^3 \cdot ℃)$$

已知空气的流量 $\dot{V} = 4000\text{Nm}^3/\text{h}$，故加给空气的热量为

$$Q = \dot{V} \times c_p' (t_2 - t_1)$$
$$= 4000 \times 1.308 \times (200 - 20)$$
$$= 941760 \text{kJ/h}$$
$$= 261.6 \text{kJ/s} = 261.6 \text{kW}$$

(2)用平均比热容(直线式)计算。

查表 3-2，空气的定压容积比热容为

$$c_{pm}' = 1.2866 + 0.0001201t \qquad \text{kJ}/(\text{Nm}^3 \cdot ℃)$$

所以

$$c_{pm}' = 1.2866 + 0.0001201 \times (200 + 20)$$
$$= 1.313 \text{kJ}/(\text{Nm}^3 \cdot ℃)$$

又因为

$$Q = \dot{V} \times c_{pm}' \Big|_{t_1}^{t_2} (t_2 - t_1)$$

故

$$Q = 4000 \times 1.313 \times (200 - 20) = 945360 \text{kJ/h}$$
$$= 262.6 \text{kJ/s} = 262.6 \text{kW}$$

(3)用平均比热容(曲线式)计算。

查表 3-1，当 $t_1 = 20℃$ 时，

$$c_{pm}' \Big|_0^{20} = 1.2971 + \frac{1.3004 - 1.2971}{100} \times 20 = 1.2978 \text{kJ}/(\text{Nm}^3 \cdot ℃)$$

当 $t_2 = 200℃$ 时，

$$c_{pm}' \Big|_0^{200} = 1.3071 \text{kJ}/(\text{Nm}^3 \cdot ℃)$$

又因为

$$Q = \dot{V} \times \left(c_{pm}' \Big|_0^{t_2} \times t_2 - c_{pm}' \Big|_0^{t_1} \times t_1 \right)$$

故

$$Q = 4000 \times (1.3071 \times 200 - 1.2978 \times 20)$$
$$= 941856 \text{kJ/h} = 261.63 \text{kJ/s} = 261.63 \text{kW}$$

通过上例计算表明，单原子气体在温度不太高(例如 800℃ 以下)时采用定值比热容或比热容的直线式的计算值与按比热容的曲线式的计算值相比，误差不会太大。

第三节　理想气体的内能、焓、熵

在前面两章中我们已一般性地介绍了工质的状态参数,内能 u、焓 h、熵 s。本节对理想气体的定容比热容与定压比热容作进一步分析,从而导出理想气体的内能、焓和熵的一般计算式。

根据比热容的定义并引用热力学第一定律解析式,可得

$$c_v = \left(\frac{\delta q}{\mathrm{d}T}\right)_v = \left[\frac{\mathrm{d}u + p\mathrm{d}v}{\mathrm{d}T}\right]_v = \left(\frac{\partial u}{\partial T}\right)_v$$

$$c_p = \left(\frac{\delta q}{\mathrm{d}T}\right)_p = \left[\frac{\mathrm{d}h - v\mathrm{d}p}{\mathrm{d}T}\right]_p = \left(\frac{\partial h}{\partial T}\right)_p$$

对于理想气体,由于分子间没有相互作用力,所以理想气体的内能就只是气体分子运动的动能,没有分子力形成的位能。而分子的动能仅仅取决于温度,于是可得出一重要推论:"理想气体的内能仅为温度的单值函数,即 $u = f(t)$"。那么,

$$\left(\frac{\partial u}{\partial T}\right)_v = \frac{\mathrm{d}u}{\mathrm{d}T} = c_v$$

所以

$$\mathrm{d}u = c_v \mathrm{d}T \tag{3-9}$$

式(3-9)是计算理想气体内能的一般关系式。

同理,因为 $h = u + pv$,理想气体状况方程 $pv = RT$,于是又可得出一重要推论:"理想气体的焓也是温度的单值函数,即 $h = f(t)$"。那么,

$$\left(\frac{\partial h}{\partial T}\right)_p = \frac{\mathrm{d}h}{\mathrm{d}T} = c_p$$

所以

$$\mathrm{d}h = c_p \mathrm{d}T \tag{3-10}$$

式(3-10)是计算理想气体焓的一般关系式。

c_v 和 c_p 是工程计算中常采用的两种比热容。由焓的定义式 $h = u + pv$,对于理想气体可写为

$$h = u + RT$$

所以

$$\frac{\mathrm{d}h}{\mathrm{d}T} = \frac{\mathrm{d}u}{\mathrm{d}T} + R$$

将式(3-9)、式(3-10)代入上式,则得

$$c_p - c_v = R \qquad [\mathrm{kJ}/(\mathrm{kg}\cdot\mathrm{K})] \tag{3-11}$$

若以摩尔作为物量单位,则

$$uc_p - uc_v = uR = 8.314 \qquad [\mathrm{kJ}/(\mathrm{kmol}\cdot\mathrm{K})] \tag{3-11'}$$

式(3-11)就是著名的迈耶方程,它是 c_v 和 c_p 间进行换算的一个重要关系式。

在热工计算中还经常应用比热容比,即定压比热容与定容比热容之比,用符号 k 表示,则

$$k = c_p/c_v \tag{3-12}$$

按照式(3-11)及式(3-12),就可得出几个常用的关系式,即

$$c_v = \frac{1}{k-1} R \qquad (3-13)$$

$$c_p = \frac{k}{k-1} R \qquad (3-14)$$

理想气体熵的变化量可由熵的定义式及热力学第一定律能量方程式导出。按照可逆过程中熵变化的定义式 $\mathrm{d}s = \delta q / T$ 以及热力学第一定律解析式 $\delta q = \mathrm{d}u + p\mathrm{d}v$，就可得到理想气体熵的变化为

$$\mathrm{d}s = \frac{\mathrm{d}u + p\mathrm{d}v}{T}$$

而 $\mathrm{d}u = c_v \mathrm{d}T, pv = RT$，那么

$$\mathrm{d}s = c_v \frac{\mathrm{d}T}{T} + R \frac{\mathrm{d}v}{v}$$

将上式积分，则比熵的变化量为

$$s_2 - s_1 = c_v \ln \frac{T_2}{T_1} + R \ln \frac{v_2}{v_1} \qquad [\,\mathrm{kJ/(kg \cdot K)}\,] \qquad (3-15)$$

同理，应用 $\delta q = \mathrm{d}h - v\mathrm{d}p, \mathrm{d}h = c_p \mathrm{d}T, pv = RT$ 等关系式，可导出用状态参数 T、p 表示的比熵的变化量为

$$s_2 - s_1 = c_p \ln \frac{T_2}{T_1} - R \ln \frac{p_2}{p_1} \qquad [\,\mathrm{kJ/(kg \cdot K)}\,] \qquad (3-16)$$

由式(3-15)和式(3-16)可知，理想气体熵的变化仅与初始状态及终了状态有关，而与它变化所经历的过程无关，从而也证明了理想气体的熵是一个状态参数。式(3-15)和式(3-16)是计算热力过程熵的变化量的基本关系式。

【例3-2】 10g 氮气经历了一个等内能的状态变化过程，其初压力 $p_1 = 6.078 \times 10^5 p_a$，初温度 $T_1 = 300\mathrm{K}$，终容积为初容积的 3 倍。设氮气具有理想气体性质。试求：(1)气体的终温度；(2)气体的终压力；(3)气体因状态变化而引起的熵的变化。

解：(1)对于理想气体，内能只是温度的单值函数。如果内能恒定不变，则温度也恒定不变。故

$$T_2 = T_1 = 300\mathrm{K}$$

(2)对于 $m\mathrm{kg}$ 理想气体，经历一个状态变化过程有

$$p_1 V_1 = mRT_1$$

$$p_2 V_2 = mRT_2$$

又由于 $T_1 = T_2, V_2 = 3V_1$，代入上式中有

$$p_2 = \frac{1}{3} p_1 = \frac{1}{3} \times 6.078 \times 10^5 = 2.026 \times 10^5 p_a$$

(3)熵的变化可利用式(3-16)进行计算，即

$$s_2 - s_1 = c_p \ln \frac{T_2}{T_1} - R \ln \frac{p_2}{p_1}$$

由于 $T_2 = T_1$，故有

$$s_2 - s_1 = -R \ln \frac{p_2}{p_1} = -\frac{8.314}{28} \ln \frac{1}{3} = 0.326[\,\mathrm{kJ/(kg \cdot K)}\,]$$

对于 10g 氮气，总的熵的变化为

$$S_2 - S_1 = m(s_2 - s_1) = 10 \times 10^{-3} \times 0.326 \times 10^3 = 3.26 \text{J/K}$$

第四节　分析热力过程的目的与一般方法

热能与机械能的相互转换是通过工质的一系列状态变化过程实现的。这种热力系统状态连续变化的过程,就称为热力过程。分析热力过程的目的就在于揭示过程中工质状态参数的变化规律,以及该过程中热能与机械能之间的转化情况,进而找出影响它们转化的主要因素。

实际热机的热力过程是很复杂的。首先,严格说来,都是不可逆过程;其次,工质的各状态参数都在变化,不易找出规律,故实际过程不易分析。但仔细观察热力设备中常见的一些过程,发现它们却又往往近似地具有某种简单的特征。例如,汽油机汽缸中工质的燃烧加热过程,燃烧速率很快,压力急剧上升而容积几乎保持不变,接近定容过程;燃气轮机动力装置燃烧室中的燃烧加热过程,燃气压力变动极微,近似于定压过程;燃气流过燃气涡轮的喷嘴和叶片,或空气流过叶轮式压气机时,流速很快,流量较大,经机壳向外界散失的热量相对来说极少,都可近似看作绝热过程。为了讨论问题方便,工程热力学常将实际过程概括为几种带有某些简单特征的典型热力过程。例如定容、定压、定温、绝热过程,以及具有综合特点的一般性过程——多变过程。同时,在讨论热力过程时,在一定条件下常把实际的不可逆过程当作可逆过程处理。采取上述这种抽象、概括的分析方法是为了使人们有可能运用热力学的理论对实际热力过程进行定性的分析和定量的计算。

本章所讨论的热力过程均视为可逆过程,工质为理想气体,单位质量取 1kg,比热容为定值。分析热力过程的一般方法,概括起来步骤如下:

(1)根据过程的特征和工质的热力特性,写出过程方程式 $p = f(v)$。

(2)根据过程方程式及理想气体状态方程,求出初、终基本状态参数 p、v、T 之间的函数关系。

(3)计算过程中工质的内能、焓、熵的变化以及工质与外界交换的热量和动量。

可逆过程单位质量气体所的膨胀功可用 $w = \int_1^2 p \mathrm{d}v$ 这一通式,并结合 $p = f(v)$ 的函数关系积分而得。或可根据热力学第一定律解析式进行计算。

过程所交换的热量,一般由 $q = \int_1^2 T \mathrm{d}s$ 或 $q = \int_1^2 c \mathrm{d}t$ 结合过程特征积分而得。也可根据热力学第一定律解析式进行计算。

(4)将各热力过程表示在 $p\text{-}v$ 图及 $T\text{-}s$ 图上,直接观察和分析比较各过程工质状态参数的变化规律及能量转换情况。

下面,先分析四个典型热力过程,然后再讨论理想气体的一般性过程,即多变过程。

第五节　四种典型热力过程、多变过程

一、定容过程

工质在状态变化时,容积保持不变的过程称为定容过程。因此,过程方程为

$$v = 常数 \qquad 或 \qquad \mathrm{d}v = 0 \qquad\qquad (3\text{-}17)$$

根据过程方程 $v =$ 常数及状态方程 $pv = RT$,联立求解可得定容过程状态参数间的关系为

$$\frac{p_2}{p_1} = \frac{T_2}{T_1} \text{ 或 } \frac{p}{T} = \text{常数} \tag{3-18}$$

定容过程内能、焓、熵的变化量分别为

$$\Delta u_v = c_v \Delta T \tag{3-19}$$

$$\Delta h_v = c_p \Delta T \tag{3-20}$$

$$\Delta s_v = c_v \ln \frac{T_2}{T_1} \tag{3-21}$$

因为定容过程中,$dv = 0$,可见气体的膨胀功为零。定容过程与外界交换的热量可由 $q = c_v \Delta T$ 或由 $q = \Delta u + W$ 求出,因为 $W_v = 0$,所以

$$q_v = \Delta u = c_v \Delta T$$

上述结果表明,定容过程工质不做膨胀功,加给工质的热量全都用以增加气体的内能。定容过程的过程线在 $p\text{-}v$ 图上是一垂直于 v 轴的直线[图 3-3a)]。定容加热时压力随温度的增加而增加,过程线如 12′线所示。

定容过程的过程线在 $T\text{-}s$ 图上的位置,由于熵与温度为对数关系,所以其过程线在 $T\text{-}s$ 图上为一对数曲线[图 3-3b)]。由式(3-21)可导得其斜率为

$$\left(\frac{\mathrm{d}T}{\mathrm{d}s} \right)_v = \frac{T}{c_v} \tag{3-22}$$

由于 T 与 c_v 都不会是负值,其比值 $\dfrac{T}{c_v}$ 恒大于零,即对数曲线的斜率总大于零,T 将随着 s 的增加而增加。向气体加热,则温度升高,熵增加,过程线向右上方延伸,如 12 线所示。过程线与 s 轴间面积为定容加热量;气体放热,则温度下降,熵减小,过程线向左下方延伸,如 12′线所示。过程线下面积相应为定容放热量。

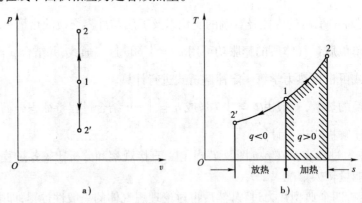

图 3-3　定容过程中的 $p\text{-}v$ 图及 $T\text{-}s$ 图

二、定压过程

工质在状态变化时压力保持不变的过程称为定压过程。因此,过程方程为

$$p = \text{常数} \qquad \text{或} \qquad \mathrm{d}p = 0 \tag{3-23}$$

根据过程方程 $p =$ 常数及状态方程 $pv = RT$,联立求解可得定压过程状态参数间的关系为

$$\frac{v_2}{v_1} = \frac{T_2}{T_1} \quad 或 \quad \frac{v}{T} = 常数 \tag{3-24}$$

定容过程内能、焓、熵的变化量分别为

$$\Delta u_p = c_v \Delta T \tag{3-25}$$

$$\Delta h_p = c_p \Delta T \tag{3-26}$$

$$\Delta s_p = c_p \ln \frac{T_2}{T_1} = c_p \ln \frac{v_2}{v_1} \tag{3-27}$$

定压过程单位质量气体膨胀功为

$$w_p = \int_1^2 p \mathrm{d}v = p(v_2 - v_1) \tag{3-28}$$

工质与外界交换的热量,可按定压比热容进行计算,即

$$q_p = c_p \Delta T = \Delta h \tag{3-29}$$

或由 $q_p = \Delta u_p + w_p$ 计算,也会得到相同的结果,即

$$q_p = \Delta u + \Delta(pv) = \Delta h \tag{3-29'}$$

定压过程的过程线在 $p\text{-}v$ 图上是一平行于 v 轴的水平线[图 3-4a)]。12 线表示温度升高时,质量体积增大,工质膨胀;12′线表示温度降低时,质量体积减小,工质被压缩。12 线与 12′线下的面积分别表示工质对外所做的膨胀功和外界消耗的压缩功。

定压过程的过程线在 $T\text{-}s$ 图上的位置类似于定容过程曲线,也是一条对数曲线[图 3-4b)]。由式(3-27)可导得其斜率为

$$\left(\frac{\mathrm{d}T}{\mathrm{d}s}\right)_p = \frac{T}{c_p} \tag{3-30}$$

由于 T 与 c_p 都不会有负值,故曲线斜率 $\left(\frac{\mathrm{d}T}{\mathrm{d}s}\right)_p > 0$。图 3-4b)中线向右上方延伸,即工质温度升高,熵增加,表示外界在定压下向工质加热;12′线向左下方延伸,即工质温度降低,熵减少,表示工质在定压下向外界放热。12 线与 12′线下的面积分别表示定压过程工质所吸收的热量和放出的热量。

定压过程和定容过程虽然同为对数曲线,但其斜率是不一样的。因为 $c_p > c_v$,所以在 $T\text{-}s$ 图上定容线比定压线要陡一些。

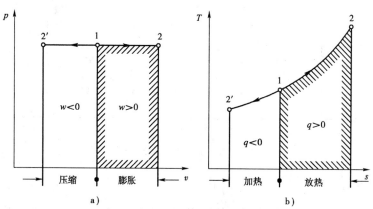

a)   b)

图 3-4　定压过程中的 $p\text{-}v$ 图及 $T\text{-}s$ 图

【例 3-3】　空气 $V_1 = 2\text{m}^3$,初始温度 $t_1 = 15℃$,在定压下加热 4186.8kJ,使容积变为 $V_2 =$

$8m^3$。求过程终了时气体的温度,所做的功及内能和焓的变化(设比热容为定值,空气分子量为28.96);并表示在 $p\text{-}v$ 图、$T\text{-}s$ 图上。

解:由于压力不变,即 $p_1 = p_2$,所以

$$\frac{V_1}{T_1} = \frac{V_2}{T_2}$$

$$T_2 = \frac{V_2}{V_1} \cdot T_1 = \frac{8}{2} \times (273 + 15) = 1152K$$

由此 $t_2 = 1152 - 273 = 879℃$

根据表3-3,空气的定值千摩尔比热容为

$$\mu c_p = 29.3 \text{kJ/(kmol} \cdot \text{K)}$$
$$\mu c_v = 20.9 \text{kJ/(kmol} \cdot \text{K)}$$

由 $Q_p = mc_p\Delta T$ 及 $c_p = \dfrac{\mu c_p}{\mu}$

所以

$$m = \frac{Q_p}{c_p\Delta T} = \frac{Q_p}{\dfrac{\mu c_p}{\mu} \cdot \Delta T} = \frac{4186.8}{\dfrac{29.6}{28.96} \times (1152 - 288)} = 4.79\text{kg}$$

$$\Delta U = mc_v(T_2 - T_1) = 4.79 \times \frac{\mu c_v}{\mu}(T_2 - T_1)$$

$$= 4.79 \times \frac{20.9}{28.96} \times (1152 - 288) = 2991.6\text{kJ}$$

根据热力学第一定律 $Q = \Delta U + W$,所以

$$W = Q - \Delta U = 4186.8 - 2991.6 = 1195.2\text{kJ}$$

又 $Q_p = \Delta H$,所以

$$\Delta H = 4186.8\text{kJ}$$

$p\text{-}v$ 图与 $T\text{-}s$ 图如图3-5所示。

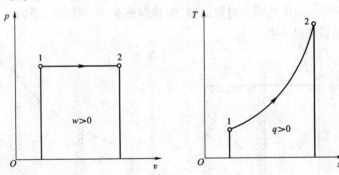

图3-5 例3-3 中的 $p\text{-}v$ 图及 $T\text{-}s$ 图

三、定温过程

工质在状态变化时,温度保持不变的过程称为定温过程。因此,过程方程为

$$T = 常数 \qquad 或 \quad dT = 0 \tag{3-31}$$

由过程方程,状态方程联立求解可得定温过程状态参数间的关系为

$$p_1 v_1 = p_2 v_2 \quad 或 \quad pv = 常数 \tag{3-32}$$

因为定温过程 T = 常数,所以对理想气体为

$$\Delta U_T = 0, \Delta h_T = 0 \tag{3-33}$$

熵的变化量为

$$\Delta s_T = R \ln \frac{v_2}{v_1} = R \ln \frac{p_1}{p_2} \tag{3-34}$$

过程中单位质量气体所做的膨胀功为

$$w_T = \int_1^2 p \mathrm{d}v = \int_1^2 pv \frac{\mathrm{d}v}{v} = pv \int_1^2 \frac{\mathrm{d}v}{v}$$

$$= pv \ln \frac{v_2}{v_1} = RT \ln \frac{v_2}{v_1} = RT \ln \frac{p_1}{p_2} \tag{3-35}$$

工质与外界所交换的热量可由热力学第一定律解析式求得,即

$$q = \Delta u + W, \quad 而 \quad \Delta u_T = 0$$

所以

$$q_T = w_T = pv \ln \frac{p_1}{p_2} = pv \ln \frac{v_2}{v_1} = RT \ln \frac{p_1}{p_2} = RT \ln \frac{v_2}{v_1} \tag{3-36}$$

式(3-36)表明,在定温下,加给理想气体的热量全部转变为对外的膨胀功;反之,在压缩时,外界所消耗的功,全部转变为热,并全部对外放出。

这里还应当指出,因为在定温过程中,据比热的定义 $c_T = \left(\dfrac{\delta q}{\mathrm{d}T} \right)_T = \pm \infty$,比热容对定温过程无意义,故不能用 $q_T = c_T \Delta T$ 这一关系式去计算热量。

定温过程的过程线在 p-v 图上为一等边双曲线[图3-6a)]。由于温度不变,当工质膨胀,即质量体积增加时,压力下降,过程线(图中 12 线)向右下方延伸;当工质被压缩,即质量体积减小时,压力增加,过程线(图中 12′线)向左上方延伸,'其斜率为

$$\left(\frac{\mathrm{d}p}{\mathrm{d}v} \right)_T = -\frac{p}{v} \tag{3-37}$$

过程线 12 与 v 轴间面积为定温膨胀功;过程线 12′ 与 v 轴间面积为定温压缩功。不难看出,定温过程在 T-s 图上是一平行于 s 轴的水平线[图3-6b)]。

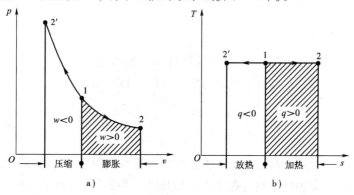

图3-6 定温过程中的 p-v 图及 T-s 图

过程线 12 与横坐标所围的面积表示工质在定温过程中吸入的热量;过程线 12′ 与横坐标所包围的面积表示工质在定温过程中放出的热量。

【例3-4】 将初态压力为 $0.9807 \times 10^5 \mathrm{Pa}$、温度为 30℃ 的 1kg 质量的空气,在汽缸内定

温压缩至原来容积的 1/15。若设比热容为定值,求压缩所需功;压缩时加入或放出的热量;内能变化量;压缩后的压力、温度;并在 p-v 图、T-s 图上表示出来。

解:因是定温过程,所以压缩后温度 T_2 为

$$T_2 = T_1 = 30 + 273 = 303\mathrm{K}$$

终压

$$p_2 = \frac{p_1 v_1}{v_2} = \frac{0.9807 \times 10^5}{\frac{1}{15}} = 14.71 \times 10^5 \mathrm{Pa}$$

热量

$$q_\mathrm{T} = RT\ln\frac{p_1}{p_2} = 287 \times 10^{-3} \times 303 \times \ln\frac{0.9807 \times 10^5}{14.71 \times 10^5} = -234.8\mathrm{kJ/kg}$$

负号表示压缩时空气对外放热。

对定温过程,空气可作为理想气体,故

$$\Delta u_\mathrm{T} = 0$$

因该 1kg 空气封闭在汽缸内被压缩,由热力学第一定律 $q = \Delta u + w$ 得

$$w_\mathrm{T} = q_\mathrm{T} = -234.8\mathrm{kJ/kg}$$

负号表示外界压缩空气消耗的功。

p-v 图与 T-s 图如图 3-7 所示。

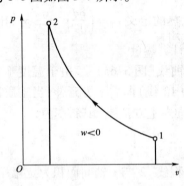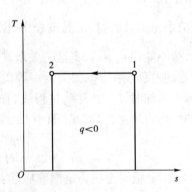

图 3-7 例 3-4 中的 p-v 图及 T-s 图

四、绝热过程

工质状态变化时与外界没有热交换的过程称为绝热过程。在绝热过程中,不仅全过程的总热量交换为零,而且在过程进行中的任一瞬间,与外界的热量交换也为零。即不仅

$$q = 0$$

而且

$$\delta q = 0$$

这种过程事实上是不存在的,除非工质用绝对热绝缘物质与外界隔绝,但绝对热绝缘物质是不存在的,所以理想的绝热过程是不能实现的。但是,当过程进行得很快,工质与外界来不及交换热量,或热绝缘材料很好,交换的热量很少时,则可近似地看作绝热过程。例如气体在内燃机、蒸汽机汽缸中的膨胀过程、在压气机汽缸中的压缩过程、在汽轮机或燃气轮机喷管中的流动过程等都可近似当作绝热过程。因此,对绝热过程进行热力分析有很大的实用价值。

理想气体绝热过程的过程方程式可根据过程特性、热力学第一定律解析式及理想气体状态方程式 v 导出。

由于绝热,即 $\delta q = 0$,又因是理想气体,故热力学第一定律解析式可成下述形式:

$$\delta q = \mathrm{d}u + \delta w = c_v \mathrm{d}T + p\mathrm{d}v = 0 \quad 或 \quad p\mathrm{d}v = -c_v \mathrm{d}T$$

或

$$\delta q = \mathrm{d}h - v\mathrm{d}p = c_p \mathrm{d}T - v\mathrm{d}p = 0 \quad 或 \quad v\mathrm{d}p = c_p \mathrm{d}T$$

将后式除以前式得

$$\frac{v}{p} \cdot \frac{\mathrm{d}p}{\mathrm{d}v} = -\frac{c_p}{c_v} 或 \frac{\mathrm{d}p}{p} = -\frac{c_p}{c_v} \cdot \frac{\mathrm{d}v}{v}$$

上式中,c_p 及 c_v 若取定值或平均值,则 $k = c_p/c_v$ 也将是定值或平均值。积分上式后得

$$\ln p + k\ln v = 常数$$

或

$$\ln pv^k = 常数$$

即

$$pv^k = 常数 \tag{3-38}$$

这就是绝热过程的过程方程式。式中的指数 k 称为绝热指数,或称比热容比,在前节中已经介绍。因为 $c_p > c_v$ 所以 k 总是大于 1 的。当取近似的定值比热容时,对单原子气体取 $k = 1.67$;对双原子气体取 $k = 1.40$;对多原子气体取 $k = 1.30$。但是,一般说来理想气体的比热容会随温度的升高而增大,而比热容比 k 的数值则随着温度的升高而略有下降。这一结论可由下式表明:

$$k = \frac{c_p}{c_v} = \frac{c_v + R}{c_v} = 1 + \frac{R}{c_v}$$

在作精确计算时,k 值随温度而变的数值,可查有关热工设计手册。

绝热过程初、终两态参数之间关系,由式(3-38)得

$$\frac{p_2}{p_1} = \left(\frac{v_1}{v_2}\right)^k \tag{3-39}$$

以 $pv = RT$ 代入式(3-39)消去 p_1、p_2,则得

$$\frac{T_2}{T_1} = \left(\frac{v_1}{v_2}\right)^{k-1} \tag{3-40}$$

若消去 v_1、v_2,则得

$$\frac{T_2}{T_1} = \left(\frac{p_2}{p_1}\right)^{\frac{k-1}{k}} \tag{3-41}$$

可见,工质绝热膨胀($v_2 > v_1$)时,压力降低,温度也降低;工质被压缩($v_2 < v_1$)时,则相反。

在绝对过程中($\delta q = 0$),若所研究的又是可逆过程,根据熵的定义:

$$\mathrm{d}s = \frac{\delta q}{T} = 0$$

即

$$s = s_1 = s_2 = 常数$$

因此,可逆绝热过程又称为定熵过程。

绝热过程内能、焓的变化量仍由下式进行计算:

$$\Delta u_s = \Delta u = c_v \Delta T \tag{3-42}$$

$$\Delta h_s = \Delta h = c_p \Delta T \tag{3-43}$$

绝热过程单位质量气体所做的膨胀功可由 $w = \int_1^2 p\mathrm{d}v$ 和过程方程 $pv^k = 常数$ 求得。即

$$w_s = \int_1^2 p\,\mathrm{d}v = \int_1^2 pv^k \cdot \frac{\mathrm{d}v}{v^k} = pv^k \int_1^2 \frac{\mathrm{d}v}{v^k}$$

$$= pv^k \frac{1}{1-k}(v_2^{1-k} - v_1^{1-k}) = \frac{1}{1-k}(p_2 v_2 - p_1 v_1)$$

$$= \frac{R}{1-k}(T_2 - T_1) = \frac{RT_1}{k-1}\left(1 - \frac{T_2}{T_1}\right)$$

$$= \frac{RT_1}{k-1}\left[1 - \left(\frac{p_2}{p_1}\right)^{\frac{k-1}{k}}\right]$$

$$= \frac{RT_1}{k-1}\left[1 - \left(\frac{v_1}{v_2}\right)^{k-1}\right] \tag{3-44}$$

上述膨胀功的公式也可以从热力学第一定律解析式求得。即

$$q = \Delta u + w$$

因 $q = 0$，故

$$w_s = -\Delta u = u_1 - u_2 \tag{3-45}$$

可见，在绝热过程中工质对外做膨胀功时，消耗工质内能；反之，外界对工质做压缩功时，则全部用以增加工质内能。

对于理想气体，取比热容为定值，则式(3-45)可以写为

$$w_s = u_1 - u_2 = c_v(T_1 - T_2)$$

根据上节公式(3-13)，$c_v = \dfrac{R}{k-1}$，代入上式得

$$w_s = \frac{R}{k-1}(T_1 - T_2)$$

所得结果与式(3-44)相同。

工质在绝热流动过程中所做的技术功可由 $w_t = -\int_1^2 v\,\mathrm{d}p$ 和 $pv^k =$ 常数

求得。即

$$w_{ts} = \frac{kR}{k-1}(T_1 - T_2) = \frac{k}{k-1}p_1 v_1\left[1 - \left(\frac{p_2}{p_1}\right)^{\frac{k-1}{k}}\right] \tag{3-46}$$

上述技术功的公式也可从稳定流动公式 $q = \Delta h - \int_1^2 v\,\mathrm{d}p$ 求得。因 $q = 0$，故

$$w_{ts} = -\int_1^2 v\,\mathrm{d}p = -\Delta h = h_1 - h_2 \tag{3-47}$$

可见，工质在绝热流动过程中对外所做的技术功等于工质焓的减少；外界对工质所做的技术功则等于工质焓的增加。

对于理想气体，$\Delta h = c_p \Delta T$，且由式(3-14)知 $c_p = \dfrac{k}{k-1}R$，故式(3-47)可写成

$$w_{ts} = \frac{kR}{k-1}(T_1 - T_2)$$

所得结果与式(3-46)相同。

在 p-v 图上，按照绝热过程的过程方程 $pv^k =$ 常数，其过程线为一条高次方双曲线，或称不等边双曲线[图3-8a)]。12线表示绝热膨胀；12′线表示绝热压缩。

绝热过程线和定温过程线在 p-v 图上的相对位置，可从它们的斜率看出。$\left(\dfrac{\mathrm{d}p}{\mathrm{d}v}\right)_s =$ $-k\dfrac{p}{v}$，$\left(\dfrac{\mathrm{d}p}{\mathrm{d}v}\right)_T = -\dfrac{p}{v}$，而 k 值恒大于 1，所以绝热过程线斜率的绝对值比定温过程线斜率的绝对值大，表现在 p-v 图上即绝热过程线要比定温过程线陡些。

在 T-s 图上，当过程绝热时，$\delta q = 0$，$q = 0$，因而 $\mathrm{d}s = 0$，因此，可逆绝热过程是一垂直于 s 轴的直线[图 3-8b)]。

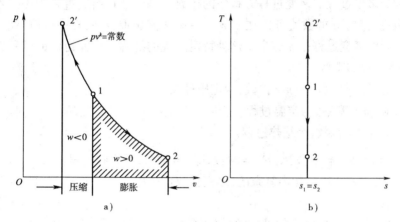

图 3-8 绝热过程中的 p-v 图及 T-s 图

【例 3-5】 若【例 3-4】中改为定熵压缩，则各项结果又为多少？

解：空气可作为双原子分子处理，则比热容比 $k = 1.40$。

终压 $$p_2 = p_1 \left(\frac{v_1}{v_2}\right)^k = 0.9807 \times 10^5 \times 15^{1.4} = 43.5 \times 10^5 \,\mathrm{Pa}$$

终温 $$T_2 = T_1 \left(\frac{v_1}{v_2}\right)^{k-1} = 303 \times 15^{0.4} = 891\,\mathrm{K}$$

功量 $$w_s = \frac{R}{k-1}(T_1 - T_2) = \frac{287 \times 10^{-3}}{1.4 - 1}(303 - 891) = -422\,\mathrm{kJ/kg}$$

负号表示外界压缩空气消耗的功。

因是定熵压缩，所以无热量进出，$q = 0$。

内能变化量 $\Delta u = -w_s = 422\,\mathrm{kJ/kg}$

表示外界消耗于压缩空气的功，全部转变为气体内能的增加。

T-s 图与 p-v 图如图 3-9 所示。

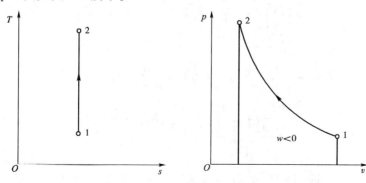

图 3-9 例 3-5 中的 p-v 图及 T-s 图

五、多变过程

前面讨论的四种典型的热力过程有一个共同点,就是这些过程都有一个状态参数不变。这些过程只能算作气体状态变化过程的特殊情况。现在进一步讨论气体状态变化的一般性过程,它是用过程方程

$$pv^n = 常数 \tag{3-48}$$

来定义的,称为多变过程。多变过程方程中的指数 n 是一个在给定过程中保持不变的某一定值,称为多变指数。n 的数值可以在 $+\infty \sim -\infty$ 之间选取,n 取某一数值,就表示一个特定的过程。因此,多变过程是无穷多个这种特定过程的统称。前面讨论的四种典型的热力过程都是多变过程的特例:

当 $n = 0$ 时,$pv^0 = 常数$,即 $p = 常数$,为定压过程。

当 $n = 1$ 时,$pv = 常数$,为定温过程。

当 $n = k$ 时,$pv^k = 常数$,为绝热过程。

当 $n = \pm\infty$ 时,$p^{\frac{1}{n}}v = 常数$,则 $p^0 v = 常数$,即 $v = 常数$,为定容过程。

实际的热力过程往往是相当复杂的,多变指数也往往不为一定值。对此,工程上常采用两种处理办法:

其一、如果实际某过程多变指数 n 的数值变化范围不大,我们可用一个"平均"的 n 值对该过程作近似的描述。

其二、如果实际某过程多变指数 n 的数值变化范围很大,那么可将该过程分成几段,用几个多变指数来分段描述它。经验证明,这样处理是可行的,常用热工设备中工质的 n 值,可查有关热工手册。柴油机的实际压缩过程多变指数 n_1,实际膨胀过程多变指数 n_2,可在下列范围内选取:

$$n_1 = 1.32 \sim 1.42$$
$$n_2 = 1.15 \sim 1.32$$

由于多变过程方程式 $pv^n = 常数$ 与绝热过程方程式 $pv^k = 常数$ 在形式上完全一致,因此,多变过程中的初、终态参数之间的关系,以及求膨胀功和技术功的公式,在形式上均与绝热过程的公式完全相同,只是以 n 值代替各式中的 k 值,故不作重复推导,仅将公式结果列出如下。

状态参数之间关系为

$$\frac{p_2}{p_1} = \left(\frac{v_1}{v_2}\right)^n \qquad \frac{T_2}{T_1} = \left(\frac{v_1}{v_2}\right)^{n-1} \qquad \frac{T_2}{T_1} = \left(\frac{p_2}{p_1}\right)^{\frac{n-1}{n}} \tag{3-49}$$

膨胀功为

$$w_n = \frac{1}{n-1}(p_1 v_1 - p_2 v_2) = \frac{R}{n-1}(T_1 - T_2)$$
$$= \frac{RT_1}{n-1}\left(1 - \frac{T_2}{T_1}\right) = \frac{1}{n-1}RT_1\left[1 - \left(\frac{p_2}{p_1}\right)^{\frac{n-1}{n}}\right] \tag{3-50}$$

技术功为

$$w_{nt} = \frac{n}{n-1}(p_1 v_1 - p_2 v_2) = \frac{n}{n-1}R(T_1 - T_2)$$

$$= \frac{n}{n-1} = RT_1\left[1 - \left(\frac{P_2}{P_1}\right)^{\frac{n-1}{n}}\right] \tag{3-51}$$

式(3-50)、式(3-51)不能用于定温过程,因 $n=1$ 时,上两式将成不定式($w_n = \frac{0}{0}$ 或 $w_{nt} = \frac{0}{0}$),故欲计算定温做功量时仍采用式(3-35)。另外,从式(3-50)、式(3-51)可看出,多变过程的技术功为膨胀功的 n 倍。

多变过程中,工质与外界交换的热量不等于零,可根据热力学第一定律解析式求得

$$q_n = \Delta u + w_n = c_v(T_2 - T_1) + \frac{R}{n-1}(T_1 - T_2) \tag{3-52}$$
$$= \left(c_v - \frac{R}{n-1}\right)(T_2 - T_1)$$

式中($c_v - \frac{R}{n-1}$)为多变过程的比热容,称多变比热容,以符号 c_n 表示,即

$$c_n = c_v - \frac{R}{n-1} = c_v - \frac{c_p - c_v}{n-1} = c_v\left(1 - \frac{k-1}{n-1}\right) = c_v\frac{n-k}{n-1} \tag{3-53}$$

若已知多变过程的 n 值,即可求得多变比热容值。

多变过程内能、焓、熵的变化量仍可由下述一般计算式求之:

$$\Delta u = c_v\Delta T$$
$$\Delta h = c_p\Delta T$$
$$\Delta s = c_v\ln\frac{T_2}{T_1} + R\ln\frac{v_2}{v_1}$$

多变过程在 p-v 图及 T-s 图上的相对位置,可由多变指数 n 的数值确定。一般为了定性分析热力过程的方便,可先在 p-v 图及 T-s 图上画出 $n = 0$、1、k、$\pm\infty$ 四个特殊过程,如图 3-10 所示。从图中可以看出,多变指数 n 在图上的分布具有一定规律。沿着顺时针方向,n 由小变大,即由 $0 \to 1 \to k \to \pm\infty$,只是在定容线上 n 不连续,由 $+\infty$ 突变为 $-\infty$。

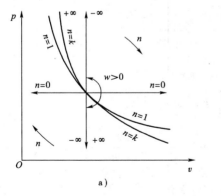
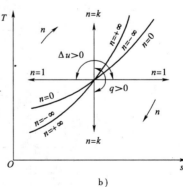

a)   b)

图 3-10 多变过程中的 p-v 图及 T-s 图

根据上述 n 值的变化规律,人们可按照多变指数 n 为某一确定数值时,判断过程线在 p-v 图及 T-s 图上的相对位置,从而进行定性的热力分析。

膨胀功的正负以定容线为界。以原点出发向右方进行的各过程 w 为正;向左方进行的各过程 W 为负。

内能变化量的正负以定温线为界。因为 Δu 的正负也可用 ΔT 的正负来表达,从原点出发自定温线向上方进行的各过程 Δu 为正;向下方进行的各过程 Δu 为负。

热量的正负以绝热线为界。从原点出发向右方进行的各过程 q 为正;向左方进行的各过程 q 为负。

这里顺便指出,由 $c_n = \dfrac{n-k}{n-1}c_v$,当 $1 < n < k$ 时,比热容会出现负值。按照比热容的一般

定义式 $c = \dfrac{\delta q}{\mathrm{d}t}$,比热容为负值有两种可能:

(1)吸热、降温过程,即 δq 为(+)而 $\mathrm{d}t$ 为(−)。这表明工质吸入的热量,抵不上做的功,入不敷出,消耗了工质本身的内能,所以工质的温度下降了,于是出现了比热容为负值的情况。

(2)放热、升温过程,即 δq 为(−)而 $\mathrm{d}t$ 为(+)。这表明对工质压缩时所消耗的功大于气体向外界放出的热量,因而使本身的内能增加,所以工质的温度升高了,故比热容也可能出现负值。

作为本章小结,各热力过程的有关公式综合汇集于表 3-5,供读者复习和查用。

理想气体热力过程计算公式(定比热容)　　　　　　　表 3-5

过程　项目	过程方程式	初终态参数关系	功　量 w (kJ/kg)	热　量 q (kJ/kg)	多变指数 n	比热 c $[\text{kJ}/(\text{kg}\cdot\text{K})]$
定容	$v=$ 常数	$v_1 = v_2$ $\dfrac{T_2}{T_1} = \dfrac{p_2}{p_1}$	0	$c_v(T_2 - T_1)$	$\pm\infty$	c_v
定压	$p=$ 常数	$p_1 = p_2$ $\dfrac{T_2}{T_1} = \dfrac{v_2}{v_1}$	$p(v_2 - v_1)$ 或 $R(T_2 - T_1)$	$c_p(T_2 - T_1)$ 或 $(h_2 - h_1)$	0	c_p
定温	$pv=$ 常数	$T_2 = T_1$ $p_1 v_1 = p_2 v_2$	$p_1 v_1 \ln\dfrac{v_2}{v_1}$ 或 $RT_1 \ln\dfrac{v_2}{v_1}$	$p_1 v_1 \ln\dfrac{v_2}{v_1}$ 或 $RT_1 \ln\dfrac{v_2}{v_1}$	1	$\pm\infty$ (无意义)
绝热	$pv^k=$ 常数	$\dfrac{p_2}{p_1} = \left(\dfrac{v_1}{v_2}\right)^k$ $\dfrac{T_2}{T_1} = \left(\dfrac{v_1}{v_2}\right)^{k-1}$ $\dfrac{T_2}{T_1} = \left(\dfrac{p_2}{p_1}\right)^{\frac{k-1}{k}}$	$\dfrac{1}{k-1}(p_1 v_1 - p_2 v_2)$ 或 $\dfrac{R}{k-1}(T_1 - T_2)$	0	k	0
多变	$pv^n=$ 常数	$\dfrac{p_2}{p_1} = \left(\dfrac{v_1}{v_2}\right)^n$ $\dfrac{T_2}{T_1} = \left(\dfrac{v_1}{v_2}\right)^{n-1}$ $\dfrac{T_2}{T_1} = \left(\dfrac{p_2}{p_1}\right)^{\frac{n-1}{n}}$	$\dfrac{1}{n-1}(p_1 v_1 - p_2 v_2)$ 或 $\dfrac{R}{n-1}(T_1 - T_2)$	$\dfrac{n-k}{n-1}c_v(T_2 - T_1)$	n	$\dfrac{n-k}{n-1}c_v$

【例 3-6】　若【例 3-4】中改为 $n = 1.3$ 的多变压缩,则各项结果又为多少?并将【例 3-4】、【例 3-5】及本例三种压缩过程示于同一 p-v 图及 T-s 图上作比较。

解： 终压

$$p_{2n} = p_1 \left(\frac{v_1}{v_2} \right)^n = 0.9807 \times 10^5 \times 15^{1.3} = 33.15 \times 10^5 \text{Pa}$$

终温

$$T_{2n} = T_1 \left(\frac{v_1}{v_2} \right)^{n-1} = 303 \times 15^{1.3-1} = 682 \text{K}$$

功量

$$w_n = \frac{R}{n-1} (T_1 - T_2) = \frac{287 \times 10^3}{1.3-1} (303 - 682) = -363 \text{kJ/kg}$$

式中负号表示为压缩功。

内能变化量 $\Delta u = c_v (T_2 - T_1)$

而

$$c_v = \frac{uc_v}{\mu} = \frac{20.9}{28.96} \text{kJ/kg}$$

故

$$\Delta u = \frac{20.9}{28.96} (682 - 303) = 274.1 \text{kJ/kg}$$

热量

$$q_n = \Delta u + w_n = 275.1 - 363 = -88.9 \text{kJ/kg}$$

式中负号为压缩时气体对外放热。

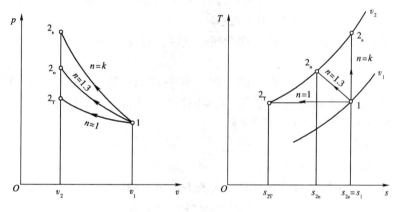

图 3-11 例 3-6 中的 p-v 图及 T-s 图

由图 3-11 的 p-v 图可见，在相同 v_1，v_2 范围内，$p_{2s} > p_{2n} > p_{2T}$；绝热压缩功最大；等温压缩功最小。由 T-s 图可见，$T_{2s} > T_{2n} > T_{2T}$；绝热压缩时，放热量等于零；等温压缩放热量最大；多变压缩则处于两者之间。

※ 六、绝热自由膨胀过程

绝热自由膨胀是指气体在与外界绝热的条件下向真空进行的不做膨胀功的膨胀过程（图 3-12）。气体最初处于平衡状态 [图 3-12a)]，抽开隔板后，由于容器两边的显著压差，使气体迅速从左侧冲向右侧，经过一段时间的混乱搅动后静止下来，达到平衡的终态 [图 3-12b)]。在这一过程中，气体的容积虽然增大了，但未对外界做膨胀功；

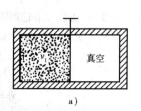
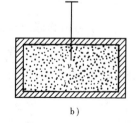

图 3-12 绝热自由膨胀示意图

同时这一过程又是在绝热的条件下进行的,因此

$$W = 0, \qquad q = 0$$

根据热力学第一定律 $q = \Delta u + W$,有

$$\Delta u = 0, u_2 = u_1 \tag{3-54}$$

所以,绝热自由膨胀后,气体的内能保持不变。如果是理想气体,由于内能只是温度的函数,内能不变,温度也不变,有

$$\Delta T = 0, \qquad T_2 = T_1 \tag{3-55}$$

如果是实际气体,由于自由膨胀后质量体积增大,通常内能中分子所形成的位能有所增加,因此内能中分子动能部分就会减小(总的内能保持不变),从而使气体的温度有所降低(这就是所谓"焦耳效应"):

$$\Delta T < 0, T_2 < T_1 \tag{3-56}$$

对不存在内摩擦的绝热过程也是定熵过程,即

$$\delta q = du + p dv = T ds = 0 \tag{3-57}$$

由于 $T > 0$,所以,$ds = 0$(定熵过程)

如果存在内摩擦,那么绝热过程必定引起熵的增加,即

$$T ds = du + p dv = du + \delta W + \delta W_1 = \delta q + \delta q_g > \delta q = 0 \tag{3-58}$$

即 $T ds > 0$,而 $T > 0$,所以 $ds > 0$(熵增加)式中 δW_1 是由于存在内摩擦而损失的功,称为功损。由功损产生的热称为热产,用 q_g 表示。

绝热自由膨胀是一个典型的存在内摩擦的过程。由式(3-58)可知,它必然引起气体熵的增加。

【例 3-7】 设在图 3-12a)所示的容器左侧装有 3kg 氮气,压力为 0.2MPa,温度为 400K,右侧为真空。左右两侧容积相同。抽掉隔板后气体进行自由膨胀。

(1)由于向外界放热,温度降至 300K;

(2)过程在与外界绝热的条件下进行。

求过程的终态压力、热量及熵的变化。

解:按理想气体、定比热容进行计算。由表 3-3,氮气的定值千摩尔比热容为

$$\mu c_v = 20.9 \text{kJ/(kmol} \cdot \text{K)}$$

则氮气的定容比热容为

$$c_v = \frac{\mu c_v}{\mu} = \frac{20.9}{28} = 0.746 \text{kJ/(kg} \cdot \text{K)}$$

a)据 $\dfrac{p_1 v_1}{T_1} = \dfrac{p_2 v_2}{T_2}$

则

$$p_2 = \frac{p_1 v_1 T_2}{T_1 v_2} = \frac{p_1 v_1 T_2}{T_1 \cdot 2 v_1} = \frac{p_1 T_2}{2 T_1} = \frac{0.2 \times 300}{2 \times 400} = 0.075 \text{MPa}$$

由于自由膨胀过程是一个不做膨胀功的过程,则

热量 $\qquad Q = mq = m c_v (T_2 - T_1) = 3 \times 0.746(300 - 400) = -223.8 \text{kJ}$

熵变量 $\qquad \Delta S = m \Delta s = m \left(c_v \ln \dfrac{T_2}{T_1} + R \ln \dfrac{v_2}{v_1} \right)$

$$= 3 \left(0.746 \ln \frac{300}{400} + \frac{8.3143}{28} \ln \frac{2 v_2}{v_1} \right) = -0.026 \text{kJ/K}$$

b)理想气体绝热自由膨胀后,内能不变,温度也不变,则

$$T_2 = T_1 = 400\text{K}$$

所以

$$p_2 = \frac{p_1 v_1 T_2}{T_1 v_2} = 0.2 \times \frac{1}{2} = 0.1\text{MPa}$$

熵变量

$$\Delta S = m\Delta s = m\left(c_v \ln\frac{T_1}{T_2} + R\ln\frac{v_2}{v_1}\right)$$

$$= mR\ln 2 = 3 \times \frac{8.3143}{28}\ln 2 = 0.6175\text{kJ/K}$$

(绝热自由膨胀一定引起熵增)

思 考 题

1. 实际气体性质与理想气体性质差异产生的原因是什么? 在什么条件下才可以把实际气体作理想气体处理?

2. 理想气体的内能和焓有什么特点? $\mathrm{d}u = c_v\mathrm{d}T$, $\mathrm{d}h = c_p\mathrm{d}T$ 是否对任何工质、任何过程都正确?

3. 熵的数学定义式为 $\mathrm{d}s = \mathrm{d}q/T$, 又 $\mathrm{d}q = c\mathrm{d}T$, 故 $\mathrm{d}s = (c\mathrm{d}T)/T$。因理想气体的比热容是温度的单值函数,所以理想气体的熵也是温度的单值函数,这一结论是否正确? 原因是什么?

4. 理想气体定温过程的膨胀功等于技术功能否推广到任意气体?

5. 绝热过程中气体与外界无热量交换,为什么还能对外做功? 是否违反热力学第一定律?

6. 一定量的某理想气体,分别经历如图 3-13a)所示的容积不变过程 a—b 和压力不变过程 c—d。且 a 点与 c 点、b 点与 d 点温度分别相等。试比较两过程的内能变化量、焓变化量、功量和热量谁大谁小?

7. 参看图 3-13b)。12 为定容过程,13 为定压过程,23 为绝热过程。设过程都是可逆的,试画出相应的 $T\text{-}s$ 图,并确定:

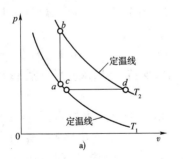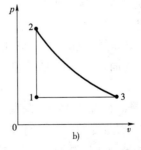

图 3-13　绝热自由膨胀 $p\text{-}v$ 图及 $T\text{-}s$ 图

(1) Δu_{12} 与 Δu_{13} 哪个大?

(2) Δh_{12} 与 Δh_{13} 哪个大?

(3) Δs_{12} 与 Δs_{13} 哪个大?

(4) q_{12} 与 q_{13} 哪个大?

8. 在汽缸里储存有一定数量的理想气体,现在用外力对气体进行压缩。在压缩时,汽缸

向周围有热量散失,最后测得气体在此过程中温度升高了。设此过程是可逆的,试判断该气体 Δu、Δs、Δp、w、q 的正负,将此过程定性地表示在 p-v 图及 T-s 图上,并判断 q、w 的绝对值哪个大?

9. 试判断下列各说法是否正确:

(1)气体吸热后熵一定增大;(2)气体吸热后温度一定升高;(3)气体吸热后热力学能一定增加;(4)气体膨胀时一定对外做功;(5)气体压缩时一定耗功。

10. 试将满足以下要求的理想气体多变过程在 p-v 图和 T-s 图上表示出来:

(1)工质膨胀、吸热且降温;(2)工质压缩、放热且升温;(3)工质压缩,吸热,且升温;(4)工质压缩、降温且降压;(5)工质放热、降温且升压;(6)工质膨胀,且升压。

习　题

1. 一定量的空气在标准状态的容积为 $3 \times 10^4 m^3$,若通过加热器把它定压加热到 270℃,其容积变为多少?

2. 2kg 质量的空气,原来压力 $p_1 = 9.807 \times 10^5 Pa$,温度 $t_1 = 300$℃,定温膨胀至容积为原来的 5 倍。求:

(1)终点各参数;

(2)膨胀过程中加入的热量、所做的功、内能变化量,并画出 p-v 图及 T-s 图;

(3)如不是定温膨胀,而是绝热膨胀,求上面各项结果。

3. 某汽缸中盛有温度为 185℃、压力为 $2.75 \times 10^5 Pa$ 的气体 $0.09 m^3$。汽缸中的活塞承受一恒定的质量,且假设活塞移动时没有摩擦。当温度降低到 15℃ 时,问气体对外做了多少功? 向外放出热量为多少? 内能的变化量为多少? 设气体的 $c_p = 1.005 kJ/(kg \cdot K)$,$R = 0.29 kJ/(kg \cdot K)$。

4. 某厂生产的柴油机,其工作过程中有一段为定容加热,工质温度由 $t_1 = 548$℃ 升高到 $t_2 = 1604$℃。设工质当成空气处理,比热容为定值,试计算 1kg 工质在此加热过程中所吸收的热量。

5. 1.875kg 的某种气体在 $10^5 Pa$ 及 15℃ 时占有体积 $1 m^3$,试求其气体常数 R。又当该气体为 0.9kg 时在定压的情况下加热,温度由 15℃ 升高到 250℃,吸入热量为 175kJ,试求其定压质量比热容、定容质量比热容、内能的变化量及所做的功。

6. 直径为 400mm 的汽缸内储有空气 80L,其压力 $p_1 = 3 \times 10^5 Pa$,温度 $t_1 = 15$℃,设比热容为定值,如对空气加入 83.7kJ 的热量,并使活塞保持不动,求作用在活塞上的外力应增加到若干?

7. $0.2 m^3$ 的空气,初温为 18℃,在直径为 500mm 的汽缸内按定压 $p = 2 \times 10^5 Pa$ 加热到 200℃,假定比热容与温度的变化是直线关系,求膨胀功、活塞位移和所耗的热量。

8. 1kg 空气先被绝热压缩至它的容积减小一半,然后在定压下膨胀至 $v_3 = v_1$。已知 $t_1 = 20$℃,$p_1 = 1 \times 10^5 Pa$,试作出过程的 p-v 图,并计算在过程 1-2-3 中空气与外界交换的热量、功量及内能变化量。

9. 某空气压缩机每分钟吸入 $p_1 = 0.9807 \times 10^5 Pa$ 及 $t_1 = 27$℃ 的空气 $10 m^3$,并将它可逆压缩到 $6.855 \times 10^5 Pa$ 后送入储气筒。求:

(1)绝热压缩时所需的功率为多少千瓦?

(2)如果采用定温压缩其节省的功率为多少?

(3)如果压缩过程的多变指数 $n = 1.35$,其所需的功率与(1)、(2)比较哪一个大？并将三种压缩过程在 p-v 图及 T-s 图上表示出来。

10.有 0.23kg 质量的某种气体,在压力为 1.4MPa,温度为 360℃时绝热膨胀到 $100kN/m^2$,然后在容积保持不变的情况下进行加热,其压力达到 $220kN/m^2$,而温度仍回升到 360℃,再由此点出发沿等温线压缩到初始状态。设该气体的定压质量比热容为 1.004kJ/(kg·℃),求:

(1)绝热指数 k 的数值;

(2)绝热膨胀终点温度 t_2;

(3)绝热过程内能的变化量;

(4)将三过程定性地表示在 p-v 图及 T-s 图上。

第四章　热力学第二定律

第一节　热力学第二定律的任务和表述

热力学第一定律确定了各种能量的转换和转移不会引起总能量的改变。创造能量（第一类永动机）不可能，消灭能量也办不到。总之，自然界中一切过程都必须遵守热力学第一定律。然而，是不是所有不违反热力学第一定律的过程都能进行呢？通过长期对大量现象的观察和实践，回答是否定的。

例如一个烧红了的锻件，放在空气中便会逐渐冷却。显然，热能从锻件散发到周围空气中了；周围空气获得的热量等于锻件放出的热量，这完全遵守热力学第一定律。现在设想这个已冷却了的锻件从周围空气中收回那部分散失的热量，重新赤热起来。这样的过程也不违反热力学第一定律（锻件获得的热量等于周围空气供给的热量）。然而，经验告诉我们，这样的过程是不会实现的。

又例如，一个转动着的飞轮，如果不继续用外力推动它旋转，那么它的转速就会逐渐降低，最后停止转动。飞轮原先具有的动能由于飞轮轴和轴承之间的摩擦以及飞轮表面和空气的摩擦变成了热能散发到周围空气中去了。飞轮失去的动能等于周围空气获得的热能，这完全遵守热力学第一定律。但是反过来，周围空气是否可以将原来获得的热能变成动能，还给飞轮，使飞轮重新转动起来呢？经验告诉我们，这又是不可能的，尽管这样的过程也并不违反热力学第一定律（飞轮获得的动能等于周围空气供给的热能）。

再例如，盛装氧气的高压氧气瓶只会向压力较低的大气中漏气，而空气却不会自动向高压氧气瓶充气。

以上这些例子都说明了过程的方向性。过程总是自发地朝着一定的方向进行：热量总是自发地从温度较高的物体传向温度较低的物体；机械能总是自发地转变为热能；气体总是自发地膨胀等。这些自发过程的反向过程（称为非自发过程）是不会自发进行的：热量不会自发地从温度较低的物体传向温度较高的物体；热能不会自发地转变为机械能；气体不会自发地压缩等。

这里并不是说这些非自发过程根本无法实现，而只是说，如果没有外界的推动，它们是不会自发地进行的。事实上，在制冷机中可以使热量从温度较低的物体（冷库）转移到温度较高的物体（大气），从而保持冷库的一定低温，这是非自发过程。实施这样的过程，不仅必须消耗外界的能量，而且不可避免地伴随着功转变为热的自发过程，如图4-1所示。在热机中可以使一部分高温热能转变为机械能，但是这个非自发过程的实现是以另一部分高温热能转移到低温物体（大气）作为代价的，如图4-2所示。

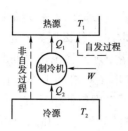
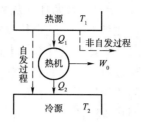

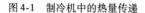

图 4-1　制冷机中的热量传递　　　图 4-2　热机中的热量传递

由此可见,非自发过程进行的同时一定伴随着相应的自发过程,没有这个补偿条件,非自发过程便不能进行。由于补偿条件的存在,必然产生过程进行的完善程度如何的问题。事实上,在一定条件下,能量的有效转换是有其最大限度的,而热机的效率在一定条件下也有其理论上的最大值。

研究过程进行的方向、条件和限度正是热力学第二定律的任务。热力学第二定律的实质就是指出一切自然过程的不可逆性。由于自然界中热过程的种类是无穷多的,人们可由任意一种热过程来揭示这一规律,因而在历史上,热力学第二定律曾以各种不同形式予以表述,形成了有关热力学第二定律的各种说法。由于各种说法所表述的是一个共同的客观规律,因而它们彼此是等效的,一种说法成立,可推论到另一种说法的成立。任何一种说法都是其他说法在逻辑上导致的必然结果。常见的说法有:

克劳修斯说法(1850 年):"热量不可能自动(自发)地不付代价地从低温物体传到高温物体",这是从热能传递的角度总结出这种表述的。

开尔文说法(1851 年):"不可能从单一热源取热使之完全变为有用功而不产生其他影响"。此说法的另一种形式是普朗克说法:"只冷却一个热源而连续不断做功的循环发动机是造不成功的"。这是从热转换为机械功的角度总结出这种表述的。

在历史上,当第一类永动机宣告失败之后,又曾出现所谓第二类永动机的设想。有人企图制造成功单一热源的发动机,例如,将海洋或大气当作单一热源,向发动机供给无穷无尽的热能而转变为功。这种设想虽然不违反热力学第一定律,但它违反了热力学第二定律,结果也以失败而告终。所以,热力学第二定律也可表述为:"第二类永动机是不可能造成的"。

第二节　卡诺循环和卡诺定理

一、卡诺循环及其热效率

循环是由一系列过程连接而成的。如各过程均为可逆过程,则由它们组成的循环也必为可逆循环;如部分或全部过程为不可逆过程,则由它们组成的循环为不可逆循环。而进行循环的热机相应地为可逆热机和不可逆热机。热机循环的经济性常用热效率来表示,它等于循环中完成的净功量 W_0 与向工质输入热量 Q_1 的比值,即

$$\eta_t = \frac{w_0}{Q_1} = \frac{Q_1 - Q_2}{Q_1} = 1 - \frac{Q_2}{Q_1} = 1 - \frac{q_2}{q_1} \tag{4-1}$$

式中:Q_2——$m$kg 工质向冷源排出的热量;

　　　q_2——1kg 工质向冷源排出的热量。

提高热效率一直是科学技术发展中探索不懈的课题,也是工程热力学研究的主要内容。

从前面的分析可知,任何热力循环的热效率永远小于1。那么,在一定的条件下,热机的循环热效率最高可以达到多少?这个热效率的最大值取决于什么因素?也就是说,提高循环中热变功的效率的基本途径是什么?卡诺循环和卡诺定理回答了这些问题。

卡诺对蒸汽机进行了长期的观察和实践之后,提出了热机的工作过程必须要在两个温度不同的热源之间才能实现。并且他在理论上提出了最理想的循环方案——卡诺循环。

卡诺循环是两热源间的可逆循环,它由两个可逆的等温过程和两个可逆的绝热过程所组成,如图4-3所示。工质在热机中先在热源温度 T_1 下进行 AB 等温吸热过程,然后进行 BC 绝热膨胀过程,温度下降至冷源温度 T_2,工质在 T_2 温度下进行 CD 等温放热过程,最后进行 DA 绝热压缩过程而完成一个循环。

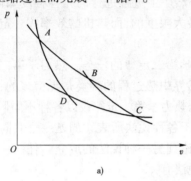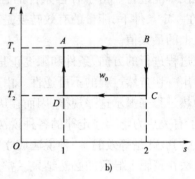

a)   b)

图4-3 卡诺循环示意图

设工质在等温膨胀过程 AB 中吸取的热量为 q_1,从图4-3b)可知:

$$q_1 = T_1(s_2 - s_1)$$

q_1 相当于图中面积 $AB21A$。设工质在等温压缩过程 CD 中放出的热量为 q_2,则

$$q_2 = T_2(s_2 - s_1)$$

q_2 相当于图中面积 $CD12C$。完成一个循环后,工质对外所做的净功为 w_0,则

$$w_0 = q_1 - q_2$$

因此,卡诺循环的热效率为

$$\eta_{tk} = \frac{w_0}{q_1} = 1 - \frac{q_2}{q_1} = 1 - \frac{T_2(s_2 - s_1)}{T_1(s_2 - s_1)} = 1 - \frac{T_2}{T_1} \tag{4-2}$$

由上述卡诺循环热效率公式可得出如下重要的结论:

(1)卡诺循环的热效率只决定于高温热源和低温热源的温度 T_1 及 T_2,也就是工质吸热和放热时的温度;

(2)提高 T_1,降低 T_2,可提高卡诺循环的热效率。

(3)卡诺循环的热效率只能小于1,决不能等于1。因 $T_1 = \infty$,或 $T_2 = 0$ 都是不可能的。这就是说,在热机循环中,向高温热源所吸取的热能不可能全部转变为机械能。

(4)当 $T_1 = T_2$ 时,卡诺循环的热效率等于零。这就是说,没有温差存在的体系中,热能不可能转变为机械能。或者说,单热源的热机,即第二类永动机是不可能造成的。

卡诺循环是一种理想循环,由于实际上不可能在等温下进行热量交换,另外还有摩擦等不可逆损失,故实际热机不可能完全按卡诺循环工作。虽然卡诺循环不可能付诸实现,但它从理论上确定了循环中实现热变功的条件和在一定的温差范围内热变功的最大限度,从而指出了提高实际热机热效率的方向。即尽可能提高循环中工质吸热时的温度,尽可能降低工质放热时的温度。循环的最低温度受环境的限制,所以提高热效率主要靠提高吸热温度。

工程热力学与传热学

56

实际上各种热机正是向提高循环最高温度和最高压力的方向发展的。

二、卡诺定理

卡诺循环是一个理想化的循环,在两个恒温热源间工作的其他热机循环(可逆的或不可逆的),其热效率又如何呢?与采用的工质有无关系呢?这些问题可由热力学第二定律推导出来的卡诺定理给以回答。

以下将卡诺定理论述成两个分定理,但也可以作为一个定理,一个推论。

定理一:在相同温度的高温热源和相同温度的低温热源之间工作的一切可逆循环,其热效率都相等,与采用哪一种工质无关。

设有两台可逆机 A 和 B,A 是应用理想气体作工质的卡诺循环,其热效率已知为 $\eta_{tA} = 1 - \dfrac{T_2}{T_1}$。$B$ 则是应用任何其他工质的其他可逆循环,也包括应用其他工质(例如蒸汽)的卡诺循环。它们都在相同的高温热源 T_1 和相同的低温热源 T_2 之间工作。

假定适当地进行调节,使从高温热源吸入的热量都相等,同为 Q_1,如图4-4a)所示。卡诺机 A 在完成一个循环后从 T_1 吸取热量 Q_1,向 T_2 放出热量 Q_{2A},其差值就是循环功 W_A,则 $W_A = Q_1 - Q_{2A}$。可逆机 B 完成一个循环后自 T_1 吸热 Q_1,向 T_2 放热 Q_{2B},差值就是循环功 $W_B = Q_1 - Q_{2B}$。这时,这两台可逆机的热效率分别为

$$\eta_{tA} = \frac{W_A}{Q_1} \quad \text{和} \quad \eta_{tB} = \frac{W_B}{Q_1}$$

比较其热效率的大小,只有三种可能性:①$\eta_{tA} > \eta_{tB}$;②$\eta_{tB} > \eta_{tA}$;③$\eta_{tA} = \eta_{tB}$。如果能否定其中两种,余下的一种就是成立的。

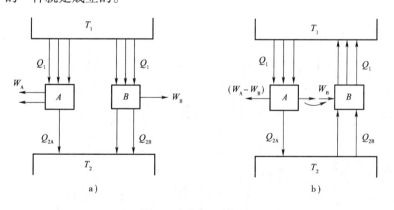

图4-4 卡诺定理示意图

先假定 $\eta_{tA} > \eta_{tB}$。因吸热量相同,故可得 $W_A > W_B$ 及 $Q_{2A} < Q_{2B}$。既然都是可逆机,我们使热机 A 按正向循环运行,B 按逆向循环运行,如图4-4b)所示。可逆机 B 将自 T_2 吸热 Q_{2B},向 T_1 排热 Q_1,而消耗的功则等于 W_B。由于数值上 $W_A > W_B$,可以利用 W_A 中的一部分功来带动可逆机 B 作逆向运行。A 和 B 联合运行一个循环之后总的结果为:A 和 B 中工质经一循环都恢复原状;高温热源失去热量 Q_1 又收回热量 Q_1,无所得失,高温热源不留下任何变化;低温热源得到的热量 Q_{2A} 少于失去的热量 Q_{2B},净失去热量 $(Q_{2B} - Q_{2A})$;卡诺机 A 所做的功 W_A 中,除去利用 W_B 带动可逆机 B 外,尚有净功 $(W_A - W_B)$ 可对外输出。根据热力学第一定律能量守恒,可以肯定这时 $W_A - W_B = Q_{2B} - Q_{2A}$,整个系统不再有其他变化了。经过一个循环后,总效果为低温热源的热量 $(Q_{2B} - Q_{2A})$ 转化成了功。这是违反热力学第二定律的开尔

文说法,所以原先的假定 $\eta_{tA} > \eta_{tB}$,是不能成立的。

再假定 $\eta_{tB} > \eta_{tA}$。按相同的方法和步骤,以可逆机 B 按正向循环来带动卡诺机 A 按逆向循环,也可以得出总效果是低温热源失去热量($Q_{2A} - Q_{2B}$)转化成了功的结论,这同样违背了热力学第二定律,这一假定也不能成立。

既已证明 $\eta_{tA} > \eta_{tB}$ 和 $\eta_{tB} > \eta_{tA}$ 都不可能成立,那么唯一的可能是 $\eta_{tA} = \eta_{tB}$。

定理二:在相同温度的高温热源和相同温度的低温热源之间工作的一切不可逆循环,其热效率必小于可逆循环。

仍借用图4-4,以同样的方法很容易证明。设 A 是不可逆机(所有参数的右上角加"′"以示不可逆),B 是可逆机。先假定存在 $\eta'_{tA} > \eta_{tB}$,用不可逆机按正向循环带动可逆机 B 进行逆向循环,会得出冷源中的热量转化成了功而不留下其他变化的结论,这违反了热力学第二定律,所以不可逆循环热效率较大这一假定不能成立。

再假定 $\eta'_{tA} = \eta_{tB}$,仍用不可逆机 A 进行正向循环来带动可逆机 B 进行逆向循环。循环结果 A 和 B 中工质以及热源、冷源都恢复原状,而不留下任何变化,这一结果与 A 是不可逆机的假定相矛盾,因为系统中出现过不可逆过程,则整个系统不可能全部复原而不留下任何变化。因而 $\eta'_{tA} = \eta_{tB}$ 这一假定也不能成立。

因此,唯一可能的只有:$\eta'_{tA} < \eta_{tB}$。无数的实践也证明了两个热源之间工作的不可逆循环热效率必小于可逆循环的热效率。

卡诺定理有着极为重要的意义,它阐明了任何一种将热能转化成机械能或电能的转化装置,包括热力循环发动机、温差电偶热电转化装置(即温差电池)等,都受热力学第二定律和卡诺循环热效率公式的制约,都必须有热源及冷源,其热效率最高也不能超出相应的卡诺循环热效率。

三、逆向卡诺循环

按与卡诺循环相同的过程而循相反的方向进行的循环就是逆向卡诺循环。如图4-5中 $DCBAD$,它按逆时针方向进行。各过程中功和热量的计算式完全与正向卡诺循环相同,只是传递方向相反。可见,在进行一个正向卡诺循环以后再进行一个逆向卡诺循环,整个系统全部恢复原状,不留下任何后果,这也是所有可逆循环的特性。

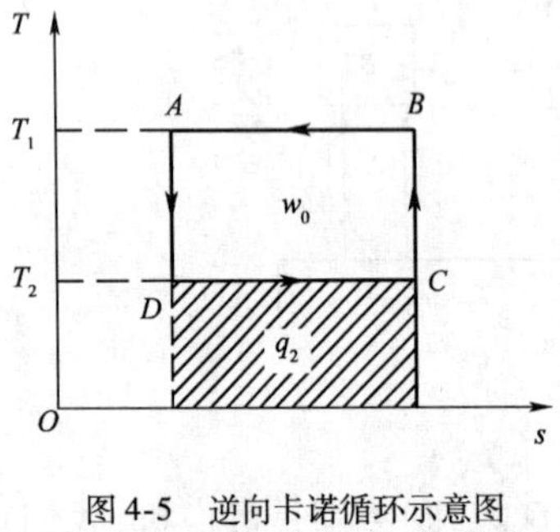

图4-5 逆向卡诺循环示意图

采用与分析正向卡诺循环类似的方法,可以求得逆向卡诺循环的经济指标。例如,循逆向卡诺循环的制冷循环,其制冷系数为

$$\varepsilon = \frac{q_2}{w_0} = \frac{q_2}{q_1 - q_2} = \frac{T_2}{T_1 - T_2} \tag{4-3}$$

当逆向卡诺循环用作热泵循环供热时,供热系数为

$$\varepsilon' = \frac{q_1}{w_0} = \frac{q_1}{q_1 - q_2} = \frac{T_1}{T_1 - T_2} \tag{4-4}$$

制冷循环和热泵循环没有原则上的区别,循环特性是一样的,只是制冷循环以环境大气作为高温热源向它放热,而热泵循环则以环境大气作为低温热源从中吸热,如图4-6所示,两者在温度范围上有差别。此外,制冷多用于夏季,供热多用于冬季,夏季和冬季环境大气

温度 T_0 的数值不同。

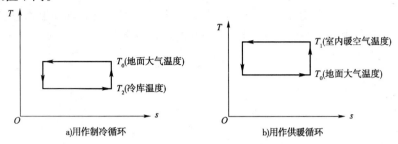

a)用作制冷循环   b)用作供暖循环

图 4-6 逆向卡诺循环制冷及供热

逆向卡诺循环是最理想的制冷循环和热泵循环,但实际的制冷机和热泵也难以按逆向卡诺循环工作。实际所采用的制冷循环主要取决于工质(制冷剂)的性质。但逆向卡诺循环也有极为重要的理论价值,它为一切制冷机和热泵的改进和经济性的提高指出了方向。

【例 4-1】 1kg 某种工质在 2000K 的高温热源与 300K 的低温热源间进行热力循环。循环中工质从高温热源吸取热量 100kJ,求:

(1)此热量最多可转变成多少功?热效率为多少?

(2)若该工质虽在 T_1、T_2 下可逆吸热、放热,但在膨胀过程中内部存在摩擦,使循环功减少 2kJ,此时的热效率又为多少?

(3)若工质在高温热源吸热过程中存在 125K 的温差,循环中其他过程与(1)相同,则此循环中 100kJ 的热量可转变为多少功?热效率又为多少?

解:(1)由卡诺定理可知,在温度不同的两热源间工作的热机以卡诺循环的热效率为最高,故

$$\eta_{tk} = 1 - \frac{T_2}{T_1} = 1 - \frac{300}{2000} = 0.85$$

根据 $\eta_t = \frac{w_0}{q_1}$,可得 100kJ 热量最多能转变的功量为

$$w_0 = q_1 \eta_{tk} = 100 \times 0.85 = 85 \text{kJ/kg}$$

(2)因为 $w = w_0 - 2 = 85 - 2 = 83 \text{kJ/kg}$

故

$$\eta_t = \frac{w}{q_1} = \frac{83}{100} = 0.83$$

(3)由题意,工质在温度 $T_1' = T_1 - 125 = 1875 \text{K}$ 下吸热,在温度 T_2 下放热,无其他内部不可逆性。则可用一个在 T_1' 和 T_2 间工作的卡诺循环代替原来的不可逆循环,其效率为

$$\eta_{tk}' = 1 - \frac{T_2}{T_1'} = 1 - \frac{300}{1875} = 0.84$$

循环功为

$$w' = q_1 \eta_{tk}' = 100 \times 0.84 = 84 \text{kJ/kg}$$

第三节 熵 的 导 出

卡诺循环和卡诺定理的一些结论,实质上反映了热力学第二定律的基本内容。为了将这些结论性的结果概括为更普遍的表达形式,克劳修斯对卡诺定理作了数学形式的表述,得出了克劳修斯积分式,导出了状态参数熵。通过状态参数熵的变化来深刻地反映热转变为

功的规律,从而使热力学第二定律关于能量转换的方向、条件和限度的论述更加明确。

第一章已经给出了熵的定义式,这里将根据卡诺循环和卡诺定理导出状态参数熵。

对于两个热源间的卡诺循环,根据卡诺循环的热效率公式,

$$\eta_{tk} = \frac{q_1 - q_2}{q_1} = \frac{T_1 - T_2}{T_1}$$

可得

$$\frac{q_1}{T_1} = \frac{q_2}{T_2}$$

式中 q_1、q_2 都是绝对值,如果考虑到工质向外传走的热量 q_2 为负值,则上式变为

$$\frac{q_1}{T_1} + \frac{q_2}{T_2} = 0 \quad 或 \quad \sum \frac{q}{T} = 0$$

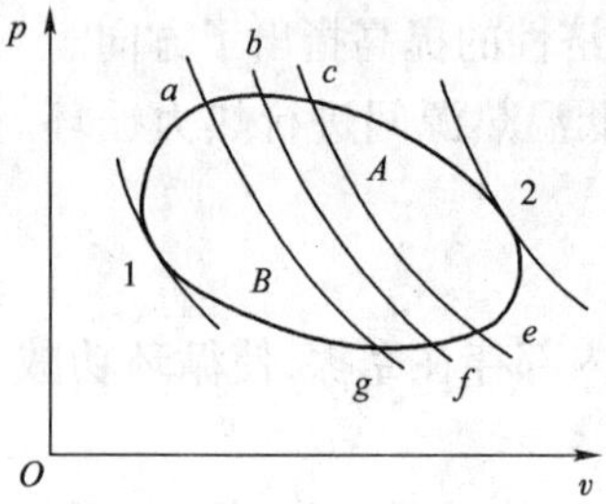

图 4-7 任意可逆循环

这个结果就是两个热源间卡诺循环的数学表达式,即在卡诺循环中 q/T 的代数和等于零。

对于一个无穷多热源间的任意可逆循环,如图 4-7 中 1-A-2-B-1。假如用一组绝热线把它分割成无穷多个微元循环,这些绝热线 a-g、b-f、c-e……假定无限接近,可以认为 a-b、b-c、…、e-f、f-g 等这些微元段过程中工质的温度几乎不变,它们都是定温过程。故微元循环 a-b-f-g-a,b-c-e-f-b……每一个都是微元卡诺循环,这些微元卡诺循环的综合就构成了循环 1-A-2-B-1。于是可得

$$\sum_{i=1}^{\infty} \left(\frac{\delta q_{1i}}{T_{1i}} + \frac{\delta q_{2i}}{T_{2i}} \right) = 0$$

亦即

$$\oint \frac{\delta q}{T} = 0 \tag{4-5}$$

用文字表达即:任意工质经任意一个可逆循环后,微量 $\delta q/T$ 沿整个循环的积分为零。这一积分 $\oint \frac{\delta q}{T}$ 由克劳修斯于 1854 年首先提出,故称为克劳修斯积分。式(4-5)称为克劳修斯积分式。

对于循环 1-A-2-B-1,可根据克劳修斯积分式有

$$\oint_{1A2B1} \frac{\delta q}{T} = \int_{1A2} \frac{\delta q}{T} + \int_{2B1} \frac{\delta q}{T} = 0$$

或

$$\int_{1A2} \frac{\delta q}{T} = - \int_{2B1} \frac{\delta q}{T} = \int_{1B2} \frac{\delta q}{T}$$

由此可见,从状态 1 到状态 2,$\frac{\delta q}{T}$ 的积分与途径无关,无论沿哪一条可逆过程,是 1-A-2 还是 1-B-2,其积分值都相等。由于循环是任意的可逆循环,由 1 到 2 的途径可以有无数多条,对于 1-2 间任意一可逆过程都适用,所以可写作 $\int_1^2 \frac{\delta q}{T}$。这正是状态参数的特征。可以断定 $\frac{\delta q}{T}$ 一定是某一状态参数的全微分,如果该状态参数取名"熵",以符号 s 表示,则

$$ds = \frac{\delta q}{T} \tag{4-6}$$

克劳修斯就是对卡诺定理进行数学表述之后而导出状态参数熵的。因为 $\oint \frac{\delta q}{T}$ 与工质性质无关,所以任何工质都有状态参数熵。

　　既然熵是状态参数,无疑可将它写成任意两个独立参数的函数,如:

$$s = f(p,v)\;;s = f(p,t)\;;s = f(t,v)$$

　　在第一章熵的基本概念中曾将热量与功进行类比提出熵,并指出像工质的容积对于功一样,熵对于热量而言,具有广义位移的特征,即在可逆过程的条件下,只有在工质的熵发生变化时,才有可能吸热和放热。然而熵究竟说明工质热力学状态的什么特征呢? 应该指出,熵的物理意义不像压力、质量体积和温度那样直观和可测,但从分子运动论的角度来考察,我们也可以这样来理解:热是无序运动的表现,熵是分子热运动混乱度的量度,它表示工质热状态的无序性。如将一块冰当作系统,冰的各个分子占有各自一定的相对位置,秩序井然不乱,当外界向系统传热,系统熵增加,冰的分子获得能量而使热运动加剧,引起分子的骚动,如一直加热使冰融化为液体以至蒸发为蒸汽,则分子的无序运动更加剧烈,系统的熵增大;反过来也如此。所以熵就是描述工质分子热运动混乱度的量度,当工质处在 0K 时,系统的无序运动等于零,即认为在 0K 时,系统的熵值为零。

第四节　孤立系统熵增原理

　　热力学第二定律是阐明热力过程进行的方向、条件和限度的规律,下面分析不可逆过程和孤立系统中熵的变化从而建立热力学第二定律的数学表达式。从孤立系统中熵的变化可以判断实际过程由于存在各种不可逆因素所引起的损失,在这一点上更显示熵在工程中的重要意义。

一、克劳修斯不等式

　　实际的热力过程都是不可逆过程,由于不可逆过程(哪怕只由部分不可逆过程)组成的循环称为不可逆循环。对可逆循环已导出 $\oint \frac{\delta q}{T} = 0$,那么对于不可逆循环又怎样呢?

　　由卡诺定理知道,不可逆循环的热效率必定小于相应的可逆循环的热效率,即

$$\eta_{t(不可逆)} < \eta_t$$

$$1 - \frac{q_2}{q_1} < 1 - \frac{T_2}{T_1}$$

式中 T_1、T_2 是热源和冷源的温度,因为在不可逆循环中,工质和热源的温度可能不相同,而且如果是非准静态过程的话,过程的中间状态是非平衡态,工质内部温度可能并不一致。因此,这时 T_1、T_2 不等于工质的温度。由上式得

$$\frac{q_1}{T_1} < \frac{q_2}{T_2}$$

式中 q_2 若改用代数值,考虑到放热量 q_2 为负值,则上式也可写成:

$$\frac{q_1}{T_1} + \frac{q_2}{T_2} < 0 \qquad 或 \qquad \sum \frac{q}{T} = 0$$

　　这个结果就是对两个热源间不可逆循环的数学表达式,即在不可逆循环中 $\frac{q}{T}$ 的代数和

小于零,它表明一切不可逆循环中由于不可逆因素所引起能量转换损失的共同属性,此结论具有原则的意义。

对于任何不可逆循环,其数学表达式可以这样来导出,任取一个不可逆循环 1-A-2-B-1,如图 4-8 所示,图中虚线表示不可逆过程。用一组可逆的绝热线将循环分割成无穷多个微小的不可逆循环,综合全部微元循环得

$$\sum_{i=1}^{\infty}\left(\frac{\delta q_{1i}}{T_{1i}} + \frac{\delta q_{2i}}{T_{2i}}\right) = \oint\left(\frac{\delta q}{T}\right)_{\text{不可逆}} < 0 \tag{4-7}$$

该式称为克劳修斯不等式。它反映了卡诺定理的直接结果,即在两个以上的热源间进行的循环以可逆循环的热效率最高,一切不可逆循环的热效率均小于可逆循环的热效率。将式(4-5)与式(4-7)联合写成:

$$\oint\frac{\delta q}{T} \leqslant 0 \tag{4-8}$$

式(4-8)可以作为判断循环是否可逆的判别式。克劳修斯积分 $\oint\frac{\delta q}{T}$ 等于零为可逆循环,小于零为不可逆循环,这也是将卡诺定理应用于分析热力循环所得到的结果,揭示了循环的共同属性。

二、热力学第二定律的数学表达式

由式(4-7)可以推得不可逆过程中熵的变化 Δs 与 $\int\frac{\delta q}{T}$ 的关系。如图 4-9 所示,设工质由平衡的初态 1 经历一个不可逆过程 1-A-2 到达平衡状态 2,又从 2 经历可逆过程 2-B-1 回到状态 1,如此构成了一个不可逆循环 1-A-2-B-1,应用克劳修斯不等式 $\oint\frac{\delta q}{T} < 0$,即

$$\oint_{1A2B1}\left(\frac{\delta q}{T}\right)_{\text{不可逆}} = \int_{1A2}\left(\frac{\delta q}{T}\right)_{\text{不可逆}} + \int_{2B1}\left(\frac{\delta q}{T}\right)_{\text{可逆}} < 0$$

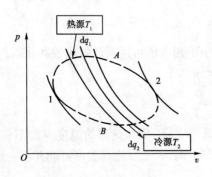

图 4-8 不可逆循环示意图

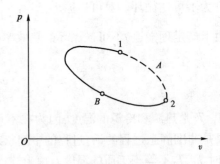

图 4-9 可逆与不可逆示意图

由熵的定义式,得

$$\int_{2B1}\left(\frac{\delta q}{T}\right)_{\text{可逆}} = s_1 - s_2$$

代入上式,得

$$\int_{1A2}\left(\frac{\delta q}{T}\right)_{\text{不可逆}} + (s_1 - s_2) < 0$$

即

$$s_2 - s_1 > \int_{1A2}\left(\frac{\delta q}{T}\right)_{不可逆}$$

或

$$ds > \left(\frac{\delta q}{T}\right)_{不可逆} \tag{4-9}$$

式(4-9)表明,不可逆过程的 $\int_{1A2}\left(\frac{\delta q}{T}\right)_{不可逆}$ 永远小于 Δs_{12},这个结果提供了定量地判断过程不可逆性程度的依据。

将式(4-6)和式(4-9)合并,得

$$ds \geqslant \frac{\delta q}{T} \tag{4-10}$$

式(4-10)即是热力学第二定律的数学表达式,又称熵方程。它表明:当过程为可逆过程,熵的微小变化 $ds = \frac{\delta q}{T}$(即工质从热源吸入的热量 δq 被热源温度 T 来除);如为不可逆过程,$ds > \frac{\delta q}{T}$。两者之差越大,说明过程的不可逆性程度越大,这就是用熵的变化量来衡量过程不可逆性的一个客观准则,也是熵在工程上的重要应用之一。

三、熵流与熵产

为了进一步加深对热力学第二定律的数学表达式 $ds \geqslant \frac{\delta q}{T}$ 的理解,下面举例分析不可逆过程中促使系统熵发生变化的物理原因。

如图4-10所示的热功转换装置。工质以环境(热源)吸热 δq 后,一方面自身的内能改变为 du,另一方面作机械功 δw。为了区别和比较,设想在此汽缸内进行了两个过程,一个为可逆过程,另一个为不可逆过程,但两过程进行前后的初终状态都相同。根据热力学第一定律,对于可逆过程有

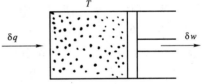

图4-10 热功转换装置

$$\delta q = du + \delta w \tag{a}$$

对于不可逆过程,则有

$$\delta q' = du + \delta w' \tag{b}$$

因为可逆过程 $\delta q = Tds$,所以式(a)可写为

$$Tds = du + \delta w$$

移项得

$$du = Tds - \delta w \tag{c}$$

将式(c)代入式(b),得

$$\delta q' = Tds - \delta w + \delta w'$$

即

$$Tds = \delta q' + \delta w - \delta w'$$

$$ds = \frac{\delta q'}{T} + \frac{\delta w - \delta w'}{T} \tag{d}$$

式中$(\delta w - \delta w')$为相同的初态与终态间进行可逆过程和不可逆过程时产生的功量之差。也就是不可逆过程中由于不可逆因素引起功的损失。若用δw_l表示,则式(d)可写为

$$ds = \frac{\delta q'}{T} + \frac{\delta w_l}{T} \tag{4-11}$$

在此,对式(4-11)作如下说明:当系统与外界有能量交换时,系统的熵要发生变化,如果热力过程为不可逆,熵的变量ds将由两部分组成,其一是由于系统与外界发生热量交换而引起的熵的变化,称为由热流引起的熵流,用ds_f表示;其二是由于系统内的不可逆因素导致功的损失所引起的熵的变化,称为不可逆因素引起的熵产,用ds_g表示。即

$$ds_f = \frac{\delta q}{T} \tag{4-12}$$

$$ds_g = \frac{\delta w_l}{T} \tag{4-13}$$

因此,不可逆过程中,系统内熵的总变化为熵流和熵产之和。即

$$ds = ds_f + ds_g \tag{4-14}$$

应当指出,这里所说的"流"和"产"都不意味着熵是什么物质。本书从第一章提出熵的概念时就明确指出熵的变化是与热量的传输相联系的。所以熵流是指系统与外界发生热交换时引起熵的变化量,系统与外界的热量可正、可负、亦可为零,故熵流值随之为正、为负或为零。但熵产则不然,由于不可逆因素总是导致功的损失,从而引起系统熵的增加,故熵产永远为正,只在可逆过程时为零。所以,熵产只能是有或无,绝不可能为负值。

四、孤立系统熵增原理

为了研究问题方便,有时候忽略了周围环境对系统的相互作用,即系统和外界之间没有任何形式的能量交换和物质质量交换,该系统就称为孤立系统。这时,整个系统一定是绝热的。但系统内部各物体之间则可能相互传热或交换其他形式的能量。例如,我们可以将一个包括热源、冷源和工质在内的动力系统看作孤立系统。对孤立系统,$\delta Q = 0$,$\delta W = 0$,$dm = 0$,将式(4-10)应用于孤立系统,则有

$$dS \geq 0 \tag{4-15}$$

式中等号适用于可逆过程,不等号适用于不可逆过程。

式(4-15)说明,当孤立系统内进行的是可逆过程,系统内的熵保持不变;当孤立系统内进行的是不可逆过程,系统内的熵会增加;不论什么过程,系统的熵不会减小。实际的过程都是不可逆过程,因此,"孤立系统的熵可以增大,或保持不变,但不可能减小"。这就是孤立系统的熵增原理。

从熵增原理可进一步导出不可逆过程与孤立系统做功能力损失之间的关系。当工质在给定的高温热源与低温热源(环境)之间进行可逆循环时,工质从高温热源所吸收的热量Q_1中,最大限度地转换为可用功的那一部分热能,称为在给定热源条件下的做功能力,或称为热量Q_1的可用能。

设高温热源温度为T_1,环境温度为T_0,根据卡诺循环热效率关系式:

$$\eta_{tk} = \frac{Q_1 - Q_2}{Q_1} = 1 - \frac{T_0}{T_1}$$

则工质从高温热源获得热量Q_1时的做功能力为

$$W = Q_1\left(1 - \frac{T_0}{T_1}\right) \tag{4-16}$$

显然,在环境温度 T_0 不变的场合下,热源的温度越高,即 T_1 越大,则热量的做功能力越大。热量的做功能力等于利用这热量进行可逆循环时的循环功。

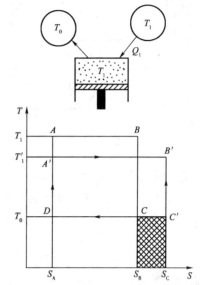

下面举例说明由于不可逆过程所引起的孤立系统做功能力的损失。

(1)有温差传热的不可逆过程:对于可逆的卡诺循环,设想为无温差的吸热和放热,如图 4-11 中 $ABCDA$ 所示,每一循环所排走不能利用的废热用面积 DCS_BS_AD 表示,若高温热源向工质进行了有温差的传热,工质温度 T_1' 低于高温热源温度 T_1,则此循环为不可逆循环,设所吸入的热量 Q_1 相同,其他过程与可逆的卡诺循环一样,如图 4-11 中的 $A'B'C'DA'$ 所示。现在只分析在高温热源的放热过程和工质的吸热过程中,由于存在温差传热而引起做功能力的损失。高温热源传走热量 Q_1 时,其熵的变化为

图 4-11　有温差传热的不可逆过程

$$\Delta S_{\text{热}} = -\frac{Q_1}{T_1}$$

做功能力为

$$W_{\text{热}} = Q_1\left(1 - \frac{T_0}{T_1}\right)$$

工质吸收热量 Q_1 时,其熵的变化为

$$\Delta S_{\text{工}} = \frac{Q_1}{T_1'}$$

做功能力为

$$W_{\text{工}} = Q_1\left(1 - \frac{T_0}{T_1'}\right)$$

故做功能力的损失为

$$\Delta W = W_{\text{热}} - W_{\text{工}} = T_0\left(\frac{Q_1}{T_1'} - \frac{Q_1}{T_1}\right)$$

将高温热源和工质组成一孤立系统,则系统熵的变化为

$$\Delta S_{\text{系}} = \Delta S_{\text{热}} + \Delta S_{\text{工}} = \frac{Q_1}{T_1'} - \frac{Q_1}{T_1} > 0$$

将此关系代入 $\Delta W = T_0\left(\frac{Q_1}{T_1'} - \frac{Q_1}{T_1}\right)$,得

$$\Delta W = T_0\Delta S_{\text{系}} = \text{面积 } CC'S_CS_BC$$

即由于不可逆传热,造成孤立系统做功能力的下降和系统总熵的增加。孤立系统做功能力的损失可用环境温度与系统熵增的乘积来计算。

(2)由摩擦、涡流引起的不可逆过程:在两个恒温热源之间工作的卡诺循环中,为分析方便起见,只认为工质在膨胀过程中有摩擦和涡流现象发生,其他过程都是可逆的,如

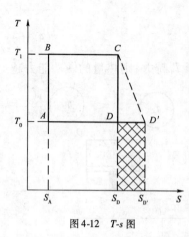

图 4-12 *T-s* 图

图 4-12 所示。由于在绝热膨胀过程中产生摩擦和涡流而使部分功转换为热又被工质吸收,则工质的熵增加,不可逆的绝热膨胀过程线以虚线 CD' 表示。这一不可逆过程造成系统做功能力的损失为

$$\Delta W = W_0 - W'_0 = (Q_1 - Q_2) - (Q_1 - Q'_2)$$
$$= 面积\ DD'S_{D'}S_D D = T_0 \Delta S_系$$

式中：Q_2——DA 放热过程向冷源 T_0 排走的热量；

Q'_2——$D'A$ 放热过程向冷源 T_0 排走的热量；

$\Delta S_系$——$S_{D'}$ 与 S_D 之差。

显然,在有摩擦、涡流引起的不可逆过程存在时,循环的净功不再是面积 $ABCDA$,而是面积 $ABCDA$ 减去面积 $DD'S_{D'}$ $S_D D$。此时,做功能力损失为面积 $DD'S_{D'}S_D D$。

还可以举出许多实例来证实在孤立系统内进行不可逆过程后,会造成系统做功能力的损失和系统总熵的增加。若以 I 表示做功能力的损失,则两者间存在下列通用关系式：

$$I = T_0 \Delta S_系 \tag{4-17}$$

在热力工程中,常用 $\Delta S_系$ 和 $T_0 \Delta S_系$ 来衡量孤立系统中减小的实际过程的不可逆程度和做功能力损失的程度,因此,为了减少不可逆程度,应当尽量减小传热温差,减小摩擦阻力、涡流和节流等现象,力求热力过程的完善性。

【例 4-2】 绝热容器中盛有 0.8kg 空气,初始状态 1 时 $T_1 = 300K$。现通过桨叶轮由外界输入功 30kJ(图 4-13),过程终了时气体到达新的平衡态 2。试计算过程中空气熵的变化 ΔS、熵流 ΔS_f 及熵产 ΔS_g。

解：容器内空气所经历的为一内部不可逆过程。

(1)计算 T_2,因 $Q=0$,故 $\Delta U = -W = 30kJ$ 取比热容为定值,空气的 $\mu = 28.96 kg/kmol$,则

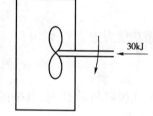

图 4-13 例 4-2

$$c_v = \frac{\mu c_v}{\mu} = \frac{20.9}{28.96} = 0.723 kJ/(kg \cdot K)$$

又

$$\Delta U = mc_v(T_2 - T_1)$$
$$= 0.8 \times 0.723(T_2 - 300)$$
$$= 30kJ$$

所以

$$T_2 = 352K$$

(2)计算过程中 ΔS、ΔS_f、ΔS_g

虽为不可逆过程,但过程中 ΔS 可按相同的始、终态间的可逆定容过程计算。即

$$\Delta S = mc_v \ln \frac{T_2}{T_1} = 0.8 \times 0.723 \times \ln \frac{352}{300} = 0.0925 kJ/K$$

对于不可逆绝热过程,$\delta Q = 0$,故

熵流

$$\Delta S_f = \int_1^2 \frac{\delta Q}{T} = 0$$

熵产

$$\Delta S_g = \Delta S - \Delta S_f = \Delta S = 0.0925 kJ/K$$

即过程中熵的增加完全来源于不可逆因素所引起的熵的产生。

【例 4-3】 在图 4-14 所示的系统中,设热机每一循环向高温热源吸热 q_1,试用熵增原理判断此循环工作的热机能否将热量 q_1 全部变为功?

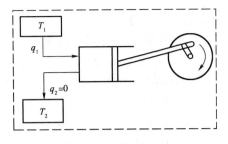

图 4-14 例 4-3

解: 取热源、工质、飞轮等为一个系统,此系统可看作孤立系统。若加热量 q_1 被循环热机全部变为功(供给飞轮),则向低温热源的放热量 $q_2=0$。这样,在每一循环中:

高温热源熵的变化 $\qquad\qquad \Delta s_{热} = -\dfrac{q_1}{T_1}$

低温热源熵的变化 $\qquad\qquad \Delta s_{冷} = \dfrac{q_2}{T_2} = 0$

工质熵的变化 $\qquad\qquad \Delta s_{工} = 0$

整个孤立系统熵的变化

$$\Delta s_{系} = \Delta s_{热} + \Delta s_{工} + \Delta s_{冷} = -\frac{q_1}{T_1} + 0 + 0 < 0$$

可见,这种过程的结果将使孤立系统的熵减少。根据熵增原理,可以判定这样的热力过程是不可能实现的。也就是说,循环工作的热机不可能将从单一热源吸取的热量全部变为功,这与热力学第二定律的结论相符。

思 考 题

1. 热力学第二定律能否表达为:"机械能可以全部变为热能,而热能不可能全部变为机械能。"这种说法有什么不妥当?

2. 试证明热力学第二定律的各种说法的等效性:若克劳修斯说法不成立,则开尔文说法也不成立。

3. 根据循环热效率的定义式 $\eta_t = \dfrac{w_0}{q_1}$,可否说:"循环的单位质量净功 w_0 越大,则循环的热效率 η_t 越高"? 为什么?

4. 指出循环热效率公式 $\eta_t = 1 - \dfrac{Q_2}{Q_1}$ 和 $\eta_t = 1 - \dfrac{T_2}{T_1}$ 各自适用的范围(T_1 和 T_2 是指热源和冷源的温度)。

5. 卡诺循环和卡诺定理对提高实际热机效率有何指导意义? 试结合内燃机来阐述这方面的指导意义。

6. 以下说法有无错误或不完全的地方?
(1)工质经过一个不可逆循环后, $\Delta s_{工质} > 0$;
(2)使系统熵增大的过程必为不可逆过程;
(3)热力学第二定律可表述为:"功可全部变为热,但热不可能完全变为功";
(4)因为熵只增不减,所以熵减少的过程是无法实现的。

7. 一台汽车发动机的热效率是 18%,燃气温度为 950℃,周围环境温度为 25℃,这个发动机的工作有没有违背热力学第二定律?

8. 理想气体熵变化量的计算公式全是从可逆过程推出的,为什么它们也适用与相同初、终态的不可逆过程?

9. 是非题(对的打"√",错的打"×")

(1)在任何情况下,向气体加热,熵一定增加;气体放热,熵总减少;

(2)熵增大的过程必为不可逆过程;

(3)熵减少的过程是不可实现的;

(4)卡诺循环是理想循环,一切循环的热效率都比卡诺循环的热效率低;

(5)把热量全部变为功是不可能的。

习　题

1. 某柴油机的最高燃烧温度为 2000℃,排气温度为 500℃,如有一卡诺机也在这两个温度间工作,试求其热效率为多少?

2. 有一热机按某种循环工作,从高温热源 $T_1 = 2000K$ 吸取热量 Q_1,向冷源 $T_2 = 300K$ 放出热量 Q_2,同时对外做功 W。试确定此热机在下列情况下是可逆的、不可逆的、还是不可能的?

(1) $Q_1 = 1000kJ, W = 900kJ$;

(2) $Q_1 = 2000kJ, Q_2 = 300kJ$;

(3) $W = 1500kJ, Q_2 = 500kJ$。

3. 一卡诺机的热效率为 40%,若它自高温热源吸热 4000kJ/h,向 25℃ 的低温热源放热,试求高温热源的温度及净功。

4. 两台卡诺机串联工作。A 热机工作在 700℃ 和 t 之间;B 热机工作在 t 和 20℃ 之间。试计算在下述情况下的 t 值:

(1)两热机输出的功相同;

(2)两热机的热效率相同。

5. 某可逆热机工作于 1400K 的高温热源和 60℃ 的低温热源之间,若每个循环从高温热源吸热 5000kJ。求:

(1)高温热源、低温热源的熵变化量;

(2)由两个热源和热机所组成的系统的熵变化量。

6. 工质作可逆卡诺循环时,$T_1 = 873K, T_0 = 303K$,循环吸热量 $Q_1 = 3000kJ$。求:

(1)循环所做功量;

(2)冷源吸热量及冷源熵增量;

(3)如果由于不可逆,系统的熵增加 0.2kJ/K,问冷源多吸收多少热,循环少做多少功?

7. 欲设计一热机,使之能从温度为 973K 的高温热源吸热 2000kJ,并向温度为 303K 的冷源放热 800kJ。求:

(1)此循环能否进行?

(2)若把此热机当制冷机用,从冷源吸热 800kJ,能否向热源放热 2000kJ? 预使之从冷源吸热 800kJ,至少需耗多少功?

8. 已知 A、B、C 3 个热源的温度分别为 500K、400K 和 300K,有可逆机在这 3 个热源间工作。若可逆机从 A 热源净吸入 3000kJ 热量,输出净功 400kJ,试求可逆机与 B、C 两热源间的换热量,并指明方向。

第五章　气体的流动

工程上的许多问题与气体和蒸气的流动有关,如喷管、扩压管、节流阀内的流动过程。在蒸汽轮机与燃气轮机等动力设备中,高温高压工质首先流经喷管获得高速,然后利用其动能推动叶轮快速转动对外做功。喷气式发动机和火箭发动机亦是利用其尾部喷管喷出高速气流时产生的巨大反作用力作为飞行动力。此外,工业上常用的各种抽气机、节流阀、引射器等,都是利用气流在变截面通道中的流动规律完成预期的能量转换任务的。因此本章将在分析稳定流动过程基本规律与理论的基础上,重点探讨利用这些规律及理论分析气体流经喷管时气流参数与流道截面积之间的变化关系以及流动过程中气体能量转化等问题。

第一节　一元稳定流动的基本方程

所谓一元流动,是指流动的一切参数仅沿一个方向(这个方向可以是弯曲流道的轴线)有显著变化,而在其他两个方向上的变化是极小而可以忽略的;而稳定流动,则指流道中任意指定空间的一切参数都不随时间而变化。本章讨论的气体流动仅限于一元稳定流动。

一、连续性方程

设有一任意流道,如图 5-1 所示。图中 $\dot{m}$——流量(kg/s),v——质量体积(m^3/kg),c——流速(m/s),A——流道截面积(m^2)。

则

$$\dot{m} = \frac{Ac}{v}$$

对于截面 1 可得

$$\dot{m}_1 = \frac{A_1 c_1}{v_1}$$

对于截面 2 可得

$$\dot{m}_2 = \frac{A_2 c_2}{v_2}$$

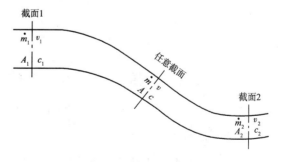

图 5-1　气体流动示意图

对于稳定流动,根据质量守恒原理可知,流过流道任何一个截面的流量必定相等:

$$\dot{m}_1 = \dot{m}_2 = \cdots = \dot{m} = 常数$$

即

$$\frac{A_1 c_1}{v_1} = \frac{A_2 c_2}{v_2} = \cdots = \frac{Ac}{v} = \dot{m} = 常数 \tag{5-1}$$

式(5-1)称为一元稳定流动的连续方程式,它描述了流速、截面积和质量体积之间的关系。它适用于任何一元稳定流动,不管是什么流体,也不管是可逆或是不可逆过程。

二、能量方程式

在第二章中,曾根据能量守恒原理得到稳定流动能量方程式:

$$q = (h_2 - h_1) + \frac{1}{2}(c_2^2 - c_1^2) + g(z_2 - z_1) + w_i$$

本章主要讨论喷管和扩压管中的流动过程。这种流动过程有如下特点:

①工质流经管道时不对机器做功,$w_i = 0$

②重力位能差可以忽略,$g(z_2 - z_1) \approx 0$

所以上述能量方程式可简化为

$$q = (h_2 - h_1) + \frac{1}{2}(c_2^2 - c_1^2) \tag{5-2}$$

此外,工质流经管道时间极短时,与外界的热量交换极少,$q \approx 0$。这样式(5-2)可简化为

$$\frac{1}{2}(c_2^2 - c_1^2) = h_1 - h_2 \tag{5-3}$$

式(5-3)适用于任何工质的绝热稳定流动过程,不管过程是可逆的还是不可逆的。

三、过程方程式

本章只讨论绝热流动,如果不考虑摩擦,也就是定熵流动。

对于定熵流动过程,任意两截面上的 p 和 v 应满足:

$$p_1 v_1^k = p_2 v_2^k = p v^k = 常数 \tag{5-4}$$

上述式(5-1)、式(5-3)、式(5-4)是描写对机器不做功、稳定的、可逆绝热流动的三个基本方程。如研究微元过程,则上面三式的对应微分形式为

$$\frac{\mathrm{d}A}{A} + \frac{\mathrm{d}c}{c} - \frac{\mathrm{d}v}{v} = 0 \tag{5-5}$$

$$\mathrm{d}h + \frac{1}{2}\mathrm{d}c^2 = 0 \tag{5-6}$$

$$\frac{\mathrm{d}p}{p} + k\frac{\mathrm{d}v}{v} = 0 \tag{5-7}$$

第二节   促使流速改变的条件

一、力学条件

要使工质产生流动必须有压差,即对工质要有推动力作用,工质才能流动。促使流速变化所必须的力学条件可由分析 $\mathrm{d}c$ 和 $\mathrm{d}p$ 之间的关系得出。比较管内稳定流动方程式(5-2)

$$q = (h_2 - h_1) + \frac{1}{2}(c_2^2 - c_1^2)$$

和热力学第一定律解析式

$$q = (h_2 - h_1) - \int_1^2 v\mathrm{d}p$$

可得

$$\frac{1}{2}(c_2^2 - c_1^2) = -\int_1^2 v\mathrm{d}p \qquad (5\text{-}8)$$

式(5-8)表明气流动能增加和技术功相当。因工质在管道内流动时并不对机器做功，工质在膨胀中产生的膨胀功 $\int_1^2 p\mathrm{d}v$ 和流进流出的推动功之差$(p_1v_1 - p_2v_2)$均未向机器设备传出。它们的代数和，即技术功 $-\int_1^2 v\mathrm{d}p$ 就全部变成气流的动能了。

把式(5-8)写成微分形式：

$$\frac{1}{2}\mathrm{d}c^2 = -v\mathrm{d}p$$

即

$$c\mathrm{d}c = -v\mathrm{d}p$$

上式两端各乘以$\frac{1}{c^2}$，右端分子分母均乘以kp，得

$$\frac{\mathrm{d}c}{c} = -\frac{kpv}{kc^2} \cdot \frac{\mathrm{d}p}{p}$$

而从普通物理学中，已知气体的声速 $a = \sqrt{kpv}$，所以

$$\frac{\mathrm{d}c}{c} = -\frac{a^2}{kc^2} \cdot \frac{\mathrm{d}p}{p}$$

令

$$\frac{c}{a} = M$$

称 M 为马赫数，它等于流速与当地声速之比。

所以上式变为

$$kM^2 \frac{\mathrm{d}c}{c} = -\frac{\mathrm{d}p}{p} \qquad (5\text{-}9)$$

从式(5-9)可见，$\mathrm{d}c$ 和 $\mathrm{d}p$ 的符号是始终相反的。它告诉我们，如果欲使气流的速度增高以得到具有大量动能的高速气体，则必须使气流有机会在适当条件下膨胀以降低其压力。如果欲使气流压缩以获得高压气体，则必须使高速气流在适当条件下降低其流速。燃气轮机的喷管和叶轮式压气机是分别实现上述两个目的的典型设备。

二、几何条件

要使流速得以改变，除了必须具备上述力学条件外，还必须使工质经过一个形状合适的流道，使流动按一定的流线，以保证工质状态连续变化。也就是说还必须具备相应的几何条件。

从式(5-5)可得

$$\frac{\mathrm{d}A}{A} = \frac{\mathrm{d}v}{v} - \frac{\mathrm{d}c}{c} \qquad (5\text{-}10)$$

从式(5-7)可得

$$\frac{\mathrm{d}v}{v} = -\frac{1}{k} \cdot \frac{\mathrm{d}p}{p} \qquad (5\text{-}11)$$

从式(5-9)可得

$$-\frac{1}{k}\frac{\mathrm{d}p}{p} = M^2\frac{\mathrm{d}c}{c} \tag{5-12}$$

把式(5-11)和式(5-12)代入式(5-10),可得

$$\frac{\mathrm{d}A}{A} = (M^2 - 1)\frac{\mathrm{d}c}{c} \tag{5-13}$$

分析上式可知,若气流通过喷管($\mathrm{d}c>0,\mathrm{d}v>0,\mathrm{d}p<0$),气流截面应满足:

当 $M<1$,亚声速流动,$\mathrm{d}A<0$,气流截面收缩;

当 $M=1$,声速流动,$\mathrm{d}A=0$,气流截面收缩至最小;

当 $M>1$,超声速流动,$\mathrm{d}A>0$,气流截面扩张。

相应的对喷管的要求是:对亚声速气流作成渐缩喷管,对超声速气流作成渐扩喷管,对气流由亚声速连续增至超声速时,要作成缩放喷管,或称为拉伐尔喷管(Laval)。

只有这样才能保证气流在喷管中充分膨胀,达到理想加速的效果。各种喷管的形状如图 5-2 所示。

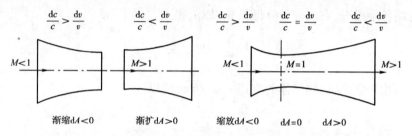

图 5-2 喷管($\mathrm{d}p<0,\mathrm{d}v>0,\mathrm{d}c>0$)

若气流通过扩压管($\mathrm{d}p>0,\mathrm{d}v<0,\mathrm{d}c<0$),气流截面变化规律应满足:

当 $M>1$,超声速流动,$\mathrm{d}A<0$,气流截面收缩;

当 $M=1$,声速流动,$\mathrm{d}A=0$,气流截面收缩至最小;

当 $M<1$,亚声速流动,$\mathrm{d}A>0$,气流截面扩张。

相应对扩压管的要求是:对超声速气流要作成渐缩扩压管,对亚声速气流要作成渐扩扩压管,对气流速度连续降至亚声速时,要作成缩放扩压管。但这种渐缩、渐扩扩压管中气流流动情况复杂,不能按定熵流动规律实现由超声速到亚声速的连续转变。各种扩压管的形状如图 5-3 所示。

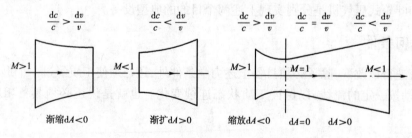

图 5-3 扩压管($\mathrm{d}p>0,\mathrm{d}v<0,\mathrm{d}c<0$)

缩放喷管或扩压管的最小截面处,称为喉部。此处的流速恰好等于当地声速。此处为气流从亚声速变为超声速,或从超声速变为亚声速的转折点,通常称为临界状态。对应的状态参数,称为临界参数,并加以下标 cr 以示区别。如"临界速度"c_{cr}、"临界压力"p_{cr} 和"临界质量体积"v_{cr}。此时 $M=1$,即 $c=a$。

故

$$c_{cr} = \sqrt{kp_{cr}v_{cr}} \tag{5-14}$$

第三节　气体流经喷管的流速和流量

一、流速

在研究流速过程中,为了表达和计算方便,人们通常把气体流速为零或按定熵压缩过程折算到流速为零的各种参数称为滞止参数。用星号"∗"标记它们。如滞止压力 p^*、滞止温度 T^*、滞止焓 h^* 等。气体从滞止状态($c^*=0$)开始,在喷管中随着喷管截面积的变化,流速(c)不断增加,其他状态参数(p,v,T,h)也相应地跟着变化(图5-4)。

气体通过任意截面时的流速 c,可根据能量方程式式(5-3)计算,即

$$\frac{1}{2}(c^2 - c^{*2}) = h^* - h$$

所以

$$c = \sqrt{2(h^* - h)} \tag{5-15}$$

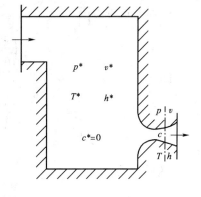

图5-4　喷管示意图

式(5-15)适用于绝热流动过程,与工质无关,与过程是否可逆无关。

对定比热容理想气体可得

$$c = \sqrt{2c_p(T^* - T)} \tag{5-16}$$

式(5-16)可进一步演化成:

$$
\begin{aligned}
c &= \sqrt{2\frac{kR}{k-1}(T^* - T)} \\
&= \sqrt{2\frac{kR}{k-1}T^*\left(1 - \frac{T}{T^*}\right)} \\
&= \sqrt{2\frac{k}{k-1}RT^*\left[1 - \left(\frac{p}{p^*}\right)^{\frac{k-1}{k}}\right]} \\
&= \sqrt{\frac{2kp^*v^*}{k-1}\left[1 - \left(\frac{p}{p^*}\right)^{\frac{k-1}{k}}\right]}
\end{aligned}
$$

或

$$c = a^*\sqrt{\frac{2}{k-1}\left[1 - \left(\frac{p}{p^*}\right)^{\frac{k-1}{k}}\right]} \tag{5-17}$$

二、临界流速与临界压力比

根据式(5-17)可得

$$c_{cr} = \sqrt{\frac{2kp^*v^*}{k-1}\left[1 - \left(\frac{p_{cr}}{p^*}\right)^{\frac{k-1}{k}}\right]} \tag{5-18}$$

由于

$$c_{cr} = a_{cr} = \sqrt{k p_{cr} v_{cr}}$$

从上面两式可得

$$\frac{p_{cr} v_{cr}}{p^* v^*} = \frac{2}{k-1} \left[1 - \left(\frac{p_{cr}}{p^*} \right)^{\frac{k-1}{k}} \right]$$

其中

$$\frac{v_{cr}}{v^*} = \left(\frac{p^*}{p_{cr}} \right)^{\frac{1}{k}}$$

代入上式可得

$$\left(\frac{p_{cr}}{p^*} \right)^{\frac{k-1}{k}} = \frac{2}{k-1} \left[1 - \left(\frac{p_{cr}}{p^*} \right)^{\frac{k-1}{k}} \right]$$

即

$$\left(\frac{p_{cr}}{p^*} \right)^{\frac{k-1}{k}} \left(1 + \frac{2}{k-1} \right) = \frac{2}{k-1}$$

所以

$$\beta_{cr} = \frac{p_{cr}}{p^*} = \left(\frac{2}{k+1} \right)^{\frac{k}{k-1}} \tag{5-19}$$

称 β 为临界压力比。是流速达到当地声速时工质的压力与初压力(流速 $c=0$ 时压力)或滞止压力的比值。从式(5-19)可见,β_{cr} 仅与工质性质有关。各种气体的临界压力比为:

单原子气体　　　　$k \approx 1.67$　　　　$\beta_{cr} \approx 0.487$
双原子气体　　　　$k \approx 1.40$　　　　$\beta_{cr} \approx 0.528$
多原子气体　　　　$k \approx 1.30$　　　　$\beta_{cr} \approx 0.546$
过热水蒸气　　　　$k \approx 1.30$　　　　$\beta_{cr} \approx 0.546$
饱和水蒸气　　　　$k \approx 1.135$　　　$\beta_{cr} \approx 0.577$

所以气体在喷管流动时,有这样一个大致规律:当它的流速从零增加到临界流速时,其压力大约下降一半。

把式(5-19)代入式(5-17)后得

$$c_{cr} = a^* \sqrt{\frac{2}{k-1} \left(1 - \frac{2}{k+1} \right)}$$

即

$$c_{cr} = a^* \sqrt{\frac{2}{k+1}} \tag{5-20}$$

三、流量

通过喷管的流量,可按 $m = \dfrac{Ac}{v}$ 来进行计算,A、c、v 原则上可取任一截面上的数值,但通常都取最小截面(喉部)处的数值(A_{min}、c_{th}、v_{th})。

根据式(5-17)可得

$$\dot{m} = \frac{A_{min} c_{th}}{v_{th}} = \frac{A_{min}}{v_{th}} \cdot a^* \sqrt{\frac{2}{k-1} \left[1 - \left(\frac{p_{th}}{p^*} \right)^{\frac{k-1}{k}} \right]} \tag{5-21}$$

式(5-21)中

$$\frac{1}{v_{th}} = \frac{1}{v^*}\left(\frac{p_{th}}{p^*}\right)^{\frac{1}{k}}$$

代入式(5-21)即得

$$\dot{m} = \frac{A_{min}}{v^*}a^*\sqrt{\frac{2}{k-1}\left[\left(\frac{p_{th}}{p^*}\right)^{\frac{2}{k}} - \left(\frac{p_{th}}{p^*}\right)^{\frac{k+1}{k}}\right]} \qquad (5-22)$$

由式(5-22)可知,当喷管最小截面积 A_{min} 及滞止参数

(p^*, v^*) 保持不变时,流量仅随 $\frac{p_{th}}{p^*}$ 而变。这种变化关系如图

5-5 所示。可以证明,当 $\frac{p_{th}}{p^*}$ 等于临界压力比 β_{cr},即当 $p_{th} =$

$p^* \cdot \beta_{cr} = p_{cr}$;$c_{th} = c_{cr}$时,流量达到最大值。最大流量为:

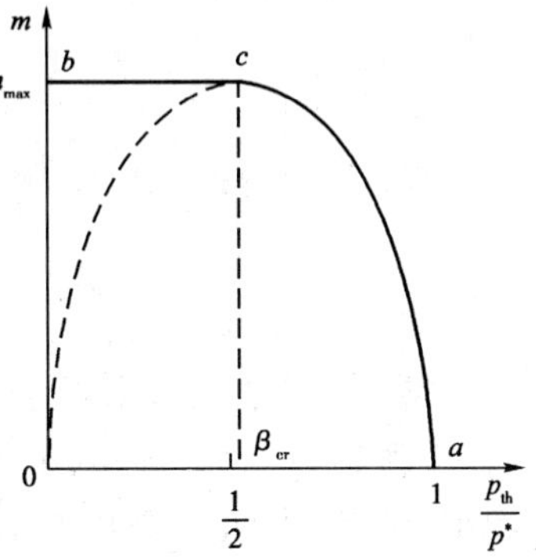

$$\dot{m} = \frac{A_{min}}{v^*}a^*\sqrt{\frac{2}{k-1}\left[\left(\frac{2}{k+1}\right)^{\frac{2}{k-1}} - \left(\frac{2}{k+1}\right)^{\frac{k+1}{k-1}}\right]}$$

化简得

图5-5 流量与压力比关系

$$\dot{m}_{max} = \frac{A_{min}}{v^*}a^*\left(\frac{2}{k+1}\right)^{\frac{k+1}{2k-2}} \qquad (5-23)$$

实验证明,当渐缩喷管出口外的压力(称为背压)p 降到临界压力 p_{cr} 以前,即 $p > p_{cr}$ 时,流量按照 ac 曲线变化;当背压 p 降低到等于临界压力 p_{cr} 时($p = p_{cr}$),流量为最大值 m_{max};如背压 p 继续降低,而低于临界压力 p_{cr} 时($p < p_{cr}$),则实际流量一直保持最大值 m_{max} 而不再变化,故实际过程中流量按 acb 曲线变化。

式(5-17)~式(5-23)都只适用于定熵(无摩擦绝热)流动。

四、滞止参数的计算

前面提到的流速 c、流量 $\dot{m}$ 的计算中,都用到了滞止参数。对入口处流速不为零的气体来说,实际上是设想它在扩压管中定熵压缩到流速减为零时所得到的各种参数(h^*、T^*、p^*、v^*)。这些滞止参数可根据已知的流速 c 及相应的状态(p, T)来计算。

由式(5-15)可得滞止焓为

$$h^* = h + \frac{c^2}{2} \qquad (5-24)$$

式(5-24)适用于任何气体的绝热压缩(滞止)过程。

由式(5-16)可得滞止温度为

$$T^* = T + \frac{c^2}{2c_p} \qquad (5-25)$$

式(5-25)适用于定比热容理想气体的绝热压缩(滞止)过程。

由于

$$\frac{T^*}{T} = \left(\frac{p^*}{p}\right)^{\frac{k-1}{k}}$$

把式(5-25)代入,可得滞止压力为

$$p^* = p\left(1 + \frac{c^2}{2c_p T}\right)^{\frac{k}{k-1}}$$
(5-26)

式(5-26)只适用于定比热容理想气体的定熵压缩(滞止)过程。

又由于

$$v^* = \frac{RT^*}{p^*} = \frac{RT\left(1 + \frac{c^2}{2c_p T}\right)}{p\left(1 + \frac{c^2}{2c_p T}\right)^{\frac{k}{k-1}}}$$

所以滞止质量体积为

$$v^* = \frac{RT}{p}\left(1 + \frac{c^2}{2c_p T}\right)^{\frac{1}{1-k}}$$
(5-27)

式(5-27)也只适用于定比热容理想气体的定熵压缩(滞止)过程。

【例5-1】 空气进入某缩放喷管时的流速为 300m/s,相应的压力为 0.5MPa,温度为450K,试求各滞止参数以及临界压力和临界流速。若出口截面的压力为 0.1MPa,则出口流速和出口温度各为若干(按定比热容理想气体计算,不考虑摩擦)?

解:对于空气

$$k = 1.4 \qquad c_p = 1.005\text{kJ}/(\text{kg} \cdot \text{K})$$
$$R = 0.2871\text{kJ}/(\text{kg} \cdot \text{K})$$

根据式(5-24)可计算出滞止焓为

$$h^* = h_1 + \frac{c_1^2}{2} = c_p T_1 + \frac{c_1^2}{2} = 1.005 \times 450 + \frac{300^2}{2} \times 10^{-3} = 497.3\text{kJ/kg}$$

滞止温度、滞止压力及滞止质量体积则分别为

$$T^* = \frac{h^*}{c_p} = \frac{497.3}{1.005} = 494.8\text{K}$$

$$p^* = p_1\left(\frac{T^*}{T_1}\right)^{\frac{k}{k-1}} = 0.5\left(\frac{494.8}{450}\right)^{\frac{1.4}{1.4-1}} = 0.0697\text{MPa}$$

$$v^* = \frac{RT^*}{p^*} = \frac{0.2871 \times 10^3 \times 494.8}{0.6970 \times 10^6} = 0.2038\text{m}^3/\text{kg}$$

根据式(5-19)可知临界压力为

$$p_{cr} = p^* \beta_{cr} = p^*\left(\frac{2}{k+1}\right)^{\frac{k}{k-1}} = 0.6970\left(\frac{2}{1.4+1}\right)^{\frac{1.4}{1.4-1}} = 0.3682\text{MPa}$$

临界流速则可根据式(5-20)求出,即

$$c_{cr} = a^*\sqrt{\frac{2}{k+1}} = \sqrt{kRT^*} \cdot \sqrt{\frac{2}{k+1}}$$

$$= \sqrt{1.4 \times 0.2871 \times 10^3 \times 494.8 \times \frac{2}{1.4+1}} = 407.1\text{m/s}$$

根据式(5-17)计算出喷管出口流速为

$$c_2 = \sqrt{\frac{2k}{k-1}RT^*\left[1 - \left(\frac{p}{p^*}\right)^{\frac{k-1}{k}}\right]}$$

$$= \sqrt{\frac{2 \times 1.4}{1.4 - 1} \times 0.2871 \times 10^3 \times 494.8 \times \left[1 - \left(\frac{0.1}{0.6970}\right)^{\frac{1.4-1}{1.4}}\right]}$$

$$= 650.7 \text{m/s}$$

喷管出口气流的温度则为

$$T_2 = T_1\left(\frac{p_2}{p_1}\right)^{\frac{k-1}{k}} = 450\left(\frac{0.1}{0.5}\right)^{\frac{1.4-1}{1.4}} = 284.1 \text{K}$$

五、喷管的设计与校核计算

设计的目的是选择合理的喷管形状,确定截面尺寸,保证气流在可逆膨胀中尽可能减少不可逆损失,从而获得最大的出口流速。喷管设计计算时,一般已知气体的种类、气体进口的初态参数,流量及出口处压力。则设计步骤如下:

(1)根据 $\beta = p_{出口}/p^*$ 与临界压力比 β_{cr} 的比较,选择合理的喷管形状。如果 $\beta < \beta_{cr}$ 则选择缩放喷管;如果 $\beta > \beta_{cr}$,则选择渐缩喷管。

(2)由定熵过程状态参数间关系,计算所选择喷管主要截面(临界截面、出口截面)的状态参数。

(3)根据式(5-17)及式(5-20)计算主要截面处的气流速度。

(4)由流量公式 $\dot{m} = \frac{Ac}{v}$,则可计算出截面积 A。

【例5-2】 试设计一喷管,流体为空气。已知 $p^* = 0.8\text{MPa}$,$T^* = 290\text{K}$,喷管出口压力 $p_2 = 0.1\text{MPa}$;流量 $\dot{m} = 1\text{kg/s}$(按定比热容理想气体计算,不考虑摩擦)。

解:(1)喷管形状的选择。

对于空气,$k = 1.4$,$\beta_{cr} = 0.528$

$$\beta_2 = \frac{p_2}{p^*} = \frac{0.1}{0.8} = 0.125 < \beta_{cr}$$

所以喷管应该是缩放形的。

(2)临界截面状态参数计算。

$$v_{cr} = v^*\left(\frac{p^*}{p_{cr}}\right)^{\frac{1}{k}} = \frac{RT^*}{p^*}\left(\frac{1}{\beta_{cr}}\right)^{\frac{1}{k}} = \frac{287.1 \times 290}{0.8 \times 10^6}\left(\frac{1}{0.528}\right)^{\frac{1}{1.4}} = 0.164 \text{m}^3/\text{kg}$$

$$v_2 = \frac{RT^*}{p^*}\left(\frac{p^*}{p_2}\right)^{\frac{1}{k}} = \frac{287.1 \times 290}{0.8 \times 10^6} \times \left(\frac{0.8}{0.1}\right)^{\frac{1}{1.4}} = 0.4596 \text{m}^3/\text{kg}$$

(3)计算流速。

临界流速为

$$c_{cr} = a^*\sqrt{\frac{2}{k+1}} = \sqrt{kRT} \cdot \sqrt{\frac{2}{k+1}} = \sqrt{1.4 \times 287.1 \times 290 \times \frac{2}{1.4+1}} = 311.7 \text{m/s}$$

出口流速为

$$c_2 = \sqrt{\frac{2k}{k-1}RT^*\left[1 - \left(\frac{p_2}{p^*}\right)^{\frac{k-1}{k}}\right]}$$

$$= \sqrt{\frac{2 \times 1.4}{1.4-1} \times 287.1 \times 290 \times \left[1 - \left(\frac{0.1}{0.8}\right)^{\frac{1.4-1}{1.4}}\right]}$$

$$= 511.0 \text{m/s}$$

（4）临界处截面积计算。

喉部截面积为

$$A_{\min} = \frac{\dot{m}v_{cr}}{c_{cr}} = \frac{0.164}{311.7} = 526 \text{mm}^2$$

出口截面积为

$$A_2 = \frac{\dot{m}v_2}{c_2} = \frac{0.4596}{511} = 899 \text{mm}^2$$

喷管截面一般为圆形，其喉部直径为

$$D_{\min} = \sqrt{\frac{4A_{\min}}{\pi}} = \sqrt{\frac{4 \times 527}{\pi}} = 25.9 \text{mm}$$

出口直径为

图5-6　喷管示意图

$$D_2 = \sqrt{\frac{4A_2}{\pi}} = \sqrt{\frac{4 \times 899}{\pi}} = 33.8 \text{mm}$$

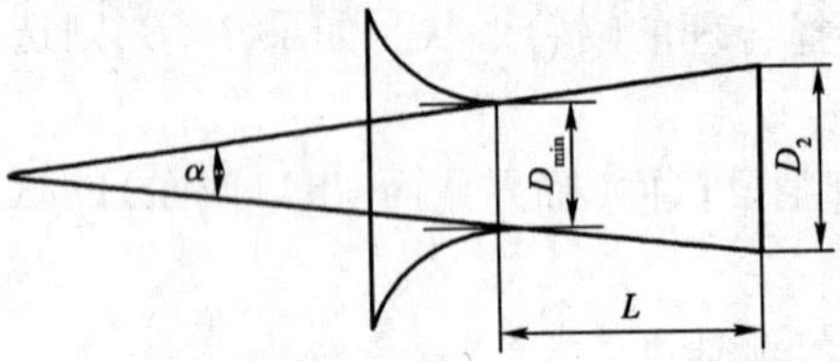

取渐放段锥角 $\alpha = 10°$（参见图5-6），则渐放段长度为

$$L = \frac{D_2 - D_{\min}}{2\tan\frac{\alpha}{2}} = \frac{33.8 - 25.9}{2\tan 5°} = 45.1 \text{mm}$$

第四节　喷管中有摩擦的绝热流动过程

在实际流动过程中，由于存在摩擦、能量耗散以及动能与热能的转换等因素，流动过程是不可逆的。因此有摩擦的流动与前面讨论的可逆绝热流动相比，气流出口速度将要减小。稳定流动能量方程式式（5-3）亦适用于气体的不可逆绝热流动，此时方程式可改写为

$$h_0 = h_1 + \frac{c_1^2}{2} = h_2 + \frac{c_2^2}{2} = h' + \frac{c'^2}{2}$$

式中：h'，c'——出口截面上气流的实际焓值和流速。

由上式可得

$$h' - h_2 = \frac{1}{2}(c_2^2 - c'^2)$$

即在有摩擦阻力的情况下，工质出口焓值的增加量等于其动能的减少量。工程上常用速度系数 ϕ 或者能量损失系数 ζ 表示气流出口速度的下降和动能的减少。

速度系数为

$$\phi = \frac{c'}{c_2}$$

能量损失系数

$$\zeta = \frac{损失的动能}{理想的动能} = \frac{c_2^2 - c'^2}{c_2^2} = 1 - \phi^2$$

速度系数与喷管的形式、材料和加工精度有关,一般为 $0.92 \sim 0.98$。工程上通常先按照理想情况求出 c_2,再根据速度系数 ϕ 对其进行修正。

第五节 绝热节流过程

节流是工程中常见的流动过程。流体在管道中流动时,中途遇到阀门、孔板等物,流体将从突然缩小的通流截面流过,由于局部阻力较大,流体会有显著的压力降落(图 5-7),这种流动称为节流。节流过程是不做技术功的过程,流体节流后的压力一定低于节流前的压力,即

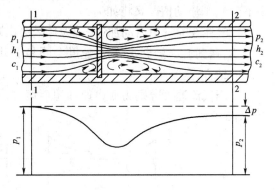

$$p_2 < p_1 \tag{5-28}$$

通常的节流可以认为是绝热的,因为流体很快通过节流孔,在节流孔前后不大的一段管长中,流体和外界交换的热量通常都很小,可以忽略不计($q \approx 0$)。在节流孔附近,

图 5-7 节流示意图

涡流、扰动(流体的内摩擦)是不可避免的。所以节流过程是有摩擦的绝热流动过程。

由

$$Tds = du + pdv = du + \delta W + \delta W_1 = \delta q + \delta q_g > \delta q = 0 \tag{5-29}$$

即 $Tds > 0$,而 $T > 0$,所以 $ds > 0$(熵增加)式中 δW_1 是由于存在内摩擦而损失的功,称为功损。由功损产生的热称为热产,用 q_g 表示。

绝热自由膨胀是一个典型的存在内摩擦的过程。由式(5-29)可知,它必然引起气体熵的增加。

由式(5-29)可知,节流后流体的熵一定增加,即

$$S_2 > S_1 \tag{5-30}$$

既然绝热节流是一个不做技术功的绝热的稳定流动过程($W_t = 0, q = 0$),节流过程前后流体重力位能和动能的变化都可以忽略不计 $\left[g(z_2 - z_1) \approx 0, \frac{1}{2}(c_2^2 - c_1^2) \approx 0 \right]$,因此,根据热力学第一定律 $q = \Delta h + W_t$ 可知,绝热节流后流体的焓不变,即

$$h_2 = h_1 \tag{5-31}$$

如果流体是理想气体,由于节流后焓不变,因而温度也不变(理想气体的焓只是温度的函数),即

$$T_2 = T_1 \tag{5-32}$$

如果流体是实际气体,那么节流后温度可能降低、可能不变、也可能升高,即

$$T_2 < T_1, 或 T_2 = T_1, T_2 > T_1 \tag{5-33}$$

绝热节流引起的流体的温度变化称为绝热节流的温度效应,又称焦耳—汤姆逊效应。

节流过程存在内摩擦。从减小损失的角度,应该避免节流过程。但是由于节流过程有降低压力、减少流量、降低温度(节流的冷效应 $\Delta T < 0$)等作用,而且又很容易实现(比如说,只需在管道上安上一个阀门即可实现节流过程),因此在工程上经常利用节流过程来调节

压力和流量,以及利用节流的冷效应达到制冷目的。另外还经常利用节流孔板前后的压差测量流量,利用多次节流的显著压降减少汽缸体和转动轴之间的泄漏(轴封),以及通过节流过程的温度效应研究实际气体的性质等。

思 考 题

1. 对提高气流速度起主要作用的是通道形状还是气体本身的状态变化?

2. 在给定的定熵流动中,流道各截面的滞止参数是否相同? 为什么?

3. 渐缩喷管内的流动,在什么条件下不受背压变化的影响? 若进口压力有所改变(其余不变),则流动情况又将如何?

4. 气体在喷管中流动加速时,为什么会出现喷管截面积逐渐扩大的情况? 常见的河流和小溪,遇到流道狭窄处,水流速度会明显上升,很少见到水流速度加快处会是流道截面积加大的地方,这是为什么?

5. 当气流速度分别为亚声速和超声速时,下列形状的管道宜于作喷管还是宜于作扩压管(图5-8)?

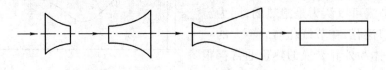

图5-8 思考题5

6. 既然 $c = \sqrt{2(h^* - h)}$ 对有摩擦和无摩擦的绝热流动都适用,那么摩擦损失表现在哪里呢?

7. 有一渐缩喷管,进口前的滞止参数不变,背压(即喷管出口外面的压力)由滞止压力逐渐下降到极低压力。问该喷管的出口压力、出口流速和喷管的流量将如何变化?

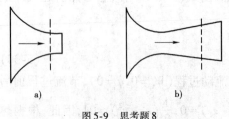

a)   b)
图5-9 思考题8

8. 有一渐缩喷管和一缩放喷管,最小截面相同,一同工作在相同的滞止参数和极低的背压之间(图5-9)。试问它们的出口压力、出口流速、流量是否相同? 如果将它们截去一段(图中虚线所示的右边一段),那么它们的出口压力、出口流速和流量将如何变化?

9. 在实际流动过程中摩擦和能量耗散是不可避免的,既然如此,研究绝热可逆流动过程有何实际意义和理论价值?

习 题

1. 温度为750℃、流速为500m/s 的空气流,以及温度为30℃、流速为280m/s 的空气流,它们是亚声速气流还是超声速气流? 它们的马赫数各为若干? 已知空气在750℃时,$k = 1.335$;在30℃时,$k = 1.4$。

2. 已测得喷管某一截面空气的压力为0.5MPa,温度为800K,流速为600m/s,试按定比热容方法求滞止温度和滞止压力。能否推知该测量截面在喷管的什么部位?

3. 空气进入渐缩喷管时的流速为200m/s,压力为1MPa,温度为500℃。求该喷管达到最大流量时出口截面的流速、压力和温度。

4. 试设计一喷管,工质是空气。已知流量为3kg/s,进口截面上压力为1MPa,温度为500K,流速为250m/s;出口压力为0.1MPa。

5. 空气流经一渐缩喷管,在喉管内某点处,压力为0.34MPa,温度为540℃,速度为200m/s,截面积为0.005m^2。试求:

(1)该点处的滞止温度和滞止压力;

(2)该点处的声速和马赫数;

(3)喷管出口处的马赫数等于1时的出口截面积、出口压力、温度和流速。

6. 空气等熵流过一渐缩喷管,若其中某一截面处参数为$p = 0.3$MPa,$T = 450$℃,$c_f = 150$m/s,$A = 0.002m^2$。设已知空气$C_p = 1.004$kJ/kg,$k = 1.4$,$R = 0.287$kJ/(kg · K),$\beta_{cr} = 0.528$,试求:

(1)滞止温度及滞止压力;

(2)该截面的声速及马赫数;

(3)临界截面上的压力、温度、流速及截面积。

7. 欲使压力为0.1MPa,温度为300K的空气流经扩压管后压力提高到0.2MPa,空气的初速至少应为多少?

8. 由不变气源来的压力$p_1 = 1.5$MPa,温度$t_1 = 27$℃的空气,流经一喷管进入压力保持在$p_b = 0.6$MPa的某装置中,若流过喷管的流量为3kg/s,来流速度可忽略不计,试设计该喷管?若来流速度为100m/s,其他条件不变,则喷管出口流速及截面积为多少?

9. 质量流量为1.5kg/s的空气进入喷管,已知入口处$p_1 = 0.5$MPa,$T_1 = 300$℃,$c_1 = 100$m/s,若喷管出口处背压$p_2 = 0.1$MPa,试设计该喷管。(已知空气为理想气体,比热容取定值,$c_p = 1.004$kJ/kg,$R = 0.287$kJ/(kg. K),$k = 1.4$,$\beta_{cr} = 0.528$)。

第六章 气体的压缩过程及动力循环

第一节 压气机的压气过程

压气机用来压缩气体,最常见的是用来压缩空气,即所谓空气压缩机。其构造大致可分为"往复式"和"回转式"两类。所有的气体压缩设备都要消耗外功,并使气体从较低的压力提升到较高的压力。习惯上,常根据升压的大小将压气机分成下列三类:出口空气的表压力在 1×10^4 Pa 以下的"通风机"(或"送风机");出口空气的表压力在 $1 \times 10^4 \sim 2 \times 10^5$ Pa 者,"鼓风机";出口空气的表压力超过 2×10^5 Pa 者,就是狭义的"压气机"。广义的压气机也包括抽真空的"真空泵"(或"抽气机"),它是把压力低于大气压的气体吸入,升压到略高于大气压力时送出略高于大气压力的压气设备。

一、单级活塞式压气机的压气过程

图 6-1 为一单级活塞式压气机的设备简图及理想示功图。

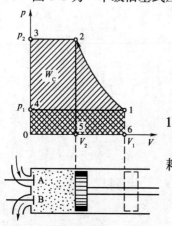

图 6-1   单级活塞式压气机的设备简图及理想示功图

图中:4-1 为进气阀门 A 打开,活塞右移,气体流入汽缸;

1-2 为进、排气门 A、B 均关闭,活塞左移,气体在汽缸内进行压缩;

2-3 为排气阀 B 打开,活塞左移,气体排出汽缸。

其中 4-1 和 2-3 是机械的移动过程,气体状态不发生变化。1-2 为压缩过程,气体状态发生变化。

压气机在整个压气过程中所消耗的功 W_C 应为各个过程消耗功的代数和。即

$$W_C = W_{进气} + W_{压缩} + W_{排气} = p_1 V_1 + \int_1^2 p \mathrm{d}V - p_2 V_2 = - \int_1^2 V \mathrm{d}p$$

相应的每生产 1kg 压缩气体,压气机消耗的功为

$$w_c = - \int_1^2 v \mathrm{d}p$$

压缩过程 1-2 有两种极限情况:一是过程进行极快,热量来不及外传或传出热量极少,可以忽略不计,即可视为绝热过程如图 6-2 中的 1-2$_s$;另一为过程进行十分缓慢,消耗压缩功所形成的热量及时经缸壁传出,使气体温度随时与外界相等,即可视为定温过程。如图 6-2 中的 1-2$_T$。实际的压缩过程通常介于上述两过程之间而接近多变压缩过程($1 < n < k$),如图 6-2 中的 1-2$_n$。

多变压气过程 $1-2_n$ 理论消耗功为

$$W_n = \frac{n}{n-1}p_1V_1\left[1-\left(\frac{p_2}{p_1}\right)^{\frac{n-1}{n}}\right] = \frac{n}{n-1}p_1V_1\left(1-\pi^{\frac{n-1}{n}}\right) \quad (6\text{-}1)$$

式(6-1)中 $\pi = p_2/p_1$ 称为增压比,即压气机出口处与入口处压力的比值。压气机每压缩 1kg 气体,上述三个压缩过程的消耗功依次为

$$w_n = \frac{n}{n-1}RT_1\left(1-\pi^{\frac{n-1}{n}}\right) \quad (6\text{-}2)$$

$$w_T = -RT_1\ln\pi \quad (6\text{-}3)$$

$$w_s = \frac{k}{k-1}RT_1\left(1-\pi^{\frac{k-1}{k}}\right) \quad (6\text{-}4)$$

图 6-2 $p\text{-}V$ 图

二、活塞式压气机余隙容积的影响

上面分析的单级活塞式压气机的工作过程,认为压缩后的气体在排气过程中全部排出汽缸。实际上,为了防止发生运动干涉,在活塞的上止点位置与汽缸盖之间应留有一定的空隙,即余隙容积(V_c),参见图6-3。

由图6-4可知,由于余隙容积 V_c 的影响,当活塞开始右移时,因汽缸内部所剩气体的压力大于大气压,进气阀不能打开,必须等到这部分气体(容积为 V_3 即 V_c)膨胀到大气压 p_1 后,才开始进气。汽缸有效容积只有 $V_1-V_4=V_e$,在每一周期工作中将少压缩(V_4-V_c)容积的气体。可见,由于 V_c 的存在,不但余隙容积本身不起压气作用,而且使另一部分汽缸容积(V_4-V_c)也不起压缩作用。这样,实际吸进气体的容积即有效容积 V_e 将小于汽缸排量 V_h。两者之比称为容积效率 η_v。

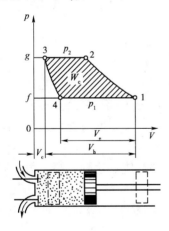

图6-3 压气机有余隙容积时的示功图

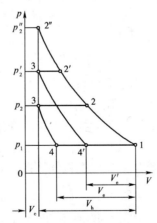

图6-4 余隙容积影响示意图

即

$$\eta_v = \frac{V_e}{V_h} = \frac{V_h+V_c-V_4}{V_h} = 1-\frac{V_c}{V_h}\left(\frac{V_4}{V_c}-1\right)$$

式中:V_c/V_h——余隙容积比。

如果过程3-4与1-2的多变指数相同,均为 n,那么:

$$\frac{V_4}{V_c} = \frac{V_4}{V_3} = \left(\frac{p_3}{p_4}\right)^{\frac{1}{n}} = \left(\frac{p_2}{p_1}\right)^{\frac{1}{n}} = \pi^{\frac{1}{n}}$$

代入上式后得

$$\eta_v = 1 - \frac{V_c}{V_h}\left(\pi^{\frac{1}{n}} - 1\right) \tag{6-5}$$

由此可见,当余隙容积比 V_c/V_h 和多变指数 n 一定时,增压比 π 越大,则容积效率 η_v 越低,当 π 增加到某一值时,容积效率为零。这时压气机工作处于既不吸气又无排气的状况。从图6-4中亦可看出,压缩气体将沿 1-2″ 线压缩和 2″-1 线膨胀而至始点。

下面讨论压气机的耗功量 W_c。如图6-3所示:

$$W_c = 面积 12341 = 面积 12gf1 - 面积 43gf4$$

即

$$W_c = \frac{n}{n-1}p_1V_1\left[1 - \left(\frac{p_2}{p_1}\right)^{\frac{n-1}{n}}\right] - \frac{n}{n-1}p_4V_4\left[1 - \left(\frac{p_3}{p_4}\right)^{\frac{n-1}{n}}\right]$$

由于 $p_1 = p_4, p_3 = p_2$,所以

$$W_c = \frac{n}{n-1}p_1(V_1 - V_4)\left[1 - \left(\frac{p_2}{p_1}\right)^{\frac{n-1}{n}}\right] = \frac{n}{n-1}p_1V_e\left[1 - \left(\frac{p_2}{p_1}\right)^{\frac{n-1}{n}}\right] \tag{6-6}$$

可见,有余隙容积后,进气容积虽减少,但所需要的功也相应减少。如果压缩同量的气体至同样的增压比($\pi = p_2/p_1$),理论上所消耗的功与无余隙容积时相同。

三、多级活塞式压气机的压气过程

从上面的分析可以看出,要想通过一级压缩就达到较高的增压比,将会显著降低压气机的容积效率。此外,p_2 越高,压缩终点的温度也越高。当温度超过润滑油的自燃点(300～350℃)时,润滑油就会自燃。一般规定压缩终点的气体温度以不超过160℃为限,若进气压力为 10^5 Pa,进气温度为20℃,压缩过程的多变指数为1.25,则单级压气机所能达到的最高压力为

$$p_2 = p_1\left(\frac{T_2}{T_1}\right)^{\frac{n}{n-1}} = 1 \times 10^5\left(\frac{273 + 160}{273 + 20}\right)^{\frac{1.25}{1.25-1}} \approx 7 \times 10^5 \text{Pa}$$

若要使用压力更高的压缩气体,显然单级压缩就无能为力了。如起动大型船舶主机所使用的压缩空气压力通常为 30×10^5 Pa 左右,按单级压缩计算,其终点温度将高达370℃,这是不能允许的。为此要获得高压气体,而又不使压缩终了温度过高,必须采用多级压气机。单级活塞式压气机的增压比一般不超过10。

多级活塞式压气机将气体在几个汽缸中连续压缩,使之达到较高压力。同时为了减少耗功,并避免压缩终了时气体温度过高,在进入下一级压缩前,将前一级排出的气体引入中间冷却器预先冷却。

图6-5所示为两级压缩、中间冷却的设备简图,图6-6所示为其工作过程。总的耗功量:$w_{cn} = w_{cn1} + w_{cn2}$

若二级的压缩指数同为 n,则

$$w_{cn} = \frac{n}{n-1}RT_1\left[1 - \left(\frac{p_2}{p_1}\right)^{\frac{n-1}{n}}\right] + \frac{n}{n-1}RT_3\left[1 - \left(\frac{p_4}{p_3}\right)^{\frac{n-1}{n}}\right]$$

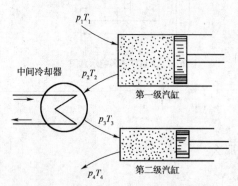

图6-5 两级压缩、中间冷却的设备简图

如果中间冷却器能使气体得到最有效冷却，使得 $T_3 = T_1$，则

$$w_{cn} = \frac{n}{n-1}RT_1\left[2 - \left(\frac{p_2}{p_1}\right)^{\frac{n-1}{n}} - \left(\frac{p_4}{p_3}\right)^{\frac{n-1}{n}}\right]$$

如果忽略气体流经管道、阀门和中间冷却器时的压力损失，即可认为第二级汽缸的进气压力等于第一级汽缸的排气压力，即 $p_3 = p_2$。所以

$$w_{cn} = \frac{n}{n-1}RT_1\left[2 - \left(\frac{p_2}{p_1}\right)^{\frac{n-1}{n}} - \left(\frac{p_4}{p_2}\right)^{\frac{n-1}{n}}\right]$$

合理选择 p_2 使耗功 w_c 最小。求 $\dfrac{\mathrm{d}w_{cn}}{\mathrm{d}p_2}$，使之等于零。则

$$\left(\frac{1}{p_1}\right)^{\frac{n-1}{n}}\left(\frac{n-1}{n}\right)p_2^{-\frac{1}{n}} - p_4^{\frac{n-1}{n}}\left(\frac{n-1}{n}\right)p_2^{\frac{1-2n}{n}} = 0$$

解得

$$p_2 = \sqrt{p_1 p_4} \,\text{或}\, \frac{p_2}{p_1} = \frac{p_4}{p_2} = \frac{p_4}{p_3} \tag{6-7}$$

如果第一级和第二级汽缸采用相同的增压比（$\pi = \dfrac{p_2}{p_1} = \dfrac{p_4}{p_3}$），那么压气机耗功为最少。此时两个汽缸消耗的功相等。压气机的耗功为每个汽缸耗功的两倍，即

$$w_{cn} = 2\frac{n}{n-1}RT_1\left(1 - \pi^{\frac{n-1}{n}}\right) \tag{6-8}$$

由于有中冷器，减少耗功量为图 6-6 中面积 2-3-4-4'-2。

类似地，如果对 m 级的多级压气机，各级增压比应这样选取：

$$\pi = \sqrt[m]{\frac{p_{max}}{p_{min}}} \tag{6-9}$$

式中：p_{max}——末级汽缸排出压力；

$\quad\quad p_{min}$——第一级汽缸的进气压力。

这时压气机的耗功为每一级汽缸耗功的 m 倍，即

$$w_{cn} = m\frac{n}{n-1}RT_1\left(1 - \pi^{\frac{n-1}{n}}\right) \tag{6-10}$$

多级压缩、级间冷却的温熵图如图 6-7 所示。图中面积 a 表示各级汽缸在多变压缩过程中通过缸壁向外界放出的热量；面积 b 表示气体被压缩后在各个中间冷却器中放出的热量。

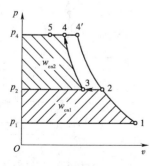

图 6-6　示功图大小的比较

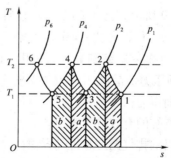

图 6-7　多级压缩、级间冷却的温熵图

根据开口系的能量方程式：

$$w_c = w_t = q - \Delta h$$

气体从进入各级汽缸到流出各中间冷却器，温度不变（$T_1 = T_3 = T_5 \cdots$）因而焓亦未变（$\Delta h = 0$，假设是理想气体），所以 $w_c = q = $ 面积$(a+b)$。即气体在各级汽缸和各中冷器中放出的热量[即面积$(a+b)$]，必定等于各级汽缸消耗的功(w_c)。

四、叶轮式压气机的压缩过程

叶轮式压气机是回转式压气机的最常见形式。它可以分为离心式和轴流式两大类。其共同优点是工作连续、结构紧凑、输气均匀、运转平稳、机械效率高、产气量大。缺点主要是每级增压比小，如需要得到较高的压力，则所需级数甚多。

叶轮式压气机对气体的压缩过程与活塞式不同，它是分为两步完成的。第一步是通过

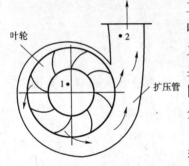

叶轮

扩压管

图 6-8 离心式压气机

工作叶片把机械能传给气体以增加其动能。第二步在导向叶片（或扩压管）间靠气流的动能压缩气体增压。不过从热力学观点来分析其气体的状态变化过程，则与活塞式完全无异。都是气体接受了外界的机械能而被压缩，而且压缩过程同样很接近于绝热过程。下面以离心式压气机为例进行分析。

气流沿轴向进入离心式压气机（图6-8）。高速旋转的叶轮使气体靠离心力的作用加速，然后在扩压管中降低速度以提高压力。

对于绝热压气机，其耗功为

$$w_c = h_1 - h_2 \tag{6-11}$$

若被压缩气体是定比热容理想气体，则

$$w_c = c_p(T_1 - T_2) \tag{6-12}$$

如果压缩过程是可逆的，（即定熵压缩），则

$$w_c = \frac{k}{k-1} p_1 v_1 \left(1 - \pi^{\frac{k-1}{k}}\right) \tag{6-13}$$

对定比热容理想气体的定熵压缩，则得

$$w_c = \frac{k}{k-1} R T_1 \left(1 - \pi^{\frac{k-1}{k}}\right) \tag{6-14}$$

【**例 6-1**】 一台三级压缩、中间冷却的活塞式压气机装置的 p-V 图，如图 6-9 所示。已知低压汽缸直径 $D = 450\text{mm}$，活塞行程 $s = 300\text{mm}$，余隙容积百分比 $c = 0.05$。空气初态为 $p_1 = 0.1\text{MPa}$、$t_1 = 18\text{℃}$，经可逆多变压缩到 $p_4 = 1.5\text{MPa}$，设各级多变指数 $n = 1.3$。假定中间压力值最佳、中间冷却最充分。试求：

(1) 各中间压力；

(2) 低压汽缸的有效进气容积；

(3) 压气机的排气温度和排气容积；

(4) 压气机所需的比功量；

(5) 若采用单级压气机一次压缩到 $p_4 = 1.5\text{MPa}$（$n = 1.3$）

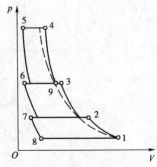

图 6-9 三级压缩、中间冷却的活塞式压气机装置

$(n=1.3)$时,则所需的比功量和排气温度各为多少?

解:(1)各中间压力。

按压气机耗功量最小的原理,其各级的增压比为

$$\pi_1 = \pi_2 = \pi_3 = \sqrt[3]{\frac{p_4}{p_1}} = \sqrt[3]{\frac{15}{1}} = 2.466$$

即

$$\frac{p_2}{p_1} = \frac{p_3}{p_2} = \frac{p_4}{p_3} = 2.466$$

$$p_2 = 2.466p_1 = 2.466 \times 0.1 = 0.247\text{MPa}$$

$$p_3 = 2.466p_2 = 2.466 \times 0.247 = 0.608\text{MPa}$$

(2)低压缸的有效进气容积$(V_1 - V_8)$。

低压缸活塞的排量容积为

$$V_1 - V_7 = \frac{\pi D^2}{4}s = \frac{\pi \times 0.45^2}{4} \times 0.3 = 0.0477\text{m}^3$$

低压缸余隙容积百分比为

$$c = \frac{V_7}{V_1 - V_7} = 0.05$$

$$V_7 = 0.05(V_1 - V_7) = 0.05 \times 0.0477 = 0.00239\text{m}^3$$

$$V_1 = (V_1 - V_7) + V_7 = 0.0477 + 0.00239 = 0.04909\text{m}^3$$

按可逆多变膨胀过程7-8参数间关系,得

$$V_8 = V_7 \left(\frac{p_7}{p_8}\right)^{\frac{1}{n}} = 0.00239 \times \left(\frac{2.466}{1}\right)^{\frac{1}{1.3}} = 0.00478\text{m}^3$$

$$V_1 - V_8 = 0.04909 - 0.00478 = 0.04431\text{m}^3$$

(3)压气机的排气温度t_4及排气容积$(V_4 - V_7)$。

按可逆多变压缩过程9-4参数间关系得

$$T_4 = T_9 \left(\frac{p_4}{p_9}\right)^{\frac{n-1}{n}}$$

因为中间冷却是充分的,$T_9 = T_1 = 291\text{K}$,又$p_9 = p_3$,所以

$$T_4 = 291 \times (2.466)^{\frac{1.3-1}{1.3}} = 358.5\text{K}$$

$$t_4 = 85.5\text{℃}$$

按进、排气状态方程得

$$\frac{p_1(V_1 - V_8)}{T_1} = \frac{p_4(V_4 - V_7)}{T_4}$$

$$V_4 - V_7 = \frac{p_1 T_4}{p_4 T_1}(V_1 - V_8) = \frac{1 \times 358.5}{15 \times 291} \times 0.04431 = 0.003639\text{m}^3$$

(4)压气机所需的比功量。

$$w_n = 3\frac{n}{n-1}RT_1\left[1 - \left(\frac{p_2}{p_1}\right)^{\frac{n-1}{n}}\right]$$

$$= 3\frac{1.3}{1.3-1}0.287 \times 291(1 - 2.466^{\frac{1.3-1}{1.3}})$$

$$= -251.4\text{kJ/kg}$$

（5）单级可逆多变压缩时所需的比功量及排气温度。

$$w_{\text{n}} = \frac{n}{n-1}RT_1\left[1 - \left(\frac{p_4}{p_1}\right)^{\frac{n-1}{n}}\right]$$

$$= \frac{1.3}{1.3-1}0.287 \times 291\left[1 - \left(\frac{15}{1}\right)^{\frac{1.3-1}{1.3}}\right]$$

$$= -314.2\text{kJ/kg}$$

$$T_4 = T_1\left(\frac{p_4}{p_1}\right)^{\frac{n-1}{n}} = 291\left(\frac{15}{1}\right)^{\frac{1.3-1}{1.3}} = 543.6\text{K}$$

$$t_4 = 270.6\text{℃}$$

计算结果表明,单级压气机不仅比多级压气机耗功多,而且排气温度也高得多。

第二节　活塞式内燃机循环

一、概说

在热力发动机中,能量的转变包括两个不同的阶段。第一个阶段是燃料经燃烧把化学能转变为热能,第二阶段是把热能转变为机械能。对于外燃式热机来说,这二个阶段是分开的,第一个阶段是燃料和空气在锅炉中燃烧产生烟气,第二个阶段是烟气把热能传给水,使之变成水蒸气,进入汽轮机产生动力。对于内燃式热机,这两个阶段是结合在一起的。在热机中膨胀做功的工质就是燃烧产物本身,内燃机本身就成为完整的动力装置。和外燃机(如蒸汽机)相比,内燃机的结构紧凑,运行时需要用水量少,操作方便,起动迅速,是一种轻便的热能动力装置,被广泛应用在汽车和拖拉机、地质钻探机械和土建施工机械、农田灌溉、林业采伐和加工工业以及船舶动力等方面。就输出的总功率而言,内燃机在各种动力装置中居绝对领先地位。

按照循环时冲程数的不同,内燃机可分为四冲程和两冲程。按着火方式的不同,又可分为点燃式和压燃式两类。按使用燃料的不同,还可分为汽油机、柴油机和煤气机等。

现有的内燃机都是开式的,由大气吸入空气后,经过和燃料的混合、燃烧、燃气做功后以废气的形式排到大气中,第二个循环要另行吸入新鲜空气。所以实际循环具有开放性、复杂性和不可逆性的特点。工程热力学中常近似地用一系列典型的、简单的、可逆的过程来代替,这些过程相互衔接形成一个封闭的理想循环。这种处理办法可以简化问题,能突出主要因素,同时可以比较方便地进行热力学分析和计算。我们把内燃机具有不同燃烧方式的各类循环归纳成三类理想循环:①定容加热循环;②定压加热循环;③混合加热循环。

二、混合加热理想循环

混合加热理想循环,简称混合循环,是柴油机实际工作循环的理想循环。

图6-10为一台四冲程柴油机的实际循环示功图,当活塞从最左端(即上止点)右移时,进气门打开,空气被吸入汽缸。由于进气系统中的阻力使汽缸中的压力稍低外界大气压力。这一过程称为进气过程。即图中的 $a{\rightarrow}b$。然后活塞从最右端(即下止点)向左移动,这时进

气门和排气门均关闭,空气被压缩,此时缸内的温度、压力同时升高。这一过程即图中的 $b \rightarrow c$,接近于绝热压缩过程。当活塞即将到达上止点时,由喷油嘴向汽缸中喷油,柴油遇到高温的压缩空气立即迅速燃烧,温度、压力急剧上升,以致使活塞在上止点附近移动极微,因此这一过程,即图的中 $c \rightarrow d$,接近于定容燃烧过程。接着活塞开始右移,燃烧继续进行,直到喷进汽缸的燃料燃烧完为止,这一段时期汽缸中的压力变化不大,因此这一过程,即图中的 $d \rightarrow e$,接近于定压燃烧过程。此后,活塞继续右移,燃烧后的气体膨胀做功。这一过程,即图中的 $e \rightarrow f$,接近于绝热膨胀过程。当活塞接近下止点时,排气门打开,汽缸中的气体冲出汽缸,压力突然下降,而活塞还几乎停留在下止点附近。因此这一过程,即图中 $f \rightarrow g$,接近于定容排气放热过程。

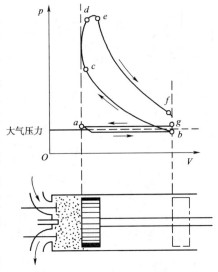

图 6-10 四冲程柴油机的实际循环示功图

最后,活塞由下止点向左移动,将剩余在汽缸中的废气排出。这时由于排气系统中的阻力而使汽缸中的气体的压力略高于大气压力,这一过程,称为排气过程,即图中的 $g \rightarrow a$。这样,当活塞往返四次后,第二次回到上止点时,便完成了一个循环。此后,便是循环的不断重复。

根据以上柴油机工作循环的分析,可见它并不是闭合循环,也不是可逆循环。

对上述实际工作循环加以合理的抽象和概括,就可以使之成为闭合的、可逆的理想循环,即得到混合加热理想循环。这些抽象和概括,归纳为以下假定:

(1)以性质和燃气相似的空气来作为工质,又由于工质在循环中温度较高而压力并不高,故可将空气作为理想气体,并把比热容作为定值来处理。

(2)近似假定图 6-10 中 $a \rightarrow b$ 与 $g \rightarrow a$ 与大气压力线重合,进气过程中得到的功和排气过程中需要的功相互抵消,因此可以认为工作循环既不进气也不排气,即把一个开式循环,理想化为闭式循环。

(3)将汽缸内部的燃烧过程,看作从汽缸外部向工质的加热过程,即把定容燃烧与定压燃烧过程分别用定容加热和定压加热过程来代替。

(4)略去压缩和膨胀过程中工质与缸壁的热交换。近似地认为是绝热压缩和绝热膨胀,并且不考虑摩擦,即认为是定熵压缩和膨胀过程。

这样,我们把一个图 6-10 所示的内燃的、不可逆的开式循环变换成了一个图 6-11 所示的外燃的、可逆的闭式循环。

图 6-11 为混合加热理想循环 123451。其中 $1 \rightarrow 2$ 为定熵压缩过程,$2 \rightarrow 3$ 为定容加热过程,$3 \rightarrow 4$ 为定压加热过程,$4 \rightarrow 5$ 为定熵膨胀过程,$5 \rightarrow 1$ 为定容放热过程。

混合加热循环的 $T\text{-}s$ 图如图 6-12 所示。它的热效率为

$$\eta_t = 1 - \frac{q_2}{q_1} = 1 - \frac{q_2}{q_{1v} + q_{1p}}$$

而

$$q_{1v} = c_v (T_3 - T_2)$$

$$q_{1p} = c_p (T_4 - T_3)$$

$$q_2 = c_v (T_5 - T_1)$$

所以

$$\eta_t = 1 - \frac{c_v(T_5 - T_1)}{c_v(T_3 - T_2) + c_p(T_4 - T_3)} = 1 - \frac{T_5 - T_1}{(T_3 - T_2) + k(T_4 - T_3)} \tag{6-15}$$

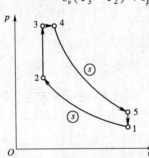

图 6-11　混合加热理想循环 $p\text{-}v$ 图

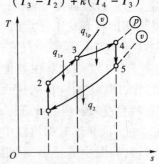

图 6-12　混合加热理想循环 $T\text{-}s$ 图

引入表征循环特性的三个参数：

压缩比为 $\qquad\qquad\qquad\qquad\qquad \varepsilon = \dfrac{v_1}{v_2}$

压升比为 $\qquad\qquad\qquad\qquad\qquad \lambda = \dfrac{p_3}{p_2}$

预胀比为 $\qquad\qquad\qquad\qquad\qquad \rho = \dfrac{v_4}{v_3}$

因为过程 1-2 为定熵过程，所以

$$T_2 = T_1 \left(\frac{v_1}{v_2}\right)^{k-1} = T_1 \varepsilon^{k-1}$$

因为过程 2-3 为定容过程，所以

$$T_3 = T_2 \frac{p_3}{p_2} = T_1 \varepsilon^{k-1} \lambda$$

因为过程 3-4 为定压过程，所以

$$T_4 = T_3 \frac{v_4}{v_3} = T_1 \varepsilon^{k-1} \lambda \rho$$

因为过程 4-5 为定熵过程，所以

$$T_5 = T_4 \left(\frac{v_4}{v_5}\right)^{k-1} = T_4 \left(\frac{v_3 \rho}{v_1}\right)^{k-1} = T_4 \left(\frac{v_2 \rho}{v_1}\right)^{k-1} = T_1 \varepsilon^{k-1} \lambda \rho \left(\frac{\rho}{\varepsilon}\right)^{k-1} = T_1 \lambda \rho^k$$

把以上 T_2、T_3、T_4、T_5 的表达式代入式(6-15)得

$$\eta_t = 1 - \frac{T_1 \lambda \rho^k - T_1}{(T_1 \varepsilon^{k-1} \lambda - T_1 \varepsilon^{k-1}) + k(T_1 \varepsilon^{k-1} \lambda \rho - T_1 \varepsilon^{k-1} \lambda)}$$

化简后可得

$$\eta_t = 1 - \frac{1}{\varepsilon^{k-1}} \cdot \frac{\lambda \rho^k - 1}{(\lambda - 1) + k\lambda(\rho - 1)} \tag{6-16}$$

式(6-16)结果说明：如果压升比 λ 和预胀比 ρ 不变，混合循环的热效率将随压缩比 ε 的增大而增大。这从 $T\text{-}s$ 图上也可以看出。图 6-13 中循环 $12'3'4'51$ 比循环 123451 具有较高的平均吸热温度（$T'_{m1} > T_{m1}$；平均放热温度相同），从而具有较高的热效率（$\eta'_t > \eta_t$）。图 6-14 中的曲线表示混合加热循环的热效率随压缩比变化的情况。

为了保证汽缸中的空气在压缩终了时具有足够高的温度，保证柴油机的冷起动性能，同时也为了获得较高的热效率,柴油机的压缩比一般较高,多为14~20。

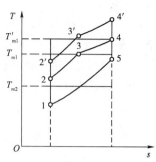

图6-13 压缩比对T-s图的影响

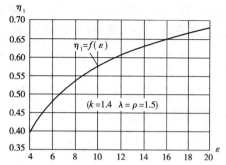

图6-14 混合加热循环的热效率随压缩比变化的情况

压升比λ和预胀比ρ对混合加热循环热效率的影响如图6-15所示。从图中可以看出:提高压升比、降低预胀比,可以提高混合加热循环的热效率。

三、定容加热循环和定压加热循环

对于汽油机而言,燃料是预先和空气混合好再进入汽缸的,然后在压缩终了用电火花点燃。一经点燃,燃烧过程进行得非常迅速,几乎在一瞬间完成,活塞基本上停留在上止点未动,因此汽油机的燃烧过程可以看作定容加热过程。其他过程则和混合加热循环相同。

这种定容循环在热力学分析上可以看作是当预胀比ρ=1时的混合加热循环的特例。当ρ=1时,$v_4 = v_3$,3与4重合,混合加热循环便成了定容加热循环(图6-16、图6-17)。把ρ=1代入到式(6-16),可得定容加热循环的理论热效率的计算式,即

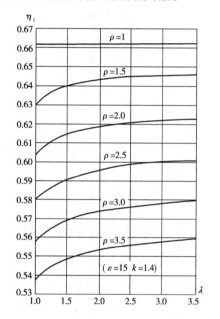

图6-15 压升比λ和预胀比ρ对混合加热循环热效率的影响

$$\eta_{tv} = 1 - \frac{1}{\varepsilon^{k-1}} \tag{6-17}$$

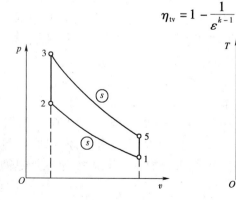

图6-16 定容加热循环p-v图

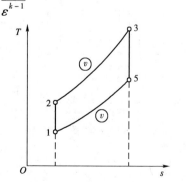

图6-17 定容加热循环T-s图

从式(6-17)可知:η_{tv}随着ε的升高而增加.但由于这种点燃式内燃机中被压缩的是燃料和空气的混合物,当压缩比ε过高时,会使压缩终了的温度和压力太高,容易引起不正常

燃烧(爆震),不仅会降低热效率,而且会损坏发动机。所以点燃式内燃机的压缩比都比较低,一般为 6～10,远低于压燃式内燃机(柴油机)的压缩比(14～20)。

另外,有些高增压柴油机及船用高速柴油机,它们的燃烧过程主要在活塞离开汽缸上止点后的一段行程中进行。这时一边燃烧,一边膨胀,整个燃烧过程中汽缸内气体的压力基本不变,相当于定压加热。这种定压加热循环,也可看作当 $\lambda = 1$ 时的混合加热循环的特例。3 与 2 重合,混合加热循环便成了定压加热循环(图 6-18、图 6-19)。令式(6-16)中 $\lambda = 1$,即可得定压加热循环的理论热效率计算式为

$$\eta_{tp} = 1 - \frac{1}{\varepsilon^{k-1}} \cdot \frac{\rho^k - 1}{k(\rho - 1)} \tag{6-18}$$

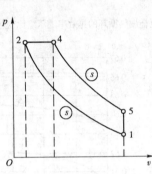

图 6-18 定压加热循环 p-v 图

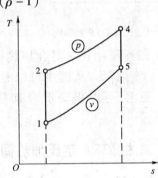

图 6-19 定压加热循环 T-s 图

从式(6-18)可以看出,当 ρ 不变时,则 η_{tp} 随压缩比 ε 的升高而加大;当 ε 不变时,η_{tp} 则随预胀比 ρ 的增大而下降。

四、活塞式内燃机各种循环的比较

上面讨论的活塞式内燃机的三种循环,它们的工作条件并不相同。为了对它们进行比较,尚需给定某些相同的条件,一般以压缩比、加热量、最高压力、最高温度等相同作为比较标准。最常用的比较方法是应用温熵图。

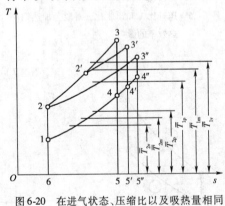

图 6-20 在进气状态、压缩比以及吸热量相同时的比较

1. 在进气状态、压缩比以及吸热量相同的条件下进行比较

图 6-20 画出了符合上述比较条件的三种理想循环。图中 12341 为定容加热循环;122′3′4′1 为混合加热理想循环;123″4″1 为定压加热循环。按所给的条件,三种循环的吸热量相同,即

$$q_{1v} = q_1 = q_{1p}$$

即

面积 23562 = 面积 22′3′5′62 = 面积 23″5″62

从图中可以明显看出,定容加热循环放出的热量最少,混合加热循环次之,定压加热循环放出的热量最多,即

$$q_{2v} < q_2 < q_{2p}$$

即

面积 14561 < 面积 14′5′61 < 面积 14″5″61

根据循环热效率公式 $\eta_t = 1 - \dfrac{q_2}{q_1}$，可知

$$\eta_{tv} > \eta_{tm} > \eta_{tp}$$

同样，也可从循环的平均吸热温度和平均放热温度来比较，从图中可以看出：

$$\overline{T}_{1v} > \overline{T}_{1m} > \overline{T}_{1p}$$

$$\overline{T}_{2v} < \overline{T}_{2m} < \overline{T}_{2p}$$

因为 $\eta_t = 1 - \dfrac{\overline{T}_{2m}}{\overline{T}_{1m}}$，所以同样可以得到上述结果。

事实上，由于三种循环的实际压缩比各不相同，上述结果不符合内燃机循环的实际情况。但是上面的比较结果，说明从热力学角度来分析，定容加热比定压加热对循环更有利。

2. 在进气状态、最高温度 T_{max} 和最高压力 p_{max} 相同的条件下进行比较

图 6-21 给出了符合上述比较条件的三种理想循环。图中 12341 为定容加热循环；12'3'341 为混合加热循环；12″341 为定压加热循环。从图中可以看出，三种循环排出的热量都相同。即

$$q_{2v} = q_2 = q_{2p} = 面积\ 14651$$

三种循环吸热的热量则不同，定压加热循环吸热量最多，混合加热循环次之，定容加热循环吸热最少。即

$$q_{1p} > q_1 > q_{1v}$$

即

$$面积\ 2″3652″ > 面积\ 2'3'3652' > 面积\ 23652$$

所以循环的热效率为

$$\eta_{tp} > \eta_{tm} > \eta_{tv}$$

此外，也可从循环的平均吸热温度和平均放热温度来比较，从图中可以看出：

$$\overline{T}_{1p} > \overline{T}_{1m} > \overline{T}_{1v}$$

而

$$\overline{T}_{2p} = \overline{T}_{2m} = \overline{T}_{2v}$$

因为 $\eta_t = 1 - \dfrac{\overline{T}_{2m}}{\overline{T}_{1m}}$，所以同样可以得到上述结果。

所以，在内燃机的热负荷和机械负荷受到限制的情况下，采用定压加热循环更有利。

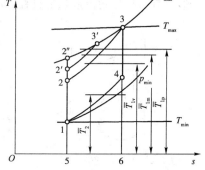

图 6-21　在进气状态、最高温度和最高压力相同时的比较

第三节　增压内燃机及其循环

为了增加内燃机每一次循环所做的功，提高内燃机的功率，可以利用专门的压气机提高空气的压力及密度，然后送入内燃机汽缸，从而使相同的汽缸容积内充入更多的空气量，这就是内燃机增压技术。柴油机采用增压后，功率可增高 30% ~ 100%，甚至更多；由于汽油机采用增压容易发生爆震现象，因此除了用于空气稀薄处（如高原地区）外，传统汽油机一般不采用增压。而最新的一些先进的汽油机（如缸内直喷式汽油机）有部分采用了废气涡轮增加技术，其功率可提高 20% 以上。

用于增压的压气机称为增压器，它可由内燃机的曲轴带动，也可由一种依靠内燃机废气

能量工作的小型燃气轮机,即废气涡轮来驱动。由于内燃机中,其排气温度和压力表明排气具有很大的能量,利用内燃机排气的能量,通过涡轮机和压气机组合在一起的涡轮的增压装置可以用来提高内燃机的进气压力,从而可以大幅度地提高内燃机的功率,改善工作过程,提高各方面的性能,其结构如图 6-22 所示。

废气涡轮增压柴油机的工作过程为:当废气由汽缸流入排气总管时,汽缸内气体减少的热力学能将转变为流入排气管气体的焓,然后气体进入废气涡轮,在其中绝热膨胀到大气压力后排入大气。在废气涡轮中气体焓的减少转变为废气涡轮的轴功输出,用于驱动增压器。在增压器中,从大气吸入的空气经绝热压缩提高压力及提高焓值后,送往内燃机作为内燃机的工质。

废气涡轮增压内燃机的理想循环如图 6-23 所示,其中循环 1-2-3-4-5-1 为内燃机的混合加热循环,过程 5-1 即为内燃机定容排气而汽缸内气体热力学能减少的过程。过程 1-6 为废气涡轮定压进气而其中气体的焓增加的过程,该过程中增加的焓的数值应等于过程 5-1 中内燃机汽缸内气体热力学能减小的数值。过程 6-7 为废气涡轮中气体的绝热膨胀过程,过程 7-8 为废气在大气中定压放热的过程,过程 8-1 为增压器中气体的绝热压缩过程。

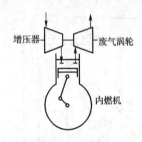

图 6-22　增压内燃机示意图

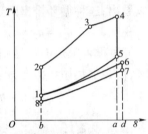

图 6-23　废气涡轮增压内燃机的理想循环

压气机将气体从状态 8(大气压力 p_0)等熵压缩到状态 1 之后进入内燃机。按内燃机热力循环到达状态 5。气体在排气过程进入涡轮时由于排气门的节流损失和排气动能在排气总管内的膨胀、摩擦、涡流等损失而变成热能,气体温度升高,体积膨胀而到达状态 6。气体从 5-6 这部分能量没有利用,对内燃机来说相当于从状态 5 直接回到状态 1。气体在涡轮中从状态 5 等熵膨胀到状态 6,然后排入大气。实际上,该理想循环就相当于内燃机的混合加热循环和一个燃气轮机定压加热循环叠加而成。关于燃气轮机循环的分析这里不详细讨论。

思　考　题

1. 考虑到活塞式压气机余隙容积的影响,压气机的耗功和产气量如何变化?

2. 画出柴油机混合加热理想循环的 p-v 图和 T-s 图,写出该循环吸热量、放热量、净功量和热效率的计算式;并分析影响其热效率的因素有哪些,与热效率的关系如何?

3. 画出汽油机定容加热理想循环的 p-v 图和 T-s 图,写出该循环吸热量、放热量、净功量和热效率的计算式,分析如何提高定容加热理想循环的热效率? 是否受到限制?

4. 怎样合理比较内燃机 3 种理想循环(混合加热循环、定容加热循环和定压加热循环)热效率的大小? 比较结果如何?

5. 如果由于应用汽缸冷却水套以及其他冷却办法,汽缸中已经能够按定温过程进行压缩,这时是否还需要用分级压缩? 为什么?

6. 压气机按定温压缩时,气体对外放出热量;当按绝热压缩时,不向外放热。为什么定温压缩反较绝热压缩更为经济?

7. 如图 6-24 所示的压缩过程 1-2,若是可逆的,则这一过程是什么过程? 它与不可逆绝热压缩过程 1-2 的区别何在? 两者之中哪一过程消耗功大? 为什么? 大多少?

8. 内燃机循环在理想化以后都可以当作可逆循环来分析,为什么所得到的热效率又各不相同,且都不等于$(T_1 - T_2)/T_1$,这个事实与卡诺定理矛盾吗?

9. 在活塞式内燃机循环中,如果绝热膨胀过程不是在状态 5 结束(图 6-25),而 是继续膨胀到状态 6($p_6 = p_1$),那么循环的热效率是否会提高? 试用 T-s 图加以分析。

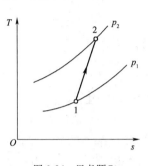 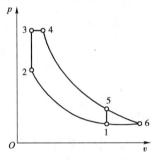

图 6-24 思考题 7   图 6-25 思考题 9

10. 试述增压内燃机与非增压机相比有哪些优点?

习 题

1. 空气为 $p_1 = 1 \times 10^5 \mathrm{Pa}, t_1 = 50℃, V_1 = 0.032\mathrm{m}^3$,进入压气机按多变过程压缩至 $p_2 = 32 \times 10^5 \mathrm{Pa}, V_2 = 0.0021\mathrm{m}^3$。试求:(1)多变指数 n;(2)压气机的耗功;(3)压缩终了空气温度;(4)压缩过程中传出的热量。

2. 某单级活塞式压气机每小时吸入的空气量 $V_1 = 140\mathrm{m}^3/\mathrm{h}$,吸入空气的状态参数是 $p_1 = 10^5 \mathrm{Pa}, t_1 = 27℃$。输出的空气压力 $p_2 = 6 \times 10^5 \mathrm{Pa}$。试按下列三种情况计算压气机所需的理想功率(以 kW 表示):(1)定温压缩;(2)绝热压缩(设 $k = 1.4$);(3)多变压缩(设 $n = 1.2$)。

3. 三台空气压缩机的余隙容积比均为 6%,进气状态均为 $10^5 \mathrm{Pa}, 27℃$,出口压力均为 $5 \times 10^5 \mathrm{Pa}$,但压缩过程指数分别为:$n_1 = 1.4, n_2 = 1.25, n_3 = 1$。试求:各压气机的容积效率(假设膨胀指数与压缩过程相同)。

4. 已知活塞式内燃机定容加热循环的进气参数 $p_1 = 0.1\mathrm{MPa}, t_1 = 50℃$,压缩比 $\varepsilon = 6$,加入的热量 $q_1 = 750\mathrm{kJ/kg}$。试求循环的最高温度、最高压力、压升比、循环的净功和理论热效率。认为工质是空气,并按定比热容理想气体计算。

5. 某狄塞尔循环的压缩比是 19:1,输入每千克空气的热量 $q_1 = 800\mathrm{kJ/kg}$。若压缩起始时状态是 $t_1 = 25℃$、$p_1 = 100\mathrm{kPa}$,计算:(1)循环中各点的压力、温度和质量体积;(2)预胀比;(3)循环热效率,并与同温限的卡诺循环热效率作比较;(4)平均有效压力。假定气体的比热容为定值,且 $c_p = 1005\mathrm{J/(kg \cdot K)}$、$c_v = 718\mathrm{J/(kg \cdot K)}$。

6. 内燃机定压加热循环,工质视为空气,已知其进气压力为 0.1MPa,进气温度为 70℃,压缩比为 12,预胀比为 2.5。设比热容为定值,取空气的比热容比为 1.4,定压比热容为 $1.004\mathrm{kJ/(kg \cdot K)}$。求循环的吸热量、放热量、净功量和热效率。

7. 活塞式内燃机的混合加热循环,已知其进气压力为 0.1MPa,进气温度为 330K,压缩比为 16,最高压力为 6.8MPa,最高温度为 1980K。求加入每千克工质的热量、压升比、预胀比、循环的净功和理论热效率。认为工质是空气,并按定比热容理想气体计算。

第七章　水蒸气和湿空气

第一节　水蒸气的热力性质

在热力工程中,水蒸气是被广泛采用的一种工质,其最基本的特点是离液态不远,当被冷却或压缩时很容易变回液态。分子之间的相互作用力和分子本身所占有的容积都不能忽略,所以水蒸气不能当作理想气体看待,它是实际气体。水蒸气的性质较理想气体的性质复杂得多,其状态方程难以用简单的数学式来描述。所以,在热力工程中,主要是通过应用经过实验和计算所绘制出来的图表来进行有关水蒸气的热力计算。

本节将主要介绍水蒸气的基本概念、水蒸气图表的应用以及水蒸气的基本热力过程。

一、水蒸气的基本概念

在研究水蒸气的热力性质时,常遇到以下几个概念,先加以说明。

1. 汽化

液体转变为蒸气的过程称为汽化。反之蒸气(或气体)转变为液体的现象称为液化或凝结。汽化有两种方式,一种为蒸发,另一种为沸腾。

(1)蒸发。蒸发是在液体表面上缓慢进行的汽化现象。任何温度下,蒸发都可以进行,只是蒸发的快慢不同而已。蒸发时,由于动能较高的分子离开了液体,液体内部分子的平均动能必然减小,因此,液体的温度会降低。如要维持液体的温度不变,就需要对液体加热。

(2)沸腾。沸腾是汽化的另一种方式。在一定压力下对液体加热,当其达到一定相应温度时,液体内部随即产生大量的气泡,气泡上升到液面破裂而放出大量蒸气,这种在液体内部和表面进行的剧烈的汽化现象称为沸腾。实验证明,液体在沸腾时,如压力保持不变,虽对其继续加热,但其温度仍保持不变,而且蒸气和液体温度相同。液体沸腾时的温度称为沸点。

2. 饱和状态

装在开口容器里的液体,由于不断蒸发,不久就会干掉;但是装在封闭容器里的液体就不会减少。这是因为装在开口容器里的液体,它的分子不断从液面飞走,并不断向周围空间扩散,故液体就会逐渐蒸干。在封闭容器里,从液面飞出来的分子,不可能扩散到其他地方去,它只能聚集在液面上方的空间里作无规则的热运动。这些分子,由于它们相互之间与容器壁面之间以及与液面之间的碰撞,随时可能有一部分分子又回到液体中去。开始汽化时,离开液体的分子数比回到液体里的分子数多。随着时间推移,液面上方蒸气分子的密度就逐渐增大,同时回到液体里的分子数也逐渐增多。最后达到这样一种状况:在同一时间内,从液体里飞出的分子数等于回到液体里的分子数。这时，蒸发与凝结虽仍在进行，但液面上方空间里的蒸气分子数既不增加也不减少，即气液两相处于动态平衡状态。这种状态称为饱和状态。处于饱和状态的液体和蒸气分别为饱和液体和饱和蒸气。饱和蒸气的压力称为饱和压力，以符号 p_s 表示。相应的温度称为饱和温度，以符号 t_s 或 t_{sat} 表示。未达到饱和的液体和蒸气，分别称为未饱和液体和未饱和蒸气。

实验指出，一定温度下的饱和蒸气，其分子的浓度和分子平均动能都是定值，因此，该饱和蒸气的压力也是一个定值。温度升高，蒸气分子浓度增大，相应的蒸气压力也升高。所以，对应于一定的温度就有一确定的饱和压力。换言之，对应于一定的压力，也就有一确定的饱和温度。其具体的对应关系由物质的性质而定。对于水，可用下式表示：

$$t_s = 178.7 \sqrt[4]{p_s} - 0.6p_s$$

式中，p_s 的单位为 MPa，t_s 的单位为℃。这个函数关系也可在 $p\text{-}t$ 图上用曲线表示出来，如图 7-1 所示。

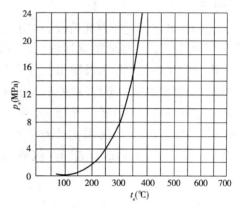

图 7-1　饱和温度与饱和压力曲线关系

二、定压下水蒸气的形成过程

1. 定压下水蒸气产生过程的三个阶段

工程和生活上所用的水蒸气是由锅炉在压力不变的情况下对水加热产生的。为了便于分析问题，假定水是在汽缸内进行定压加热，这与水在锅炉中的定压加热过程大体上是一样的。

设有 1kg0℃的未饱和水，装在带有活塞的汽缸中，活塞上施加一个不变的压力 p，并对其加热，使水变为蒸汽的过程均保持在一定的压力 P 下。如图 7-2 所示，过程可分为以下三个阶段。

（1）未饱和水的预热阶段。1kg0℃的水，压力为 p 时，其状态用 p、v_0、t_0 表示。因水的温度低于压力 p 下所对应的饱和温度（$t_0 < t_s$），所以该状态的水称为未饱和水，它对应图 7-2 上方 $t\text{-}v$ 坐标图上的 a 点。对未饱和水加热，其温度升高质量体积也增大，但因为水的膨胀性很小，所以质量体积的增加并不明显。当水温升高到压力 p 所对应的饱和温度 t_s 时，这时的水就是饱和水，其状态为 p、v'、t_s，如图 7-2 中的 b 点所示。图 7-2 中的 $a\text{-}b$ 线段即是未饱和水的预热过程线。它表示将 0℃的未饱和水加热到饱和水的过程。把 1kg0℃的未饱和水加热为饱和水所需要的热量称为液体热或预热热，用 $q_{液}$ 表示。因为定压过程所吸收的热量可用焓差来表示，所以：

$$q_{液} = h' - h_0$$

式中：h'——饱和水的焓，kJ/kg；

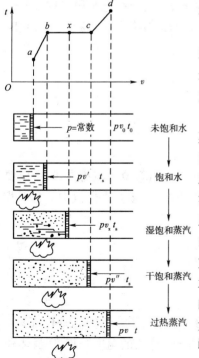

图 7-2　定压下水蒸气的几种状态

h_0——0℃ 未饱和水的焓,kJ/kg。

液体热也可以用定压比热容求出,即

$$q_{液} = \int_0^{t_s} c_p \mathrm{d}t$$

在 p 和 t 都不太高时,可取 c_p = 常数简化计算。一般取 $c_p = 4.1868\mathrm{kJ/(kg \cdot K)}$。

但在高温高压范围内水的比热容变化很大,此时 c_p 是 p 和 t 的函数,具体数值可查专门的图册。

(2)饱和水的定压汽化阶段。在不变的压力 P 作用下,对饱和水继续加热,水开始沸腾并逐渐变为蒸汽。随着加热过程的进行,汽缸中的水量不断减少,而蒸汽量不断增多。此时,汽缸中存在着饱和水及饱和水蒸气的混合物,称为湿饱和蒸汽。再继续加热,直到汽缸中最后一滴水也变为蒸汽,这种不含水分的饱和蒸汽,称为干蒸汽。在整个由饱和水到干饱和蒸汽的过程中,温度始终保持 t_s 不变,质量体积却明显增大。图 7-2 中的 c 点对应着干饱和蒸汽的状态点,其状态用 p、v''、t_s 描述。图 7-2 中 $b-c$ 线段即是饱和水的定压汽化过程线。把 1kg 饱和水变成 1kg 干饱和蒸汽所需的热量称为汽化潜热,或简称汽化热,以 γ 表示。即

$$\gamma = h'' - h'$$

式中:h''——干饱和蒸汽的焓,kJ/kg。

由于汽化过程维持饱和温度 T_s 不变,根据 $\delta q = T\mathrm{d}s$,汽化热也可按下式计算:

$$\gamma = T_s(s'' - s')$$

式中:s'——饱和水的熵,kJ/(kg·K);

s''——干饱和蒸汽的熵,kJ/(kg·K)。

汽化潜热主要消耗于两个方面:一为内汽化热,用符号 ρ 表示,为汽化时用以克服分子间的相互作用力而做的内功,即内位能的增加;另一为外汽化热,用符号 ψ 表示,为汽化时质量体积由 v' 增至 v'' 而对外做功。故汽化潜热也可表示为

$$r = \rho + \psi = (u'' - u') + p(v'' - v')$$

式中:u''——干饱和蒸汽的内能,kJ/kg;

u'——饱和水的内能,kJ/kg;

v''——干饱和蒸汽的质量体积,$\mathrm{m^3/kg}$;

v'——饱和水的质量体积,$\mathrm{m^3/kg}$。

因湿蒸汽是水和干蒸汽的混合物,其压力和温度不是两个彼此独立的状态参数,所以要确定其状态,尚需知道其中蒸汽、水的成分比例才行。一般用每单位质量湿蒸汽中所含干蒸汽的质量,即湿蒸汽的干度 x 来表示。

$$x = \frac{干蒸汽的质量}{湿蒸汽的质量} = \frac{m_{汽}}{m_{汽} + m_{水}}$$

式中:$m_{汽}$——湿蒸汽中干蒸汽的质量,kg;

$m_{水}$——湿蒸汽中饱和水的质量,kg。

显然,饱和水的 $x = 0$,干饱和蒸汽的 $x = 1$,而湿蒸汽的干度则介于 0~1 之间,即 $1 > x > 0$。

(3)干饱和蒸汽的定压过热阶段。对于饱和蒸汽继续加热,蒸汽的温度升高,质量体积继续增大,此时蒸汽温度高于对应压力 p 下的饱和温度 t_s,这种状态的蒸汽称为过热蒸汽。其状态用 p、v、t 表示,对应着图 7-2 中的 d 点,图中 $c-d$ 线即是干饱和蒸汽的定压过热过程

线。它表示将 1kg 干饱和蒸汽加热为过热蒸汽的过程。过热蒸汽的温度与同压力下饱和温度之差称为过热度,以符号 Δt 表示

$$\Delta t = t - t_s$$

定压下,将 1kg 干饱和蒸汽加热为过热蒸汽所需要的热量称为过热热量,用符号 $q_{过}$ 表示。即

$$q_{过} = h - h''$$

式中:h——过热蒸汽的焓,kJ/kg。

过热热量也可用下式计算:

$$q_{过} = \int_{t_s}^{t} c_p \, \mathrm{d}t$$

式中:c_p——过热蒸汽的质量定压热容,可查有关图表。

由上可以看出,将 1kg 0℃ 的未饱和水定压加热为 1kg t℃ 的过热蒸汽,经历了未饱和水、饱和水、湿饱和蒸汽、干饱和蒸汽、过热蒸汽等一系列的状态变化。其吸收的总热量 $q_{总}$ 为

$$q_{总} = q_{液} + \gamma + q_{过} = (h' - h_0) + (h'' - h') + (h - h'') = h - h_0$$

由此推知,只要知道过热蒸汽的焓 h 和 0℃ 未饱和水的焓 h_0,即可求出 1kg 0℃ 未饱和水被加热成 1kg t℃ 过热蒸汽所需要的总热量了。

2. 水蒸气的 p-v 图及 T-s 图

为了更好地了解水蒸气定压形成过程的特点,我们把某一定压力 p 下水蒸气的形成过程相应地描绘在 p-v 图及 T-s 图上。如图 7-3 及图 7-4 所示。

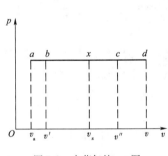

图 7-3　水蒸气的 p-v 图

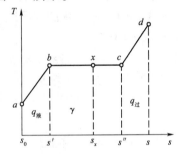

图 7-4　水蒸气的 T-s 图

在 p-v 图上,水蒸气形成的三个阶段是一条连续的平行于 v 轴的直线,在整个蒸汽形成的过程中,压力不变而质量体积是不断增加的。即 $v_0 < v' < v_x < v'' < v$。

在 T-s 图上,水蒸气定压形成的整个过程不是一条直线。水的定压预热阶段 a-b 中,温度由 0℃ 升高到该压力下对应的饱和温度 t_s,熵由 s_0 增加到 s',在 T-s 图上定压线 a-b 近似呈对数曲线。b-c 段表示饱和水的定压汽化过程,因为此阶段温度维持 t_s 不变,所以 b-c 段为平行于 s 轴的直线,它既是等温线也是等压线,此阶段中熵由 s' 增加到 s''。c-d 段为干饱和蒸汽的定压过热过程,温度由 t_s 升高到 t,熵由 s'' 增加到 s,过程曲线 c-d 亦近似呈对数曲线。由于 $c_{p水} > c_{p汽}$,所以 c-d 线要比 a-b 线陡些。在整个定压过程中,熵始终是增加的。由图 7-5 可见:$s_0 < s' < s_x < s'' < s$。在 T-s 图上,过程线 a-b、b-c、c-d 下的面积,分别表示液体热 $q_{液}$、汽化潜热 γ 和过热热量 $q_{过}$。

可以想象,如果整个 0℃ 未饱和水的汽化过程是在另一较高压力 p_1 下进行,其所经历的汽化过程与在压力 p 下的汽化过程相同。过程线 a_1-b_1-c_1-d_1 及其上各相应的含义与 a-b-c-d 过程线相同。由此类推,我们可以得出在不同压力下的一系列 0℃ 未饱和水的定压汽化过

程线 $a_2\text{-}b_2\text{-}c_2\text{-}d_2$、$a_3\text{-}b_3\text{-}c_3\text{-}d_3$ 等。如图 7-5 及图 7-6 所示。

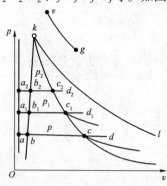 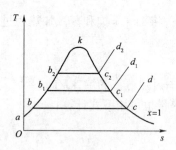

图 7-5 不同压力下水蒸气的 $p\text{-}v$ 图　　图 7-6 不同压力下水蒸气的 $T\text{-}s$ 图

（1）在 $p\text{-}v$ 图上，$a\text{-}a_1\text{-}a_2$ 线表示 0℃ 时水的 pv 关系，它近似垂线，因为低温时的水几乎不可压缩，故压力升高其质量体积几乎不变。此线即为 0℃ 未饱和水的定温线。

在 $T\text{-}s$ 图上各种压力下 0℃ 水的热力学温度都是 273K，它的熵都是 s_0，故 a、a_1、a_2 都重合于 a 点。

（2）$b\text{-}k$ 线为 $b\text{-}b_1\text{-}b_2\cdots$ 的连线，称为饱和水线，也称左界线或下界线。

在 $p\text{-}v$ 图上，$b\text{-}k$ 反映了饱和水的质量体积与压力的关系。由于饱和水受热膨胀的影响大于压力升高压缩的影响，所以 $b\text{-}k$ 向右偏斜。

在 $T\text{-}s$ 图上，$b\text{-}k$ 线也向右偏斜，近似于一条对数曲线。由于水的压缩很小，水压缩后温度升高极小，所以在 $T\text{-}s$ 图上水的定压线与 $b\text{-}k$ 线很靠近，近似重合为一条线。$b\text{-}k$ 线上各点均为饱和水，其 $x=0$。

（3）$c\text{-}k$ 线为 $c\text{-}c_1\text{-}c_2\cdots$ 的连线，称为干饱和蒸汽线，也称右界限线或上界限线。由于蒸汽受热膨胀的影响小于压力升高压缩的影响，则干饱和水蒸气的质量体积和熵，均随压力的增加而减小，所以在 $p\text{-}v$ 图和 $T\text{-}s$ 图上，$c\text{-}k$ 均向左偏斜。$c\text{-}k$ 线上各点均为干饱和蒸汽，其 $x=1$。

（4）临界点 k 为曲线 $b\text{-}k$ 和曲线 $c\text{-}k$ 的交点。随着压力的升高，饱和水点和干饱和蒸汽点间的距离逐渐缩短。当压力增加到某一数值时，b、c 两点重合于一点 k，此点即为水的临界点。这时饱和水和干饱和蒸汽之间的差异完全消失，具有相同的压力、质量体积、温度和熵。在临界点时没有汽化过程，汽化潜热为零。

临界点的各状态参数称为临界参数。不同的工质，临界参数各不相同。水的临界参数为：

临界压力 $p_{cr} = 221.29 \times 10^5 \text{Pa}$；

临界温度 $T_{cr} = 647.30\text{K}$；

临界质量体积 $v_{cr} = 0.00326\text{m}^3/\text{kg}$。

T_{cr} 是最高的饱和温度，水在 p_{cr} 下被加热到 T_{cr} 时就立即全部汽化，此时已无 $b\text{-}c$ 直线段的汽化过程，再加热就成为过热蒸汽。当 $T > T_{cr}$ 时，无论 P 有多大也不能使蒸汽液化。这就是说，当高于临界温度时，不可能用单纯的压缩方法使蒸汽液化，要使气态变为液态，除增加压力外，还必须将温度降至临界温度以下。从 k 点引出的等温线称为临界等温线，即图 7-5 上的 $k\text{-}l$ 线，物质的状态，离开临界等温线右侧越远，其等温线越接近等边双曲线。这说明蒸汽的过热度越大时，越接近于理想气体。

综上所述,水的汽化过程在 p-v 图和 T-s 图上所表示的规律,可归纳为一点(临界点)、两线(上、下界限线)、三区(液相区、气液两相共存区、气相区)、五态(未饱和水、饱和水、湿饱和蒸汽、干饱和蒸汽、过热蒸汽)。

【例 7-1】 有 10kg 水,处于 0.1MPa 下时的饱和温度 $t_s = 99.64℃$,当压力不变时,(1)若其温度变为 150℃,则处于何种状态? (2)若测得 10kg 中含蒸汽 2.5kg,含水 7.5kg,则又处于何种状态? 此时的温度应为多少?

解: (1)因 $t = 150℃ > t_s = 99.64℃$,故此时处于过热蒸汽状态。其过热度为

$$\Delta t = t - t_s = 150 - 99.64 = 50.36℃$$

(2)10kg 工质中既含蒸汽又含有水,处于水、汽共存状态,为湿蒸汽。其温度为饱和温度 $t_s = 99.64℃$,其干度为

$$x = \frac{2.5}{10} = 0.25$$

三、水蒸气表及焓熵图

水蒸气的性质与理想气体不同,其 p、v、T 的关系不再符合 $pv = RT$,内能与焓也不再是温度的单值函数。若用数学式来表示这些关系,形式复杂也不适合工程上的实际计算。因此,人们在长期的实验研究和分析计算的基础上,将各种状态下水和水蒸气的热力学参数制成表格或绘制成图供工程计算查用,这就大大方便了有关蒸汽状态参数及各种热力过程的计算。

1. 水蒸气表

水蒸气表可分为未饱和水及过热蒸汽表和饱和水及饱和蒸汽表两种。饱和水和干饱和蒸汽的参数可查饱和蒸汽表,该表又分为两种形式:一种是按温度为序排列的,如附表 B_1;一种是按压力为序排列的,如附表 B_2。表中以角标"′"表示饱和水的参数;以角标"″"表示干饱和蒸汽的参数。

对于饱和水和干蒸汽,可根据温度或压力从饱和蒸汽表中直接查得其他参数。但是表中没有列出状态参数内能 u 的值,需依公式 $u = h - pv$ 算出。表中也没有列出湿蒸汽的参数值,需通过计算求得。因为 1kg 湿蒸汽的容积是由 $x$kg 干蒸汽的容积与 $(1-x)$kg 的饱和水的容积之和,即

$$v_x = xv'' + (1-x)v' \tag{7-1}$$

在压力 p 不太高,干度 x 较大时($x > 0.7$),水所占的容积比蒸汽所占的容积小得多,故可忽略不计。则

$$v_x \approx xv''$$

同理可得湿蒸汽的焓、熵和内能的计算式如下:

$$h_x = xh'' + (1-x)h' = h' + x(h'' - h') = h' + xr \tag{7-2}$$

$$s_x = xs'' + (1-x)s' \tag{7-3}$$

$$u_x = h_x - pv_x \tag{7-4}$$

未饱和水和过热蒸汽表,如附表 C。根据压力和温度值,便可由该表查得其他参数。表中粗黑线下方为过热蒸汽的参数值,粗黑线上方为未饱和水的参数值。

【例 7-2】 已知湿蒸汽的压力 $p = 10 \times 10^5$Pa,干度 $x = 0.9$,试用蒸汽表求 h_x、v_x 及 u_x。

解: 由附表 B_2,在 $p = 10 \times 10^5$Pa 时,查得饱和蒸汽的参数如下:

$$v' = 0.0011274 \text{m}^3/\text{kg}, v'' = 0.19430 \text{m}^3/\text{kg}$$

$$h' = 762.6 \text{kJ/kg}, h'' = 2777 \text{kJ/kg}$$

$$r = 2014.4 \text{kJ/kg}$$

因为 $x = 0.9 > 0.7$，且压力不太高，所以有：

$$v_x \approx xv'' = 0.9 \times 0.1943 = 0.17487 \text{m}^3/\text{kg}$$

$$h_x = h' + xr = 762.6 + 0.9 \times 2014.4 = 2575.56 \text{kJ/kg}$$

$$u_x = h_x - pv_x = 2575.56 - 10^6 \times 0.17487 \times 10^{-3} = 2400.56 \text{kJ/kg}$$

【例7-3】 查表确定过热蒸汽的焓。已知 $p = 5 \times 10^5 \text{Pa}, t = 175℃$。

解： 查附表 C，在 $p = 5 \times 10^5 \text{Pa}$ 时，有：

$t_1 = 160℃$，对应的 $h_1 = 2767.4 \text{kJ/kg}$

$t_2 = 180℃$，对应的 $h_2 = 2812.1 \text{kJ/kg}$

由内插法确定 $t = 175℃, p = 5 \times 10^5 \text{Pa}$ 时的焓值为：$h = 2800.9 \text{kJ/kg}$

2. 水蒸气的焓熵图

由上述例子可知，由于水蒸气表是不连续的，在求表列值间隔中的数据时，必须使用内插法，同时从表上也不能直接查得湿蒸汽的参数值，因而仍感不便。如果在水蒸气的热力参数坐标图上，精确地画出标有数据的等压线、等温线、等干度线等，就会方便地确定出蒸汽状态。由于热工计算中经常遇到绝热过程和焓差的计算，所以最常见的蒸汽图是以焓 h 为纵坐标，熵 s 为横坐标的 h-s 图，此图最早是由德国人莫里尔绘制出来的，所以又称为莫里尔图。

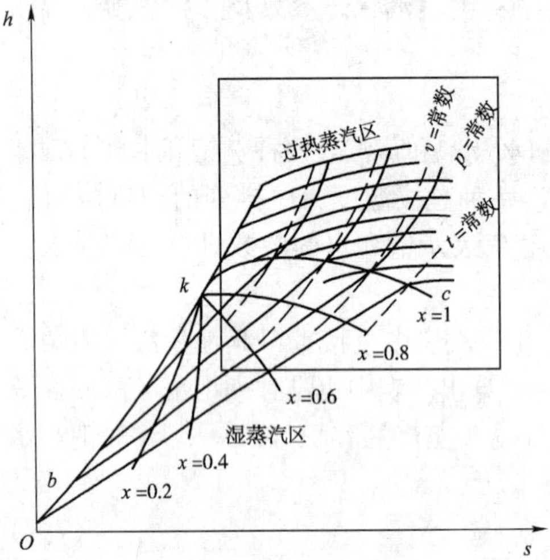

h-s 图的结构如图7-7所示，图中 b-k 线为饱和水线（$x = 0$），c-k 线为干饱和水蒸气线（$x = 1$），两线之间为湿蒸汽区，c-k 线右上侧为过热蒸汽区，在湿蒸汽区有定压线和定干度线，在过热区有定压线和定温线。定压线的走向，由它的斜率来判断，由于定压下 $\delta q_p = dh$，而 $\delta q = Tds$，所以 $\left(\dfrac{\partial h}{\partial s}\right)_p = T$，在湿蒸汽区，定压即定温，$T =$ 常数，因此定压线在湿蒸汽区为倾斜的直线。进入过热蒸汽区后，定压加热时，蒸汽的温度升高，其斜率逐渐增加，故在过热蒸汽区定压线成为向上倾斜的曲线。湿蒸汽的定压线与过热蒸汽的定压线

102

h

过热蒸汽区

$v = $ 常数

$p = $ 常数

$t = $ 常数

k

c

$x = 1$

$x = 0.8$

$x = 0.6$

湿蒸汽区

$x = 0.4$

b

$x = 0.2$

O

s

图7-7　水蒸气的焓熵图

在 c-k 线上相切。定温线在过热蒸汽区较定压线平坦，且越往右越平坦，最后接近水平直线。这说明过热度高时，水蒸气的焓 h 逐渐趋向于仅仅是温度的函数，而与压力无关，亦即趋向于理想气体。此外，图中还有定容线，其走向与定压线一致，但较定压线稍陡，为清晰起见，有的 h-s 图上定容线用红线印出，于定压线相反，从右到左质量体积逐渐减小。这是由于蒸汽的可压缩性大于膨胀性所决定，压力越高质量体积越小。

在蒸汽动力装置中应用的水蒸气，多为干度较高（$x > 0.5$）的湿蒸汽及过热蒸汽，因此，实用的 h-s 图常常只绘出如图7-7中方框内的部分（见附录）。

当湿蒸汽的压力（或温度）和干度已知，或过热蒸汽的压力和温度已知时，就可以方便地在 h-s 图上查出该状态下的其他热力学参数。

例如,已知水蒸气的压力 $p = 50 \times 10^5\mathrm{Pa}$,温度 $t = 300℃$。我们可以在 $h\text{-}s$ 图上查 $p = 50 \times 10^5\mathrm{Pa}$ 的定压线与 $t = 300℃$ 的定温线的交点,该点即表示蒸汽所处的状态。由 $h\text{-}s$ 图可知,此点位于过热蒸汽区,故可判定该蒸汽为过热蒸汽。读出该点其他参数为:

$$v = 0.045\mathrm{m^3/kg}, h = 2920\mathrm{kJ/kg}, s = 6.21 \ \mathrm{kJ/(kg \cdot K)}$$

四、水蒸气的热力过程

分析计算水蒸气热力过程的任务与理想气体的热力过程基本相同,就是要求出:①初态与终态参数;②过程中热量、功量以及内能的变化量。由于水蒸气是实际气体,没有简单的状态方程式可用,所以采用分析方法求解状态参数十分繁杂。通常都采用图、表中的已知数据,并结合过程的特征求解。此外水蒸气的 c_p、c_v 是 p、v、T 的复杂函数,不能直接用比热容和温差来求热量;水蒸气的焓 h、内能 u 也不再是温度的单值函数。求解水蒸气热力过程的步骤一般为:

(1)根据初态的已知两个独立状态参数,如$(p、T)$,$(p、x)$ 或 $(T、x)$ 从表或图中查得其他各参数:h_1、v_1、s_1,并算出 $u_1 = h_1 - p_1v_1$。

(2)根据过程的特征,确定过程进行的方向,再由一个给定的终态参数,确定过程的终态。从表或图上查出其他参数:h_2、v_2、s_2 等,并算出 $u_2 = h_2 - p_2v_2$。

(3)根据已求得的初、终态参数,以及过程的性质,计算交换的热量、功量以及内能的变化量。其具体方法如下:

①定容过程。

$v =$ 定值

$$w = \int_1^2 p\mathrm{d}v = 0$$

$$q = \Delta u = u_2 - u_1$$

$$w_t = -\int_1^2 v\mathrm{d}p = v(p_1 - p_2)$$

②定压过程。

$p =$ 定值

$$w = \int_1^2 p\mathrm{d}v = p(v_2 - v_1)$$

$$q = \Delta h = h_2 - h_1$$

$$\Delta u = u_2 - u_1$$

$$w_t = -\int_1^2 v\mathrm{d}p = 0$$

③定温过程:

$T =$ 定值

$$q = \int_1^2 T\mathrm{d}s = T(s_2 - s_1)$$

$$\Delta u = u_2 - u_1$$

$$w = q - \Delta u = T(s_2 - s_1) - \left[(h_2 - p_2v_2) - (h_1 - p_1v_1) \right]$$

$$= T(s_2 - s_1) - \Delta h + (p_2v_2 - p_1v_1)$$

$$w_t = q - \Delta h = T(s_2 - s_1) + h_1 + h_2$$

④定熵过程：

$s = $ 定值

$$q = \int_1^2 T\mathrm{d}s = 0$$
$$w = -\Delta u = u_1 - u_2$$
$$w_\mathrm{t} = -\Delta h = h_1 - h_2$$

对于水蒸气的定熵过程，有时亦可用绝热方程式 $pv^k = $ 常数进行分析计算。但应注意该式中的指数 $k \neq \dfrac{c_p}{c_v}$，而是一个经验指数，且是变数，随蒸汽状态的不同有较大的变化。作为近似计算，可以取过热蒸汽 $k = 1.30$，干饱和蒸汽 $k = 1.135$，湿蒸汽 $(x > 0.7) k = 1.035 + 0.1x$。

下面举例说明用水蒸气的 $h\text{-}s$ 图进行热力过程的求解方法。

【例7-4】 有 1kg 的水蒸气从 $p_1 = 10 \times 10^5 \mathrm{Pa}$，$t_1 = 300℃$ 可逆绝热膨胀到 $p_2 = 10^5 \mathrm{Pa}$。试求蒸汽所做的功。

解：根据 p_1、t_1 在 $h\text{-}s$ 图上可得点 1，并查得 $h_1 = 3050\mathrm{kJ/kg}$，$v_1 = 0.26\mathrm{m^3/kg}$，算得 $u_1 = h_1 - p_1 v_1 = 2790\mathrm{kJ/kg}$。

将点 1 及可逆绝热过程线在 $h\text{-}s$ 图上的表示描绘在图 7-8 上，即从点 1 引垂线（定熵过程线）与 $p_2 = 10^5 \mathrm{Pa}$ 的定压线相交于点 2。从 $h\text{-}s$ 图上可查得点 2 的各参数为：

$$h_2 = 2585\mathrm{kJ/kg}, x = 0.96, v_2 = 1.6\mathrm{m^3/kg}$$

算得：
$$u_2 = h_2 - p_2 v_2 = 2585 - 10^5 \times 1.6 \times 10^{-3} = 2425\mathrm{kJ/kg}$$

膨胀功
$$w = u_1 - u_2 = 2790 - 2425 = 365\mathrm{kJ/kg}$$

技术功
$$w_\mathrm{t} = h_1 - h_2 = 3050 - 2585 = 465\mathrm{kJ/kg}$$

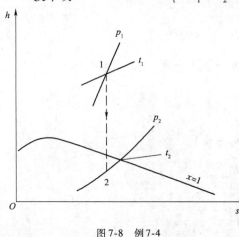

图 7-8 例 7-4

工程上作为工质的气体，通常都不是单一成分的气体，而是由好几种性质不同的气体组成的混合物。例如，空气主要是由 N_2、O_2、CO_2、H_2O 等气体组成的混合物。内燃机中燃料燃烧后的废气主要是由 CO、CO_2、H_2O、N_2 等气体组成的混合物。这些由多种互相不起化学反应的气体所组成的混合物，称为混合气体。通常情况下，组成混合气体的各种气体均远离液态，可以当作理想气体看待。因此，它们所组成的混合气体也可以看作理想混合气体。本章将专门讨论理想混合气体的热力性质与各组成气体的热力性质的相互关系。同时也对可作为理想混合气体看待的湿空气的性质和状态变化与能量转换问题加以讨论。

第二节　理想混合气体的基本性质

一、混合气体各组成气体的分压力、分容积

处于平衡状态下的理想混合气体，内部各处温度均匀一致，因而每一种组成气体的温度

都相等,都等于混合气体的温度。同样,由于处于平衡状态,每一种组成气体的分子都均匀地分布在混合气体的容积中,即各组成气体所占的容积都相等,都等于混合气体的容积。在容器中,每一种组成气体的分子都会对容器壁撞击而产生一定的压力。

1. 分压力

每一种组成气体在混合气体温度 T 下,单独占据整个容积 V 时,所产生的压力称为该组成气体的分压力,用 p_i 表示。

实验证明,混合气体的总压力 p 等于各组成气体的分压力 p_i 之和,即

$$p = p_1 + p_2 + \cdots + p_n = \sum_{i=1}^{n} p_i \tag{7-5}$$

这一关系称为道尔顿分压定律,图 7-9 为其示意图。

2. 分容积

每一种组成气体处于混合气体的温度、压力条件下,单独占据的容积,称为该组成气体的分容积,用 V_i 表示。如图 7-10 所示的 V_1、V_2、V_3。

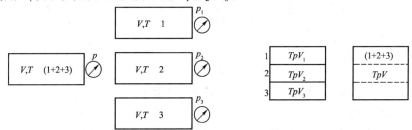

图 7-9　道尔顿分压定律示意图　　　　图 7-10　分容积示意图

实际上,混合气体中每一种组成气体都充满整个容积。但是,为了能用容积来表示各种组成气体数量的多少,而设想将各种组成气体在混合气体的压力和温度下分别集中,各种气体占据的容积即为该气体的分容积。

针对图 7-9、图 7-10 所示的两种情况,应用理想气体状态方程式,则有

$$P_i V = m_i R_i T$$
$$P V_i = m_i R_i T$$

上两式中的 m_i、R_i 分别表示某组成气体的质量和气体常数。比较上两式可得

$$\frac{p_i}{p} = \frac{V_i}{V} \tag{7-6}$$

即组成气体的分压力与混合气体的总压力之比,等于其分容积与混合气体的总容积之比。

由此,可求出分容积 V_i 为

$$V_i = \frac{p_i}{p} V$$

所以

$$V_1 + V_2 + \cdots + V_n = \left(\frac{p_1}{p} + \frac{p_2}{p} + \cdots + \frac{p_n}{p} \right) V = \left(\frac{p_1 + p_2 + \cdots + p_n}{p} \right) V$$

据道尔顿分压定律,有

$$p = p_1 + p_2 + \cdots + p_n$$

得

$$V_1 + V_2 + \cdots + V_n = \sum_{i=1}^{n} V_i = V \tag{7-7}$$

即理想混合气体的总容积等于各组成气体的分容积之和。这个规律也称为亚美格定律。

二、混合气体的成分表示法

混合气体的成分就是混合气体中各组成气体含量所占的比例。根据采用物量单位的不同,混合气体的成分有以下三种表示方法。

1. 质量成分

混合气体中,某一种组成气体的质量 m_i 与混合气体总质量 m 之比,称为该组成气体的质量成分,或质量百分数,以符号 g_i 表示。即

$$g_i = \frac{m_i}{m}$$

因为 $m = m_1 + m_2 + \cdots + m_n = \sum_{i=1}^{n} m_i$,所以

$$g_1 + g_2 + \cdots + g_n = \sum_{i=1}^{n} g_i = \frac{m_1}{m} + \frac{m_2}{m} + \cdots + \frac{m_n}{m} = \frac{m_1 + m_2 + \cdots + m_n}{m} = 1$$

即

$$\sum_{i=1}^{n} g_i = 1 \tag{7-8}$$

式(7-8)说明,混合气体中各组成气体的质量成分之和等于1。

2. 容积成分

混合气体中,某一种组成气体的容积 V_i 与混合气体总容积 V 之比,称为该组成气体的容积成分,或容积百分数,用符号 r_i 表示。即

$$r_i = \frac{V_i}{V}$$

因为 $V = V_1 + V_2 + \cdots + V_n = \sum_{i=1}^{n} V_i$,所以

$$r_1 + r_2 + \cdots + r_n = \sum_{i=1}^{n} r_i = \frac{V_1}{V} + \frac{V_2}{V} + \cdots + \frac{V_n}{V} = \frac{V_1 + V_2 + \cdots + V_n}{V} = 1$$

即

$$\sum_{i=1}^{n} r_i = 1 \tag{7-9}$$

式(7-9)说明,混合气体中各组成气体的容积成分之和等于1。

3. 摩尔成分

混合气体中,某一种组成气体的摩尔数 n_i 与混合气体总摩尔数 n 之比,称为该组成气体的摩尔成分,或摩尔百分数,用符号 x_i 表示,即

$$x_i = \frac{n_i}{n}$$

因为 $n = n_1 + n_2 + \cdots + n_n = \sum_{i=1}^{n} n_i$,所以

$$x_1 + x_2 + \cdots + x_n = \sum_{i=1}^{n} x_i = \frac{n_1}{n} + \frac{n_2}{n} + \cdots + \frac{n_n}{n} = \frac{n_1 + n_2 + \cdots + n_n}{n} = 1$$

即

$$\sum_{i=1}^{n} x_i = 1 \tag{7-10}$$

式(7-10)说明,混合气体中各组成气体的摩尔成分之和等于1。

上述混合气体成分的各种表示法之间存在着一定的关系。如果对混合气体及组成气体分别写出状态方程式:

$$pV = n(\mu R)T$$

及

$$pV_i = n_i(\mu R)T$$

于是就可以得

$$\frac{V_i}{V} = \frac{n_i}{n}$$

即

$$r_i = x_i \tag{7-11}$$

式(7-11)说明,混合气体的容积成分与摩尔成分在数值上是相等的。

为了求得容积成分与质量成分的关系,对混合气体及组成气体列出下面等式:

$$m = \rho V$$

$$m_i = \rho_i V_i$$

式中:ρ——混合气体的密度;

ρ_i——组成气体的密度。

把上面两式相除便得

$$g_i = r_i \frac{\rho_i}{\rho} \tag{7-12}$$

三、混合气体的折合分子量和气体常数

混合气体是多种气体的混合物,它无法用一个分子式来表示。因此,也就没有真正的分子量。但是为了计算上的方便,可以假想混合气体为一种单质气体,其分子数目及总质量恰好和实际的混合气体相等。于是就定义:混合气体的总质量与混合气体的摩尔数之比,为混合气体的折合分子量或平均分子量。即

$$\mu = \frac{m}{n}$$

式中:m——混合气体的总质量;

n——混合气体的摩尔数。

同样,可假设混合气体为一单质气体,其通用气体常数与实际混合气体的通用气体常数相同。于是,就可以利用折合分子量和通用气体常数来计算混合气体的气体常数。即

$$R = \frac{\mu R}{\mu} = \frac{8314}{\mu} \quad [\text{J}/(\text{kg} \cdot \text{K})]$$

式中:R——混合气体的气体常数;

μR——通用气体常数;

μ——混合气体的折合分子量。

确定混合气体的折合分子量和气体常数的方法很多,通常可根据混合气体平均分子量的定义式来计算。

(1)已知各组成气体的容积成分时,根据

$$m = m_1 + m_2 + \cdots + m_n \qquad 以及 \quad m = n \cdot \mu$$

可得
$$n\mu = n_1\mu_1 + n_2\mu_2 + \cdots + n_n\mu_n$$

于是可得混合气体的折合分子量为

$$\mu = r_1\mu_1 + r_2\mu_2 + \cdots + r_n\mu_n = \sum_{i=1}^{n} r_i\mu_i \tag{7-13}$$

混合气体的气体常数为

$$R = \frac{8314}{\mu} = \frac{8314}{\sum_{i=1}^{n} r_i\mu_i} \qquad [J/(kg \cdot K)] \tag{7-14}$$

(2)已知混合气体的质量成分时,根据

$$n = n_1 + n_2 + \cdots + n_n$$

即

$$\frac{m}{\mu} = \frac{m_1}{\mu_1} + \frac{m_2}{\mu_2} + \cdots + \frac{m_n}{\mu_n}$$

于是可得混合气体的折合分子量为

$$\mu = \frac{1}{\dfrac{g_1}{\mu_1} + \dfrac{g_2}{\mu_2} + \cdots + \dfrac{g_n}{\mu_n}} = \frac{1}{\sum_{i=1}^{n} \dfrac{g_i}{\mu_i}} \tag{7-15}$$

混合气体的气体常数为

$$R = \frac{8314}{\mu} = 8314 \sum_{i=1}^{n} \frac{g_i}{\mu_i} \qquad [J/(kg \cdot K)] \tag{7-16}$$

第三节　理想混合气体的比热容、内能、焓和熵

一、混合气体的比热容

质量为 1kg 的混合气体温度升高 1K(或 1℃)所需吸收的热量是该混合气体的比热容。混合气体的比热容与它的组成成分有关。如果混合气体中某组成气体的质量成分为 g_i,比热容为 c_i,则在 1kg 混合气体中该组成气体温度升高 1K 所需热量为 $g_i c_i$,所有组成气体温度升高 1K 所需的热量也就是混合气体的比热容,即

$$c = \sum_{i=1}^{n} g_i c_i \tag{7-17}$$

可见,理想混合气体的比热容等于各组成气体的质量成分与比热容乘积的总和。

同理,可得混合气体的容积比热容为

$$c' = \sum_{i=1}^{n} r_i c_i' \tag{7-18}$$

将质量比热容乘以混合气体的折合分子量 μ 即得混合气体的摩尔比热容为

$$\mu c = \mu \sum_{i=1}^{n} g_i c_i \tag{7-19}$$

二、混合气体的内能、焓和熵

理想气体的内能是温度的单值函数。当混合气体温度为 T、容积为 V 时,每种组成气体的状态和它在同样温度下单独占有容积 V 时的状态相同,显然其内能在组成混合气体前后

是不变的,因此混合气体的内能应等于各组成气体内能的总和,即

$$U = \sum_{i=1}^{n} U_i \qquad 或 \qquad u = \sum_{i=1}^{n} g_i u_i \tag{7-20}$$

焓、熵与内能一样,都是可加性的物理量。所以气体的焓、熵的总量等于各组成气体的焓、熵之和,即

$$H = \sum_{i=1}^{n} H_i \qquad 或 \qquad h = \sum_{i=1}^{n} g_i h_i \tag{7-21}$$

$$S = \sum_{i=1}^{n} S_i \qquad 或 \qquad s = \sum_{i=1}^{n} g_i s_i \tag{7-22}$$

【例7-5】 已知空气的容积成分为 $r_{N_2} = 0.79$,$r_{O_2} = 0.21$,求空气的折合分子量和气体常数。

解:由式(7-13)得

$$\mu = \sum_{i=1}^{n} r_i \mu_i = 0.79 \times 28 + 0.21 \times 32 \approx 29$$

所以

$$R = \frac{8314}{\mu} = \frac{8314}{29} \approx 287 [J/(kg \cdot K)]$$

【例7-6】 已知混合气体的质量成分为 $g_{CO_2} = 0.1585$,$g_{O_2} = 0.0576$,$g_{H_2O} = 0.0617$,$g_{N_2} = 0.7223$,求混合气体的折合分子量和气体常数。

解:由式(7-15)得

$$\mu = \frac{1}{\sum_{i=1}^{n} \dfrac{g_i}{\mu_i}} = \frac{1}{\dfrac{0.1585}{44} + \dfrac{0.0576}{32} + \dfrac{0.0617}{18} + \dfrac{0.7223}{28}} = 28.88$$

故

$$R = 8314/28.88 = 287.9 [J/(kg \cdot K)]$$

第四节　湿空气的基本概念

一、干空气和湿空气

由于海洋、江河、湖泊等水分的蒸发,空气中总含有少量的水蒸气。含有水蒸气的空气称为湿空气,完全不含有水蒸气的空气称为干空气。一般情况下,由于其中水蒸气含量很少,而且变化不大,往往将水蒸气的影响略去不计。但在有些场合,例如空调、烘干、加湿、防潮等工程中,湿空气中水蒸气的影响就不能忽略了。因此必须对湿空气中水蒸气的含量、性质以及有关的热工计算,作较为深入的分析和讨论。

湿空气是干空气与水蒸气的混合气体。干空气可以按理想气体进行计算。至于湿空气中的水蒸气,由于它的分压力很小,质量体积很大,分子间的距离足够远,所以也可以被近似地看作是理想气体。这样,湿空气可以被作为理想混合气体来处理。但必须指出,这种混合气体——湿空气,与由单纯气体组成的混合气体有不同之处,单纯气体混合物的各组成成分总是保持恒定不变的,而湿空气中水蒸气的含量随着温度的变化有可能改变。

根据道尔顿律,干空气分压力 p_A 与水蒸气分压力 p_W 之和为湿空气的压力 p_b(大气压力),即

$$p_b = p_A + p_W \tag{7-23}$$

二、饱和湿空气、未饱和湿空气和露点

湿空气按其中水蒸气所处的状态不同,可分为"饱和湿空气"和"未饱和湿空气"。

由干空气和过热水蒸气所组成的混合气体称为未饱和湿空气。这时湿空气中水蒸气的状态可以用图7-11上点 A 表示,其分压力 p_w 低于当时湿空气温度 T 所对应的水蒸气饱和压力 p_s,即 A 点的水蒸气处于过热状态。

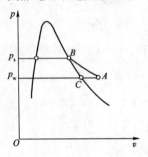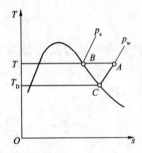

图7-11 饱和湿空气、未饱和湿空气和露点

如果湿空气的温度 T 保持不变,而增加水蒸气的含量,则水蒸气的分压力也随之增加。当湿空气中的水蒸气的分压力 p_w 增大至当时湿空气温度相对应的水蒸气饱和压力 p_s 时,水蒸气的状态达到饱和状态,如图上 B 点所表示。这时湿空气中的水蒸气含量达到最大值。这种由干空气和饱和水蒸气所组成的混合气体称为饱和湿空气。如再继续向其中加入同温度的水蒸气,则将有水珠析出。

如果湿空气中水蒸气含量不变而降低其温度,则水蒸气在分压力 p_w 保持不变的条件下发生状态变化。当湿空气的温度降低到水蒸气分压力 p_w 对应的饱和温度时,水蒸气的状态达到饱和状态,如图上 C 点所表示。如再继续冷却,也将有水珠析出。这时点 C 的温度即对应于湿空气中水蒸气分压力的饱和温度,称为露点温度或简称露点,用 T_D 表示。

综上分析可知,湿空气容纳水蒸气的数量,或水蒸气的分压力是有一定限度的。在一定的温度下,空气中所含水蒸气分压力的极限是该温度对应的饱和分压力 p_s。同时也可看出,湿空气中所含水蒸气的分压力的大小,是衡量湿空气干燥与潮湿的基本指标。

三、湿空气的湿度

湿空气既然是干空气和水蒸气的混合物,因此要确定它的状态,除了必须知道湿空气的温度和压力外,还必须知道湿空气的成分,特别是湿空气中所含水蒸气的量。湿空气中水蒸气的含量通常用湿度来表示,其表示方法有下面三种。

1. 绝对湿度

每 $1m^3$ 湿空气中所含水蒸气的质量称为湿空气的绝对湿度。因此在数值上,绝对湿度等于在湿空气的温度 T 和水蒸气的分压力 p_w 下水蒸气的密度 ρ_w,它可利用过热水蒸气表查出。由于湿空气中的水蒸气可以看作理想气体,按照理想气体状态方程式,可以得

$$\rho_w = \frac{m_w}{V} = \frac{p_w}{R_w T} \tag{7-24}$$

式中: R_w ——水蒸气的气体常数。

在一定的湿空气温度下,饱和湿空气中所含水蒸气的量最大,故饱和湿空气的绝对湿度 ρ_s 必大于未饱和湿空气的绝对湿度 ρ_w。绝对湿度只说明湿空气中实际所含水蒸气的多少,

而不能说明湿空气所具有的吸收水蒸气能力的大小。因此,需要引入相对湿度的概念。

2. 相对湿度

未饱和湿空气的绝对湿度 ρ_w 与同温度下饱和湿空气的绝对湿度 ρ_s 之比称为相对湿度,用符号 φ 表示,即

$$\varphi = \frac{\rho_w}{\rho_s} \qquad (7-25)$$

相对湿度反映了湿空气中水蒸气含量接近饱和的程度,故又称饱和度。φ 值越小,说明湿空气吸收水蒸气的能力越强;φ 值越大,其吸收水蒸气的能力越弱。

根据式(7-24),则

$$\varphi = \frac{\rho_w}{\rho_s} = \frac{\dfrac{p_w}{R_w T}}{\dfrac{p_s}{R_s T}} = \frac{p_w}{p_s} \qquad (7-26)$$

式(7-26)中湿空气水蒸气的饱和分压力 p_s,可根据湿空气温度 T 由附表查到。

可根据露点温度 T_D 由附表查出 T_D 对应的水蒸气的分压力 p_w,于是可算出 φ 值。若已知 φ 和湿空气温度 T,则可由水蒸气表查出 ρ_s 和 p_s,再由式(7-25)和式(7-26)算出 ρ_w 和 p_w。

湿空气的相对湿度可用干湿球温度计测定。图7-12为干湿球温度计示意图。干湿球温度计由两个温度计组成,一为干球温度计,即普通温度计;另一为湿球温度计,它也是一支普通温度计,其感温包外面用浸在水中的纱布包住。干球温度计测得的温度就是湿空气的温度。至于湿球温度计,由于感温包上湿布向空气中蒸发水分时需要吸收热量,因而其温度低于空气温度。两温度计所指示的温度差就叫干湿球温度差。空气的相对湿度越小时,湿布上水分蒸发越快,湿球温度比干球温度低得越多。在饱和湿空气中,湿布上水分不蒸发,因而干、湿球的温度就变成完全相等。将湿空气的相对湿度与干、湿球温度的数值画成图线,如图7-13所示。利用此图可按干、湿球温度计的读数查取湿空气的相对湿度。此外,相对湿度也可直接用毛发湿度计测定,还可用露点仪结合查表求得。

图7-12 干湿球温度计示意图

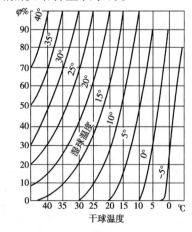

图7-13 湿空气的相对湿度与干、湿球温度曲线

3. 含湿量

在空气调节以及干燥或加湿过程中,湿空气被加湿或去湿,湿空气中的水蒸气的质量和容积是不断变化的。如果以湿空气的质量或容积作为计量基准,就会给计算带来麻烦。而

湿空气中干空气的质量是不随湿空气的状态发生改变的,所以以 1kg 干空气的质量为计量基准,就方便多了。把每 kg 干空气中所含水蒸气的质量,称之为含湿量,以符号 d 表示,其单位为 g/(kg 干空气)。即

$$d = 1000 \frac{m_w}{m_A} = 1000 \frac{\rho_w}{\rho_A} \qquad [\text{g/(kg 干空气)}] \tag{7-27}$$

式中:m_w——湿空气中水蒸气的质量,kg;

m_A——湿空气中干空气的质量,kg。

根据理想气体状态方程式,对于干空气和水蒸气,在同温度 T 和同容积 V 下,可分别写成为

$$P_A V = m_A R_A T$$
$$P_W V = m_W R_W T$$

上两式相除可得

$$\frac{m_w}{m_A} = \frac{p_w R_A}{p_A R_W}$$

已知干空气的气体常数 $R_A = 287.1$ J/(kg·K),水蒸气的气体常数 R_W 可用通用气体常数除以水的分子量求得。即:$R_W = 8314/18 = 461.9$J/(kg·K)。代入上式得

$$\frac{m_w}{m_A} = 0.622 \frac{p_w}{p_A}$$

112

将此式代入式(7-27)得

$$d = 622 \frac{p_w}{p_A} \qquad [\text{g/(kg 干空气)}] \tag{7-28}$$

如果用大气中湿空气的总压力 $p_b = p_A + p_w$ 及相对湿度 $\varphi = \frac{p_w}{p_s}$ 代入式(7-28),则

$$d = 622 \frac{p_w}{p_b - p_w} = 622 \frac{\varphi p_s}{p_b - \varphi p_s} \qquad [\text{g/(kg 干空气)}] \tag{7-29}$$

由式(7-29)可知,在大气压力为 p_b 时,湿空气中水蒸气的含量只取决于水蒸气的分压力,且含湿量随水蒸气分压力的增大而增大。当 $p_w = p_s$ 时,$\varphi = 1$,湿空气的含湿量达到最大值。当湿空气的温度升高而对应温度的水蒸气饱和压力 p_s 增加时,可以看到,湿空气的最大含湿量也就随着增大。

四、湿空气的焓

在工程上,湿空气大都是在稳定的流动工况下工作的,因而进行工程计算时,焓是个很重要的参数。了解到湿空气中焓的变化,可以求得湿空气吸收或放出的热量。

湿空气的焓 H 应等于干空气的焓 H_A 与水蒸气的焓 H_W 之和,即

$$H = H_A + H_W = m_A h_A + m_w h_w \tag{7-30}$$

湿空气的比焓 h 通常也以 1kg 干空气为计算基准,即 kJ/(kg 干空气)。将式(7-30)除以 m_A

$$h = h_A + \frac{m_w}{m_A} h_w = h_A + 0.001 d h_w \qquad [\text{kJ/(kg 干空气)}] \tag{7-31}$$

式中:h_A——1kg 干空气的焓,kJ/(kg 干空气);

h_w——1kg 水蒸气的焓,kJ/(kg 水蒸气);

h——含 1kg 干空气的湿空气的焓,kJ/(kg 干空气)。

式(7-31)表示,湿空气的比焓等于1kg干空气的焓和0.001$d$kg水蒸气的焓的总和。

在一般空调与干燥工程中,干空气和水蒸气的分压力均较低,而且其温度变化范围不大。因此,干空气和水蒸气的比热容均可视为定值。若以0℃时干空气的焓值为零,则有

$$h_A = c_{pA}\Delta t = c_{pA}(t-0) = c_{pA}t \qquad [kJ/(kg 干空气)]$$

干空气的质量定压热容 $c_{pA} = 1.005 kJ/(kg 干空气)$。所以

$$h_A = 1.005t \qquad [kJ/(kg 干空气)]$$

水蒸气的焓值,用以下半径验公式计算有足够的精度。即

$$h_w = 2501 + 1.86t \qquad [kJ/(kg 水蒸气)]$$

式中 2501 是 0.01℃时水的汽化潜热,此处可近似看作 0℃时饱和水蒸气的焓值。1.86 为常温、低压下水蒸气的平均质量定压热容值。于是湿空气的焓为

$$h = 1.005t + 0.001d(2501 + 1.86t) \qquad [kJ/(kg 干空气)] \qquad (7-32)$$

【例7-7】 室内空气压力 $p = 0.1 MPa$,温度 $t = 30℃$,如已知相对湿度 $\varphi = 40\%$,试计算空气中水蒸气分压力、露点和含湿量。

解: 由饱和水蒸气表查得30℃时,$p_s = 0.0042417 MPa$,据式(7-26)有

$$p_w = \varphi p_s = 0.4 \times 0.0042417 = 0.00169668 MPa$$

从饱和水蒸气表上查得 p_w 对应的饱和温度即为露点温度。即

$$t_D = 14.3℃$$

按式(7-29),则含湿量为

$$d = 622\frac{p_w}{p_b - p_w} = 622 \times \frac{0.00169668}{0.1 - 0.00169668} = 10.7 g/(kg 干空气)$$

第五节 湿空气的焓－湿图

为了简化工程计算和便于确定湿空气的状态及其状态参数,人们专门绘制了湿空气的焓湿图。它表示在大气压力为已知的情况下,湿空气的主要参数,如温度 t、含湿量 d、相对湿度 φ、焓 h 以及水蒸气分压力 p_w 之间的图解关系。对于工程上湿空气的加热、降温、加湿、去湿等过程,利用焓湿图都可以方便地表示出来。

一、焓-湿图

湿空气的状态参数焓、含湿量、相对湿度等之间的变化关系图,称为焓-湿图(h-d图)。图7-14所示为h-d图的示意图。它是在大气压力一定下,以含1kg干空气的湿空气为基准,取焓 h 为纵坐标,取含湿量 d 为横坐标绘制而成的。为了使曲线清晰,纵坐标与横坐标的交角不是直角,而是135°。不过通过坐标原点的水平线以下部分没有用,因此将斜角横坐标 d 上的刻度投影到水平轴上。h-d图中绘有下列曲线。

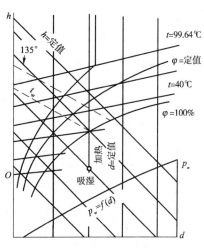

图 7-14 h-d 图示意

1. 定焓线

因为 h-d 图采用135°的斜角坐标,所以定焓线是一束相互平行并与纵坐标成135°(与水平线成45°角)的

直线。

2. 定含湿量线

定含湿量线是一组与纵坐标平行的直线。

3. 定温线

根据式(7-28)给出焓与温度和含湿量的关系,若温度为某一常数,则焓与含湿量成直线关系,所以 h-d 图上的定温线群为斜率不同的直线。

4. 定相对湿度线

根据式(7-25),当湿空气的压力 p_b 和温度给定(p_s 由湿空气温度确定)时,在给定的定温线上对应不同的 d 值,就有不同的 φ 值。将各定温线上的相对湿度 φ 值相同的点连接起来,成为一条向上凸出的曲线,即为定相对湿度线。

饱和湿空气线($\varphi = 100\%$)将 h-d 图分为两部分,$\varphi = 100\%$ 线以上各点表示湿空气中的水蒸气是过热的,线以下各点表示水蒸气已开始凝结为水,故湿空气的 $\varphi > 100\%$ 并无实际意义。$\varphi = 100\%$ 线为露点的轨迹,故从 h-d 图上也可查出露点。

5. 水蒸气分压力 p_w 与含湿量 d 的关系曲线

因湿空气为环境中的空气,其压力就是大气压力,因此对某一地区而言,p_b = 常数,故由式(7-25)可得水蒸气分压力 p_w 与含湿量 d 的关系。该关系曲线画在 h-d 图上 $\varphi = 100\%$ 以下的位置(右下角),横坐标为 d,右侧纵坐标上列有 p_w 的标值。

必须注意,h-d 图是在一定的大气压力下绘制的,不同的大气压力有不同的图形。本书所附 h-d 图为大气压力 $p_b = 0.1\text{MPa}$ 下绘制的。若实际大气压力与制作 h-d 图时的大气压力相差不大时,仍用此图计算,误差不会太大。

同时还应指出,对应压力为 0.1MPa 时饱和温度为 99.64℃,当湿空气的温度比 99.64℃ 高时,对应的 p_s 将大于 0.1MPa,而湿空气的总压力即大气压力 p_b 已定为 0.1MPa,故此时湿空气中所含水蒸气的最大分压力就是大气压力 $p_{max} = p_b$ = 常数,而不再随温度的升高而升高。此时相对湿度 $\varphi = p_w / p_s = p_w / p_b$。$\varphi$ 不变,p_w 和 d 也不变,故定 φ 线在与 $t = 99.64\text{℃}$ 的定温线相交后,即折成直线上升近似垂线。

二、焓-湿图的应用

在对湿空气的处理过程中,h-d 图的应用是很广泛的。下面着重介绍几个应用 h-d 图的方法。

(1)由湿空气的任意两个独立参数(通常是 φ、t),可在 h-d 图上找出相应的状态点,并由此点确定其他状态参数。当得出 d 值后,再由 $p_w = f(d)$ 关系线查出水蒸气分压力 p_w。

(2)利用 h-d 图亦可求出在给定的 d 值下,使湿空气变成饱和湿空气的温度,即露点温度 t_D。从状态点引垂线与 $\varphi = 100\%$ 的曲线相交,其交点所对应的温度即为 t_D。

(3)利用 h-d 图可以方便地表示和计算湿空气的状态变化过程,这在烘干、空调通风中是常用的。

①烘干装置的工作原理。烘干装置是利用未饱和湿空气吹过被烘干物体,吸收其中水分的设备。为了提高湿空气的吸湿能力,一般都先将湿空气加热,设备装置示意图和过程图如图 7-15 所示。相对湿度为 φ_1,温度为 t_1 的湿空气通过加热器时,使温度升高到 t_2,相对湿度下降到 φ_2,所以吸湿能力提高了。由于加热过程中,除了吸入热量使温度升高外,其组成成分完全没有改变,所以含湿量 d 保持不变。可见在加热器中的加热过程是一个升温增焓

的定含湿量过程,如图 7-15 中 1—2 线所示。
过程中每千克干空气加热所吸收的热量为:

$$q = h_2 - h_1 \qquad [\text{kJ/(kg 干空气)}]$$
$$\tag{7-33}$$

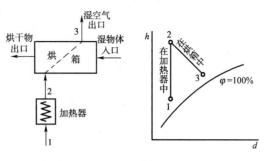

图 7-15　湿空气加热设备装置示意图

　　加热后的湿空气进入烘箱吸收被烘物料中的水分,含湿量增加到 d_3,相对湿度 φ_3 大于 φ_2,而温度则下降。吸湿过程是在绝热情况下完成的,焓值近似不变,即 $h_2 = h_3$,故该过程为绝热吸湿过程,如图 7-15 中 2-3 线所示。显然,每千克干空气所带走的水分为:

$$\Delta d = d_3 - d_2 \qquad [\text{g/(kg 干空气)}] \tag{7-34}$$

　　②空调原理简介。随着人民生活水平的不断提高,空调装置的应用已越来越普遍。现结合 h-d 图,将其工作原理简略地介绍如下。

　　a. 夏天降温去湿。夏天经常是高温高湿天气,使人感觉闷热,影响工作与休息。为了改善生活与工作条件就要对局部环境(如卧室、车厢、会议室、船舱等)进行降温和去湿。如图 7-16 所示,调节时,先将空气经过冷却段,冷却段中由制冷装置来的冷却剂在蛇形管内流过,空气在蛇形管外流过而被降温。空气由状态 1 经定含湿量 d_1 线冷却至饱和湿空气线上的点 2,然后沿饱和线继续冷却,空气中的水分即被析出,使其湿量由 d_1 降为 d_3,温度由 t_1 降为 t_3,即状态点 3。在一般情况下,这已被冷却和去湿后的空气直接引入室内,与室内的空气相混合,就可达到降温去湿的目的。

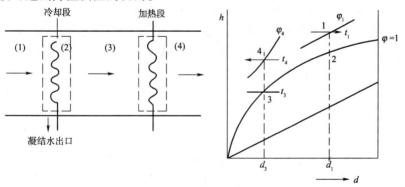

图 7-16　空调夏天降温去湿

　　有时从冷却段出来的空气温度过低,与室内空气混合后其温度低了。此时,可将冷却段出来的空气再通过一个加热段,如图中的定含湿量 d_3 加热过程 3-4 线所示,使其温度由 t_3 升到 t_4,再引入室内与室内的空气混合后得到适宜人居住的温度(20~25℃)。

　　b. 冬天加热又加湿。冬天的高原地区,常处于低温干燥的环境,即所谓干冷。这时空调设备应将温度较高、湿度较大的空气引入室内,使其与室内空气混合后得到适宜于人居住的温度和湿度要求。如图 7-17 所示,图中 1-2 线为定含湿量 d_1 加热过程,使空气温度由 t_1 升至 t_2,相对湿度由 φ_1 降至 φ_2;2-3 线为定焓 h 加湿过程,使空气的含湿量由 d_1 增至 d_3,相对湿度由 φ_2 升为 φ_3。

　　【例 7-8】 $t_1 = 15℃$,$\varphi_1 = 60\%$ 的空气作烘干用。空气在加热器中被加热至 $t_2 = 33.3℃$ 后进入烘干设备,吸收水分后出口处空气温度为 $t_3 = 18℃$。求出口后空气的含湿量,并求该烘干过程中蒸发 1kg 水所需要的空气量和热量。

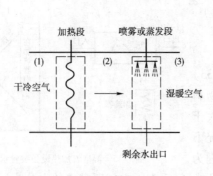

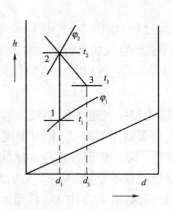

图 7-17　空调冬天加热又加湿

解: 由 $t_1 = 15℃$, $\varphi_1 = 60\%$ 在 h-d 图上查得进入加热器时空气的 $d_1 = 6.5\text{g}/(\text{kg 干空气})$, $h_1 = 32\text{kJ}/(\text{kg 干空气})$。

在加热过程 1-2 中, d = 常数, 作定 d 线与 $t_2 = 33.3℃$ 的定温线交于点 2, 查得 $h_2 = 50\text{kJ}/(\text{kg 干空气})$, $\varphi_2 = 20\%$。

在烘干过程 2-3 中, h = 常数, 自点 2 作定 h 线与 $t_3 = 18℃$ 交于点 3, 查出 $d_3 = 12.6\text{g}/(\text{kg 干空气})$。

由此得每千克干空气吸收的水分为

$$\Delta d = d_3 - d_1 = 12.6 - 6.5 = 6.1\text{g}/(\text{kg 干空气})$$

汽化 1kg 水分需要干空气量为

$$m_{\text{A}} = 1000/6.1 = 163.9\text{g}/(\text{kg 水分})$$

加热器中消耗于每千克干空气的热量为

$$\Delta h = h_2 - h_1 = 50 - 32 = 18\text{kJ}/(\text{kg 干空气})$$

故汽化 1kg 水分所消耗的热量为

$$q = m_{\text{A}} \cdot \Delta h = 163.9 \times 18 = 2950.2\text{kJ}/(\text{kg 水分})$$

思 考 题

1. 经定压加热使未饱和水变为饱和水的过程加入热量, 温度升高, 但饱和水变为干饱和蒸汽的过程也需加入热量, 温度却不升高, 这是为什么?

2. 若压力为 $250 \times 10^5\text{Pa}$, 水蒸气的汽化过程是否存在? 为什么?

3. $\Delta h = c_{\text{p}}\Delta T$ 是普遍适用于所有工质所实施的定压过程的, 而水蒸气在定压汽化时, $\Delta T = 0$, 所以水蒸气汽化时的焓变量 $\Delta h = c_{\text{p}}\Delta T = 0$。这一结论错在哪里?

4. 水蒸气的等温过程中是否满足 $q = w$ 的关系式? 为什么?

5. 当 $t < t_{\text{cr}}$, 对水蒸气进行定温压缩, 工质的状态会发生什么变化? 在常温下为什么不能使氧气液化?

6. 何谓分压力和分容积?

7. 理想气体的状态方程式对混合气体是否适用? 若适用, 其中的 p、v、T、R 各代表什么?

8. 湿空气的相对湿度与哪些因素有关? 为什么用干—湿球温度计能间接测量它?

9. 未饱和湿空气的干球温度、湿球温度和露点温度之间的大小关系如何? 为什么?

10. 分析湿空气问题时, 为什么不用每单位质量湿空气, 而选用每单位干空气质量作单位?

11. 湿空气的相对湿度越大,是否意味着含湿量也越大?

12. 为什么阴雨天晾衣服不容易干,而晴天晾衣服就容易干?

13. 为什么冬季人在室外呼出的气是白色雾状?冬季室内供暖时,为什么嫌空气干燥?用火炉取暖时,经常要搁一壶水,目的何在?

14. 在烘干装置中,使用相同温度的空气烘干物品,但有时出现不同的干燥效果,这是什么道理?

15. 湿空气与湿蒸汽以及饱和水蒸气有何区别?

习　题

1. 已知水蒸气压力为 $p = 0.5MPa$,质量体积 $v = 0.35m^3/kg$,问这是什么状态?并求出其他参数?

2. 按水蒸气表和 h-s 图,确定压力 $p = 30 \times 10^5 Pa$,干度 $x = 0.98$ 的湿蒸汽的状态参数 v_x、h_x、u_x。

3. 1kg 水蒸气的初态为 $p_1 = 30 \times 10^5 Pa$、$t_1 = 360℃$,在汽轮机中可逆绝热膨胀到 $p_2 = 0.2 \times 10^5 Pa$,求终态的干度 x 和所做的功。若汽轮机的内效率 $\eta_i = 0.9$ 时,它实际所做的功是多少?

4. $p = 0.8MPa$、$x_1 = 0.98$ 的湿蒸汽,经定压加热成 $t_2 = 320℃$ 的过热蒸汽。求每千克蒸汽所吸收的热量,过程中蒸汽所做的功量及内能的变化量。

5. 已知进入锅炉的是 120℃ 的水,在锅炉中被定压加热。离开锅炉时的参数为 $p = 1.5MPa$,$x = 0.98$。锅炉蒸发量为 4000kg/h。设燃料的发热量为 41868kJ/kg,锅炉效率为 79%,试求每小时的燃料消耗量。

6. 一封闭装置盛有初温 $t_1 = 180℃$、初压 $p_1 = 10^5 Pa$ 的水蒸气 0.1kg,蒸汽通过一个可逆绝热过程膨胀到终压 $p_2 = 0.2 \times 10^5 Pa$。求:(1)蒸汽的终温 t_2;(2)膨胀过程中蒸汽交换的热量 Q;(3)膨胀过程中蒸汽交换的功量 w。

7. 两个容积均为 $0.001m^3$ 的刚性容器,一个充满 1.0MPa 的饱和水,一个储有 1.0MPa 的饱和蒸汽。若发生爆炸时,哪个更危险?

8. 某混合气体的容积成分 $r_{CO_2} = 0.40$,$r_{N_2} = 0.40$,$r_{CO} = 0.10$,$r_{O_2} = 10\%$。试确定:

(1)混合气体的折合分子量及气体常数;

(2)混合气体的质量成分;

(3)在 100℃ 下混合气体的质量定压热容和质量定容热容值。

9. 汽油机吸入汽缸的是空气和汽油蒸气的混合物,其中汽油的质量成分为 6%。若汽油的分子量为 114,混合气体的压力为 $0.95 \times 10^5 Pa$,试求混合气体常数及空气和汽油蒸气的分压力。

10. 60℃ 的空气中所含水蒸气的分压力为 0.01MPa。试求:

(1)空气是饱和还是未饱和状态?

(2)露点及空气的绝对湿度;

(3)水蒸气的 p_{max};

(4)相对湿度。

11. 当地当时大气压力为 0.1MPa,空气温度为 30℃,相对湿度为 60%,试分别用解析法和焓湿图求湿空气的露点、含湿量、水蒸气分压力及焓。

117

第七章　水蒸气和湿空气

12. 压力为 100kPa,温度为 30℃,相对湿度为 60% 的湿空气经绝热节流至 50kPa,试求节流后的相对湿度。湿空气按理想气体处理;30℃时水蒸气的饱和压力为 42.45kPa。

13. 压力为 0.1MPa 的湿空气在 $t_1 = 5℃$,$\varphi_1 = 0.6$ 下进入加热器,在 $t_2 = 20℃$ 下离开。试确定:

(1)在此定压过程中对空气供给的热量;

(2)离开加热器时湿空气的相对湿度。

14. 湿空气的压力为 10^5 Pa,温度为 30℃,相对湿度为 90%。现欲得到温度为 20℃、相对湿度为 76% 的湿空气,试用 h-d 图分析计算该空调过程。

15. 湿空气的压力为 10^5 Pa,温度为 10℃,相对湿度为 50%。现欲得到温度为 20℃、相对湿度为 70% 的湿空气。试用 h-d 图求湿空气的含湿量和焓所增加的数值。

16. 利用空调设备使温度为 30℃,$\varphi = 0.8$ 的空气降温、去湿。先使温度降到 10℃,然后再加热到 20℃。试求冷却过程中析出的水分和所得空气的相对温度(大气压力 $p_b = 1 \times 10^5$ Pa)。

第八章　制　冷　循　环

在现代工业生产、科研及日常生活中,常常需要维持低于自然环境温度的低温,将物体冷却到低于周围环境温度并维持此低温的装置,这就是制冷装置。它是通过制冷工质(制冷剂)的循环过程将热量从低温物体(如冷藏库)移向高温物体(如大气环境)。由热力学第二定律断定,这样的热量传递过程是不可能自发进行的,为使热量从低温物体传向高温物体,必须消耗能量(通常是机械功),即必须伴随有功变热的自发过程作为非自发过程进行的补偿。本章将着重讨论消耗机械功的蒸汽压缩制冷装置循环,同时介绍其他的制冷装置循环以及有关知识。

第一节　制冷装置的理想循环及制冷系数

第四章中介绍的逆向卡诺循环,就是理想的制冷循环。根据热力学第一定律、第二定律,可将制冷装置的工作原理用图8-1来表示。在制冷装置中,1kg制冷剂在低温下自冷藏库吸热q_2,消耗机械功w,使其温度升高,向外界放出热量$q_1 = q_2 + w$。式中的热量与功量均为绝对值。装置循环如图8-2中的循环1-2-3-4-1所示。

制冷装置每小时从冷源(冷藏库)吸取的热量(kJ/h)称为制冷装置的"制冷量"。而制冷循环的经济性用制冷系数来表示,它等于从冷源吸取的热量与所耗功:

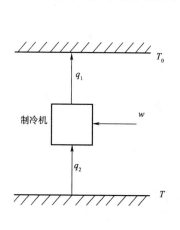

图8-1　制冷装置的工作原理

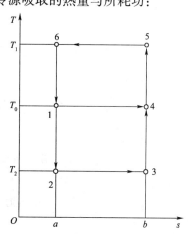

图8-2　装置循环示意图

$$\varepsilon = \frac{q_2}{w} \tag{8-1}$$

设逆向卡诺循环的制冷系数为ε_k,参见图8-2,则

$$\varepsilon_k = \frac{q_2}{w} = \frac{T_2(s_3 - s_2)}{T_0(s_4 - s_1) - T_2(s_3 - s_2)} = \frac{T_2(s_b - s_a)}{(T_0 - T_2)(s_b - s_a)} = \frac{T_2}{T_0 - T_2} \quad (8\text{-}2)$$

式(8-2)表明:在一定的环境温度 T_0 下,T_2 越低,ε_k 越小,而消耗的功就越多。在制冷过程中,如果把制冷对象的温度降低到比必需值更低的温度,就会造成功的浪费。虽然在实际的制冷装置中,由于制冷剂的性质等原因而不按逆向卡诺循环运行,但上述原则性的结论仍适用于实际的制冷循环。同时,对于给定的环境温度和需要保持的低温来说,以逆向卡诺循环的制冷系数为最高。因此,它是改进一切实际制冷循环的指导依据。

制冷系数是制冷循环的重要参数,工程上也称之为制冷装置的工作性能系数,用符号 COP 表示。在一定的环境温度下,冷库温度越低,制冷系数就越小。生产中常用制冷能力来衡量设备产冷量大小。制冷能力是指制冷设备单位时间内从冷库取走的热量(kJ/s),常用冷吨表示。冷吨又名冷冻吨,它表示 1t0℃饱和的水在 24h 内被冷冻到 0℃的冰所需的制冷量。1 冷吨 = 3.86kJ/s(1 美国冷吨 = 3.517kJ/s)。

如果逆向卡诺循环把自然环境作为低温热源并从中取热,把高于环境温度的供热对象——采暖房间作为高温热源并向之排热,就形成了所谓的热泵循环,如图 8-2 中的循环 1-4-5-6-1。可见,热泵循环与制冷循环并无原则区别,它们只不过是在不同的温度范围内工作的逆向循环而已。热泵循环的经济性用热泵系数 ε' 表示,它等于热源供给的热量与所耗功量之比,即

$$\varepsilon' = \frac{q_1}{w} \quad (8\text{-}3)$$

设逆向卡诺循循环的热泵系数为 ε_k',参见图 8-3,则

$$\varepsilon_k' = \frac{q_1}{w} = \frac{T_1(s_5 - s_6)}{T_1(s_5 - s_6) - T_0(s_4 - s_1)} = \frac{T_1(s_b - s_a)}{(T_1 - T_0)(s_b - s_a)} = \frac{T_1}{T_1 - T_0} \quad (8\text{-}4)$$

【例 8-1】 设有一台制冷装置按逆向卡诺循环工作,其制冷能力为 15kW。若冷藏库所需保持的温度为 -10℃,环境温度为 25℃。试求:(1)该装置的制冷系数;(2)驱动装置所需的功率;(3)放给环境的热量。

解:(1)制冷系数:

$$\varepsilon_k = \frac{T_2}{T_0 - T_2} = \frac{273 - 10}{(273 + 25) - (273 - 10)} = 7.51$$

(2)驱动装置所需的功率:

$$W = \frac{Q_2}{\varepsilon_k} = \frac{15}{7.51} \approx 2\text{kW}$$

(3)放给环境的热量:

$$Q_1 = Q_2 + W = 15 + 2 = 17\text{kW}$$

或

$$Q_1 = 17 \times 3600 = 61.2 \times 10^3 \text{kJ/h}$$

第二节　蒸汽压缩制冷装置循环

实际应用的制冷装置中,以消耗机械功为代价的压缩制冷装置应用较为普遍,而以蒸汽为工质制冷能力较大的蒸汽压缩制冷装置应用更为广泛。

一、蒸汽压缩制冷装置的理想循环

蒸汽压缩制冷是采用低沸点物质(即在大气压下沸点温度 $t_s \leqslant 0^{\circ}\mathrm{C}$)作为制冷剂,利用湿蒸汽在低温下吸收汽化潜热来制冷。在这种制冷装置中,工质将发生液气两相的转化。这种相的转化,在维持压力不变的同时,也将保持温度不变,因而可以实现定温加热和定温放热过程,从而使其制冷系数与逆向卡诺循环的制冷系数一致。

图8-3为理想蒸汽压缩制冷装置的系统图和循环 $T\text{-}s$ 图,它由压气机、冷凝器、膨胀机和蒸发器组成。从蒸发器出来的湿蒸汽制冷剂(状态1),引入到压缩机内进行绝热压缩升压,使蒸汽的干度增大,温度升高,由 T_1 上升至 T_2,如图中的1-2过程。经压缩后的制冷剂蒸汽引入到冷凝器中定压冷却放热而凝结成饱和液体,如2-3过程。然后,再引向膨胀机中绝热膨胀做功,压力及温度下降,如3-4过程,这时有部分液体汽化而成蒸汽。由膨胀机出来的低干度湿蒸汽引入到冷藏库内的蒸发器中,定压、定温吸热而汽化,其干度增加,如4-1过程,制冷剂回到原状态而完成闭合循环。

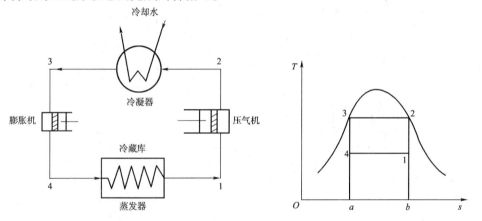

图8-3　理想蒸气压缩制冷装置的系统图和循环 $T\text{-}s$ 图

由热力学第一定律,循环消耗的净功为

$$\omega = q_1 - q_2 = T_1(S_2 - S_3) - T_2(S_1 - S_4) = (T_1 - T_2)(s_b - s_a)$$

于是,理想蒸汽压缩制冷循环的制冷系数为

$$\varepsilon = \frac{q_2}{w} = \frac{q_2}{q_1 - q_2} = \frac{T_2(s_b - s_a)}{(T_1 - T_2)(s_b - s_a)} = \frac{T_2}{T_1 - T_2}$$

可见,理想蒸汽压缩制冷循环具有与逆向卡诺循环相同的制冷系数。

二、实际蒸汽压缩制冷循环

实际蒸汽压缩制冷装置在上述理想循环的基础上,作如下改进。

(1)利用节流阀代替膨胀机。使冷凝器出来的制冷剂饱和液体流过节流阀实现节流降压、降温过程,图8-4为实际蒸汽压缩制冷装置的系统图和循环 $T\text{-}s$ 图。节流过程在 $T\text{-}s$ 图中示意地用虚线3-4'表示,这时熵增而焓不变。可以看出,采用节流阀后,使设备大为简化,并能利用节流阀开度的变化,方便地改变节流后制冷剂的压力和温度,从而实现冷藏库温度的连续调节。但是采用节流阀后,却使原来可以回收的膨胀功损失了,而且循环的制冷能力也减少了(以 $T\text{-}s$ 图中面积4'4aa'4'表示)。

(2)采用干法制冷。这种装置的系统图和 $T\text{-}s$ 图如图8-5所示。从压气机引出的可能是湿蒸汽、干饱和蒸汽或是过热蒸汽。压气机吸入湿蒸汽进行压缩,称为湿压缩,如图中过程 1″-2″、1-2,它们系两相介质的压缩,由于液体的不可压缩性造成液滴对压气机缸头的撞击,严重时甚至发生事故。所以,通常都采用对干饱和蒸汽(制冷剂在蒸发器中完全汽化)压缩,称为干压缩,如过程 1′-2′为此,还在压气机前增设汽液分离器,以保证蒸汽进入压气机时有较高的干度。因制冷剂在蒸发器中完全汽化,使吸热量 q_2 增加了如面积 11′b′b1 所示之值,这说明采用干法制冷循环后制冷能力提高了。但由于 1-2 过程中各状态点的温度都低于大气温度,湿蒸汽从压气机缸壁吸热,为受热压缩,使压缩过程偏离绝热压缩,导致压缩耗功增加,而 1′-2′过程比 1-2 过程的平均温度高,压缩时制冷剂接受的外热少些,较近于绝热压缩,又使压缩耗功减少。综合起来,与理想循环的耗功相比,增加了面积 11′2′21 所示之值,其制冷系数比理想循环有所降低。

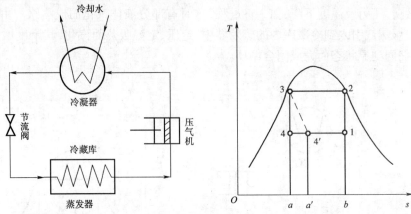

图 8-4　实际蒸汽压缩制冷装置的系统图和循环 T-s 图

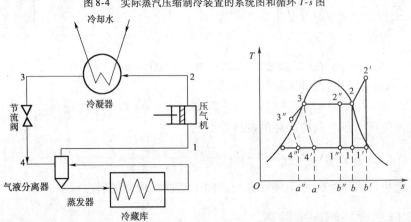

图 8-5　干法制冷装置的系统图和 T-s 图

(3)采用过冷措施。为提高蒸汽压缩制冷循环的制冷系数,常将冷凝器中的饱和液体进一步冷却成为低于饱和温度的过冷液体,即将状态 3 的饱和液体定压冷却至状态 3″的未饱和液,再引入节流阀中降压膨胀,如过程 3″-4″。这时,循环的耗功量未变,而吸热量 q_2 增加,从而提高了循环的制冷系数。

在实际的制冷装置中,可设置专门的过冷器或增加冷凝器的换热面积。在常用的水冷式冷凝器中,一般使冷却水温度低于冷凝温度 5℃ 左右,即可在冷凝器中实现制冷剂的过冷。

上述干蒸汽压缩节流过冷制冷循环,从热力学观点来看,有些是不利的,如可回收的机械功损失了,制冷系数下降了等,但在实用上却带来简化装置和便利调节等优点,因此在实际制冷工程中常被广泛使用。

如图 8-5 所示的实际蒸汽压缩制冷循环膨胀功量并未回收,故循环的耗功量,即压气机的耗功量,其大小由压缩过程前后的焓差确定,即

$$\omega = h_2' - h_1'$$

冷库内制冷剂吸收的热量,即循环的制冷能力,由蒸发器前后的焓差确定,即

$$q_2 = h_1' - h_4''$$

制冷剂向高温环境的排热,由冷凝器前后的焓差确定,即

$$q_1 = h_2' - h_3''$$

因此,循环的制冷系数为

$$\varepsilon = \frac{q_2}{w} = \frac{h_1' - h_4''}{h_2' - h_1'} \tag{8-5}$$

式中:h——对应脚标点的焓值,kJ/kg。

如果制冷装置的制冷能力为 $Q(\mathrm{kW})$,则装置中制冷剂每小时的质量流量为

$$\dot{m} = 3.6 \times 10^3 \times \frac{Q}{q_2} \quad (\mathrm{kg/h})$$

制冷剂每小时的容积流量为

$$\dot{V} = \dot{m} v$$

或

$$\dot{V} = 3.6 \times 10^3 \times \frac{Q}{q_2} \times v \quad (\mathrm{m^3/h})$$

于是,制冷剂在冷凝器中放出的热量和压气机的功率分别为

$$Q_1 = \frac{\dot{m} q_1}{3.6 \times 10^3} = \frac{\dot{m}(h_2' - h_3'')}{3.6 \times 10^3} \quad (\mathrm{kW})$$

$$N = \frac{\dot{m} w}{3.6 \times 10^3} = \frac{\dot{m}(h_2' - h_1')}{3.6 \times 10^3}$$

【例 8-2】 一台湿蒸汽压缩制冷机,用氨作制冷剂,制冷能力为 15kW,若冷库温度保持为 −10℃,而冷却水温度为 20℃,试求:(1)单位质量氨的制冷能力;(2)氨的流量;(3)压气机消耗的功率;(4)冷却水带走的热量;(5)制冷系数;(6)相同温度范围内逆向卡诺循环的制冷系数。

解:由表 8-2 中查得氨的参数:当温度为 −10℃ 时,$h_{t1}' = 372.75\mathrm{kJ/kg}$,$h_{t1}'' = 1669.15\mathrm{kJ/kg}$,$s_{t1}' = 4.0164\mathrm{kJ/(kg \cdot K)}$,$s_{t1}'' = 8.9438\mathrm{kJ/(kg \cdot K)}$;当温度为 20℃ 时,$h_{t2}' = 512.38\mathrm{kJ/kg}$,$h_{t2}'' = 1699.55\mathrm{kJ/kg}$;$s_{t2}' = 4.5155\mathrm{kJ/(kg \cdot K)}$,$s_{t2}'' = 8.5658\mathrm{kJ/(kg \cdot K)}$。

循环如图 8-5 所示,由其 $T\text{-}s$ 图知:

$$s_1 = s_{t2}'' = 8.5658 \quad \mathrm{kJ/(kg \cdot K)}$$

氨的状态 1 湿蒸汽的干度为

$$x_1 = \frac{s_1 - s_1'}{s_1'' - s_1'} = \frac{8.5658 - 4.0164}{8.9438 - 4.0164} = 0.923$$

于是可得状态 1 处工质的焓为

$$h_1 = (h''_{t1} - h'_{t1})x_1 + h'_{t1} = (1669.15 - 372.75) \times 0.923 + 372.75 = 1569.33\,\text{kJ/kg}$$

故得

$$h_2 = h''_{t2} = 1699.55\,\text{kJ/kg}$$
$$h_3 = h'_{t2} = 512.38\,\text{kJ/kg}$$
$$h'_4 = h_3 = 512.38\,\text{kJ/kg}$$

(1) 单位质量氨的制冷能力为

$$q_1 = h_1 - h'_4 = 1569.33 - 512.38 = 1056.95\,\text{kJ/kg}$$

(2) 氨的流量为

$$\dot{m} = 3.6 \times 10^3 \frac{Q}{q_2} = 3.6 \times 10^3 \times \frac{15}{1056.95} = 51.09\,\text{kg/h}$$

(3) 压力机消耗的功率为

$$N = \frac{m(h_1 - h_2)}{3.6 \times 10^3} = \frac{51.09 \times (1569.33 - 1699.55)}{3.6 \times 10^3} = -1.85\,\text{kW}$$

(4) 冷却水带走的热量可近似地视为工质在冷凝器中放出的热量,即

$$Q_p = \frac{m(h_2 - h_3)}{3.6 \times 10^3} = \frac{51.09 \times (1699.55 - 512.38)}{3.6 \times 10^3} = 0.38\,\text{kW}$$

(5) 制冷系数为

$$\varepsilon = \frac{q_2}{\omega} = \frac{q_2}{-\omega_c} = \frac{q_2}{h_2 - h_1} = \frac{1056.95}{1699.55 - 1569.33} = 8.12$$

(6) 相同温度范围内逆向卡诺循环的制冷系数为

$$\varepsilon_k = \frac{T_2}{T_1 - T_2} = \frac{273 - 10}{(273 + 20) - (273 - 10)} = 8.77$$

第三节　其他制冷装置

一、空气压缩制冷装置

空气压缩制冷装置是用空气作制冷剂、以消耗机械功为代价进行制冷的装置。由于空气的定温加热和定温放热不易实现,常以两个定压过程来代替逆卡诺循环中的两个定温过程,空气压缩制冷的理想循环如图 8-6 所示。具有状态 1 的空气从冷库出来后被吸入压气机进行绝热压缩至状态 2,提高了压力与温度后被引入冷凝器,定压地向冷却水或大气放热而降低温度成为状态 3,然后再被引入膨胀机绝热膨胀,使其温度进一步降至状态 4,然后被引入冷库定压吸热而温度升高,并使冷库温度降低,从而完成闭合循环。

根据制冷系数的定义,对空气压缩制冷循环进行推导,得其制冷系数为

$$\varepsilon = \frac{q_2}{\omega} = \frac{1}{\dfrac{T_3}{T_4} - 1} \tag{8-6}$$

若在与以上相同的冷却水温度 T_3 和冷库温度 T_1 间进行逆向卡诺循环 1—3′—3—1′—1,则其制冷系数为

$$\varepsilon_k = \frac{T_1}{T_3 - T_1} = \frac{1}{\dfrac{T_3}{T_1} - 1}$$

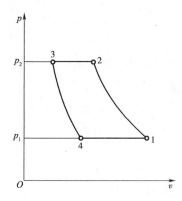
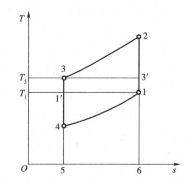

图 8-6　空气压缩制冷的理想循环

由于 $T_3 < T_2$，$T_4 < T_1$，所以空气压缩制冷循环的制冷系数 ε 小于相同温度范围内的逆向卡诺循环制冷系数 ε_k。

空气压缩制冷装置采用到处可取且无毒的空气作工质,是其优点。但由于空气的比热容较小,因而单位质量的制冷能力较小,为克服上述不足,常运用回热循环和采用叶轮式压气机及膨胀机代替活塞式压气机及膨胀机,用以增大工质流量,使空气压缩制冷装置在制冷生产量很大的深度冷冻和液化气体等工程中获得了实际的应用。

二、蒸汽喷射制冷和吸收式制冷

蒸汽喷射制冷和吸收式制冷是以高温物体向环境传递一定热量为代价,实现低温物体向环境传热,从而达到制冷的目的。

1. 蒸汽喷射冷装置

图 8-7 为其装置示意图。它是以蒸汽为工质,由喷管和扩压管构成的喷射器代替压缩制冷装置的压气机。其工作过程简述如下:从锅炉中出来的工作蒸汽,在喷射器的喷管中由状态 1 绝热膨胀到状态 2 并使其流速增高,同时在喷射器的混合室中形成低压。由蒸发器中出来的蒸汽工质被吸入混合室和工作蒸汽混合。两股蒸汽由各自的状态 2 与 3 混合而成状态 4 的一股蒸汽流,该气流再经喷射器的扩压管时,减速升压并被绝热压缩至状态 5,然后引入冷却器定压放热后凝结成状态 6 的液体。凝结液的大部分经节流阀降压成为状态 7 的低温湿蒸汽,并引至冷库的蒸发器中吸热汽化,从而由冷库吸热并排放给温度较高的冷却水,完成制冷循环。另一小部分凝结液经泵加压后送至锅炉加热以得到工作蒸汽,再经喷射器、冷却器以及泵回到锅炉完成另一循环,在此循环中,蒸汽从锅炉吸热而在冷却器中排放给冷却水,为制冷循环付出了代价。

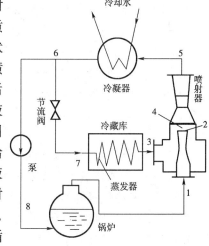

图 8-7　蒸汽喷射冷装置

由于在蒸汽喷射制冷装置中压缩蒸汽没有消耗外功(水泵耗功甚微,可忽略不计)而是代之以锅炉中加热,耗费热能来制冷。若装置的经济性用热能利用系数 ξ 来表示,则

$$\xi = \frac{Q_2}{Q_b} \tag{8-7}$$

式中：Q_2——由冷库取出的热量；

$\quad\quad Q_b$——锅炉中加入的热量。

从热力学观点来看，蒸汽喷射制冷循环与蒸汽压缩制冷循环相比是不够完善的，因为它包含了不可逆的混合过程，因而导致较大的做功能力损失，故热能利用系数 ζ 很小。但由于装置本身简单、紧凑，并可利用低参数的蒸汽（甚至是压力很低的乏汽）作工作蒸汽是其优点，但可达到的制冷温度只能在 3～10℃ 的低温范围，适用于空调工程中的冷源，我国采用这种制冷装置进行空调的应用仍然不少。

2. 吸收式制冷装置

这也是耗费热能来制冷的装置。众所周知，高沸点物质（吸收剂或溶剂）在一定条件下可以吸收低沸点物质（制冷剂或溶质）。溶剂的温度低，溶质的溶解度就大，溶剂温度高，溶质的溶解度就小。吸收式制冷装置正是利用溶剂的这一特点来制冷的. 常用的吸收剂和制冷剂是氨水溶液和氨、溴化锂和水等。

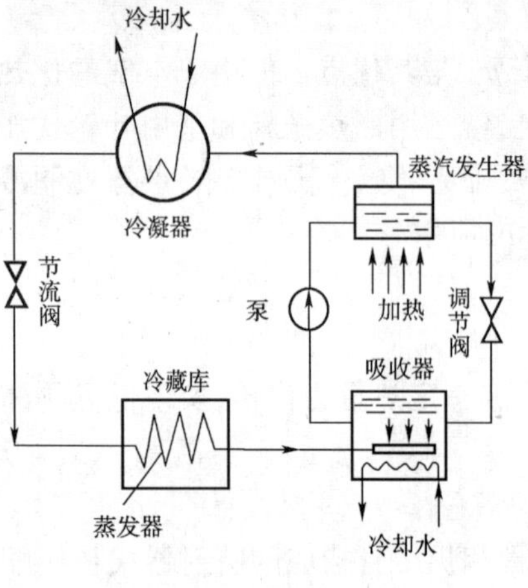

图 8-8　吸收式制冷装置的系统图

吸收式制冷装置的系统图如图 8-8 所示。现以氨—水系统为例说明其工作原理。自冷凝器引出氨的饱和液体在减压调节阀中节流减压，其温度亦随之降低。此时氨为干度很低的湿蒸汽，引入到冷库的蒸发器中定压吸热而汽化，使其干度增加到 $x=1$，然后进入吸收器。同时，稀氨水溶液自氨蒸气发生器经节流阀减压后进入吸收器，将氨蒸气吸收而加浓，在吸收过程中，氨蒸气凝结放出热量由冷却水带走，以保持吸收器内的氨溶液有较低的温度而能吸收较多的氨蒸气。浓氨水溶液经溶液泵升压后送入氨蒸气发生器中，利用外热源对溶液加热。蒸发出来的氨蒸气进入到冷凝器中被冷却，定压放热凝结成饱和液体而完成循环。

综上所述，在吸收式制冷装置中，制冷剂在较高的温度下从蒸汽发生器吸收热，又在冷凝器中放热，以此为代价而实现从冷库内温度较低的物体吸取热量，放给冷凝器内温度较高的冷却介质，从而完成制冷的目的。

吸收式制冷装置的热能利用系数为

$$\xi = \frac{Q_2}{Q_{vg}} \tag{8-8}$$

式中：Q_2——从冷藏库内取出的热量；

$\quad\quad Q_{vg}$——送入氨蒸气发生器中的热量。

吸收式制冷装置的热能利用系数较低，为 0.3～0.7，说明其不可逆损失较大。但因其构造简单，造价低廉，消耗的外功也很小，特别是对综合利用蒸汽或烟气余热的场合，应用是十分有利的。

第四节　制　冷　剂

制冷装置所用的工质称为制冷剂。虽然制冷系数的大小和制冷剂的性质无关，但制冷量及制冷装置的构造、尺寸、工作压力、材料等都与制冷剂的性质有密切关系，因此对制冷剂提出了相应的要求。

一、对制冷剂的一般要求

（1）大气温度下的饱和压力不要太高，以降低对压气机强度、密封方面的要求；

（2）在冷库温度下的饱和压力不要太低，防止因真空造成空气渗入系统；

（3）在冷库温度下的汽化潜热要大，以增加制冷量；

（4）制冷剂的临界温度应远高于环境温度，使循环不在临界点附近运行；

（5）制冷剂的凝固点温度要低，以免工作时凝固阻塞管路；

（6）比热容要小，气态质量体积要小；

（7）无毒、无臭、价廉、化学性能稳定，不腐蚀金属，不易燃易爆；

（8）不溶于油，具有一定的吸水性，以免影响润滑或造成冰堵；

（9）有良好的传热和流动性能。

二、新型制冷剂

制冷剂种类很多，实际应用时可根据制冷剂类型，蒸发温度、冷凝温度和压力等热力学条件以及制冷设备的使用地点来考虑。制冷剂可分为四类：即无机化合物、碳氢化合物、氟利昂和共沸溶液。

（1）无机化合物制冷剂有氨、水和二氧化碳等；

（2）碳氢化合物制冷剂有乙烷、丙烯等；

（3）氟利昂（FREON）。

氟利昂是饱和碳氢化合物的卤族（氟、氯、溴）衍生物的总称，或者说是由氟、氯和碳氢化合物组成的。目前作为制冷剂用的主要是甲烷（CH_4）和乙烷（C_2H_6）中的氢原子、全部或部分被氟氯溴的原子取代而形成的化合物，除名称而外，化学分子式规定了氟利昂各种类别的缩写代号。

①氟利昂的缩写代号把不含氢原子的氟利昂分子化合物的起首数编为1，乙烷编为11，丙烷（C_3H_8）编为21，然后写上氟原子数。例如 F-12，称为二氯二氟甲烷，分子式 CF_2CL_2 中有一个碳原子，不含氢为甲烷。故起首数编为1，又有2个氟原子，故编写成 F-12。

②把含氢的甲烷衍生物数字首位定为1，再加上氢原子数目为起首数。然后写上氟原子。例如 F-22（CHF_2CL）又称一氯二氟甲烷，因为甲烷是1，氢原子数为1，相加为2，又有氟原子数为2，所以缩写成 F-22。

（4）共沸溶液是由两种以上制冷剂组成的混合物。

共沸混合物在蒸发和冷凝过程也不分离。就像一种制冷剂一样。目前实用的有 R500、R502 等。与 R22 相比其压力稍多，制冷能力在较低温度下提高13%左右。此外在相同蒸发温度和冷凝温度下。压缩机的排气温度较低。可以扩大单组压缩机的使用温度范围，所以发展前景看好。

关于制冷剂对大气环境的污染问题，这是关系到人类健康和生存的大事，也是国际社会共同关心的问题。在20世纪90年代以前，广泛应用的制冷剂是氟里昂和氨等。氨的汽化潜热大，制冷能力强，价格低廉，但具有较强的毒性，且对铜有腐蚀性。氟利昂制冷剂历史以来因其优异的使用性能和安全性，得到了广泛的应用，例如 CFC12（R12）、CFC11（R11）和 HCFC22（R22）等分别作为冰箱、汽车空调、冷水机组和空调热泵的主要制冷剂。

由于 CFC 和 HCFC 物质进入大气后能逐渐穿越对流层而进入同温层,在紫外线的照射下,CFC 和 HCFC 物质中的氯游离成氯离子并与臭氧发生连锁反应,使臭氧的浓度急剧减小,大大削弱了对紫外线的吸收能力,从而导致人体免疫功能的降低,农、畜、水产品的减产,破坏生态平衡,并且空中大量的 CFC 和 HCFC 物质,还加剧了温室效应。国际社会分别于1985 年和 1987 年制定了《保护臭氧层维也纳公约》和《关于消耗臭氧层物质的蒙特利尔议定书》,中国于 1991 年加入了《蒙特利尔议定书》国际公约组织,并承诺了消耗臭氧层物质的控制时间表,即 R12 和 R22 的完全淘汰时间分别于 2010 年和 2030 年。目前许多 R12 和R22 的替代产品正相继问世,例如:R134a、R600aKLB、R407c 等,它们的使用效果较好,各项性能指标优越,并能满足环保要求。其中新制冷剂 R134a 是一种含氢的氟代烃物质,其基本的物理性质为:分子式为 CH_2FCF_3;分子量为 102.031;凝固点为 $-101.15℃$;沸点为$-26.18℃$;临界温度为 $101.15℃$;临界压力为 4.064MPa。由于它不含氯原子,因而不会破坏臭氧层,对温室效应的影响也不大,仅为原 CFC12 的 30% 左右。毒性试验结果表明等于或低于 CFC12,不可燃,而且其正常沸点和蒸气压力曲线与 CFC12 十分接近,热工性能也接近 CFC12。目前 R134a 在中温制冷与空调系统,如家用或商业冰箱、汽车空调等产品中得到广泛应用。表 8-1 给出了常用制冷剂的物理性质,表 8-2、表 8-3 分别为氨饱和蒸汽、氟利昂12 饱和蒸汽的部分热力参数。至于制冷剂的热力参数图,如常用的 T-s 图、lgp-h 图、h-s 图等,可参考其他有关热工书籍和手册。

几种制冷剂的物理性质 表 8-1

名　称	化学式	分子量	沸点 $(1.0133 \times 10^5 Pa)$	临界温度 (℃)	临界压力 (MPa)	冰点 $(1.0133 \times 10^5 Pa)$
水	H_2O	18.016	100.00	374.15	22.565	0.0
氨	NH_3	17.031	-33.4	132.15	11.15	-77.7
氟利昂 11	$CFCl_2$	137.382	-23.7	198.0	4.196	-111.0
氟利昂 12	CF_2Cl_3	120.925	-29.8	112.04	3.96	-155.0
氟利昂 13	CF_2Cl	104.468	-81.50	28.78	3.936	-180.0
氟利昂 22	CHF_3Cl	86.48	-40.60	96.0	4.933	-160.0
氟利昂 113	$C_2F_3Cl_3$	187.39	47.60	214.10	3.415	-36.5
氟利昂 142	$C_2H_3F_2Cl$	100.48	-9.21	137.10	3.932	-130.8
R134a	CH_2FCF_3	102.03	-26.26	101.1	4.067	-96.6
二氧化碳	CO_2	44.011	-78.48	31.04	7.3	-56.6
二氧化硫	SO_2	64.06	-10.00	157.30	7.78	-75.3
氯甲烷	CH_3Cl	50.49	-23.74	143.10	6.59	-97.6

氨饱和蒸汽的性质 表 8-2

$t(℃)$	$p(10^5 Pa)$	$h'(kJ/kg)$	$h''(kJ/kg)$	$S'[kJ/(kg \cdot K)]$	$S''[kJ/(kg \cdot K)]$
-30	1.1954	282.27	1640.85	3.6601	9.2486
-20	1.9025	327.28	1655.71	3.8171	9.0895
-10	2.9086	372.75	1669.15	4.0164	8.9438
-6	3.4173	391.05	1674.09	4.0851	8.8690
0	4.2943	418.68	1681.08	4.1868	8.8094

$t(\text{℃})$	$p(10^5\text{Pa})$	$h'(\text{kJ/kg})$	$h''(\text{kJ/kg})$	$S'[\text{kJ}/(\text{kg}\cdot\text{K})]$	$S''[\text{kJ}/(\text{kg}\cdot\text{K})]$
10	6.1498	465.20	1691.26	4.3530	8.6838
20	8.5720	512.38	1699.55	4.5155	8.5658
30	11.6650	560.36	1705.83	4.6746	8.4536
40	15.5435	609.26	1709.76	4.8370	8.3455

氟利昂 12 饱和蒸汽的性质　　　　　　表 8-3

$t(\text{℃})$	$p(10^5\text{Pa})$	$h'(\text{kJ/kg})$	$h''(\text{kJ/kg})$	$S'[\text{kJ}/(\text{kg}\cdot\text{K})]$	$S''[\text{kJ}/(\text{kg}\cdot\text{K})]$
−30	1.0047	391.76	559.11	4.0835	4.7719
−20	1.5089	400.47	564.00	4.1183	4.7645
−10	2.1910	409.47	568.86	4.1528	4.7586
−6	2.5215	418.11	570.74	4.1665	4.7566
0	3.0857	418.68	573.55	4.1868	4.7539
10	4.2301	428.14	578.11	4.2204	4.7501
20	5.6670	437.90	582.47	4.2537	4.7469
30	7.4344	447.86	586.49	4.2867	4.7441
40	9.5818	458.08	590.09	4.3194	4.7410

思 考 题

1. 蒸汽压缩制冷和空气压缩制冷都是以消耗机械功为代价进行制冷循环的装置,但是在它们之间存在着重要区别,这种区别在哪里?

2. 实际的蒸汽压缩制冷循环与理想的制冷循环有什么不同? 这些不同,从热力学观点来看,哪些是不利的?

3. 蒸汽喷射式制冷和吸收式制冷都具有较大的不可逆损失,它们的热能利用系数都较低,在实际制冷工程中却仍然选用,为什么?

4. 使用制冷机可以产生低温,利用所产生的低温物质作为冷源,可以扩大热动力循环所能利用的温差,从而提高热动力循环的热效率。这样做是否有利? 为什么?

习 题

1. 一制冷机在 −20℃ 和 30℃ 的热源间工作,若其吸热为 10kW,循环制冷系数是同温限间逆向卡诺循环的 75%,试计算:(1)散热量;(2)循环净耗功量;(3)循环制冷量折合多少"冷吨"?

2. R134a 是对环境较安全的制冷剂,用来替代对大气臭氧层有较大破坏作用的 R12。今有以 R134a 为工质的制冷循环,其冷凝温度为 40℃,蒸发器温度为 −20℃,求:(1)蒸发器和冷凝器的压力;(2)循环的制冷系数。

3. 有一氨压缩制冰机,每小时须将温度为 15℃ 的 500kg 水制成 0℃ 的冰。从蒸发器出来的氨饱和蒸汽的温度为 −10℃、压力为 $2.909 \times 10^5\text{Pa}$,被吸入压缩机后绝热压缩使其压力提高到 $11.665 \times 10^5\text{Pa}$。氨蒸气在冷凝器中凝结后,饱和液氨通过节流阀降压到 $2.909 \times 10^5\text{Pa}$ 后,进入蒸发器. 试求。(1)制冷机的制冷能力(kW);(2)每小时氨的循环流量(kg/h)。

4. 利用氨压缩制冷装置在冬天可改装成热泵设备。用来对室内供热取暖。这时蒸发器置于室外，氨从室外冷空气中吸取热量，而冷凝器则置于室内，氨蒸气在其中凝结放热。设室外温度为 $-10℃$，而室内温度需保持 $20℃$。试求：(1)向室内供热 $80 \times 10^3 kJ/h$ 时，装置所消耗的功率；(2)如果直接用电热器供给室内相同的热量，则电热器的功率应多大？

5. 有一台空气压缩制冷装置，已知冷藏库的温度为 $-10℃$，而冷凝器中冷却水的温度为 $15℃$，空气最高压力为 $5 \times 10^5 Pa$，最低压力为 $10^5 Pa$。试求：(1)制冷系数；(2)1kg 空气的制冷能力；(3)装置消耗的功。

6. 设有一制冷装置按逆向卡诺循环工作，冷库温度为 $-5℃$，环境温度为 $20℃$，求：(1)制冷系数的值；(2)又若利用该机器作热泵，由 $-5℃$ 的环境取热而向 $20℃$ 的室内供热，求其热泵系数。

7. 有一台氨蒸气压缩制冷装置，其冷库温度为 $-10℃$，冷凝器中冷却水温度为 $20℃$，试求：单位质量工质的制冷量、装置消耗的功、冷却水带走的热量、制冷系数。

8. 一个以氟利昂 12 为工质的理想蒸气压缩制冷循环，运行在 $900kPa$ 和 $300kPa$ 之间，离开冷凝器的工质有 $5℃$ 的过冷度，试确定循环的性能系数。若工质改用新制冷剂 R134a，其性能参数又为多少？

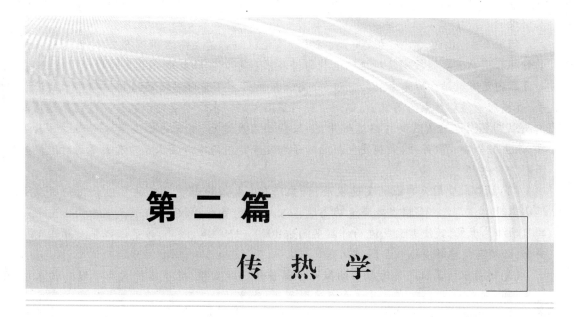

第二篇

传 热 学

　　传热学是一门研究热能传递规律的科学。热力学第二定律指出:只要有温度差存在,热能总是自发的从高温物体向低温物体传递。自然界中物体与物体之间、物体本身各部分之间都普遍存在温度差,所以,热能传递是一种自然现象。传热学和热力学是从两个不同的角度来研究热能问题。热力学着重研究不同形式的能量和热能之间的相互转换的规律,而传热学则是研究热能传递的规律。例如热力学可以计算出某高温物体放入冷水后两者的平衡温度,但却不能计算出两者达到热平衡时所需的时间。而传热学则可以计算出其达到热平衡所需的时间。

　　热量传递过程的驱动力是温度差,简称温差,用 Δt 表示,其单位为℃或 K。一般而言,温差越大,传递的热量越多。因此,热量传递过程与温度分布紧密联系在一起。

　　传热量的大小通常用热流量来表示,记为 Φ,单位为 W,它表示单位时间内通过某一给定面积上的热量。

　　单位面积上通过的热流量称为热流密度,记为 q,其单位为 W/m²。

　　传热问题大致可以分为两类,一类着眼于传热过程热流量的大小及其控制,或者增强传热,或者削弱传热。例如,在各类热交换器中,为了提高换热效率、减小换热器体积,使其结构更加紧凑,就必须增强传热,即提高传热过程热流密度;相反,为了使热力管道减小散热损失,就必须采取隔热保温措施,以削弱传热,即减小传热过程热流密度。另一类传热问题则着眼于温度分布及其控制,例如,在内燃机内汽缸活塞中的温度分布、在蒸汽轮机的起动和停车过程中汽缸壁内温度分布及温升(温降)速度的控制等。

一、传热过程的普遍性

　　在自然界和工业生产中,传热现象随处可见。特别是在能源动力、机械制造、交通运输、航空航天、材料冶金、电气电信、化工制药、生物工程等领域更是蕴藏着大量的传热问题,并且形成了如相变与多相流传热、微尺度传热、生物传热、超常传热等传热学的多个学科分支。在某些情况下,传热技术及其相关传热设备甚至成为某些行业或系统的关键技术,以下略举几例说明。

(1)在现代化的大型火力发电站、锅炉和汽轮机组都是在高温高压下工作,其传热性能的好坏和壁面温度的控制将对机组运行的经济性和安全性产生至关重要的影响。例如,在凝汽器内蒸汽凝结向冷却水的传热过程、高压和低压加热器内蒸汽凝结加热循环水的过程等,直接影响循环效率的高低;在锅炉炉膛内高温火焰向水冷壁管内水的传热过程和过热器内高温烟气向过热蒸汽的传热过程中,如果壁面温度过高,很容易造成水冷壁和过热器爆管,产生安全事故。另外,大型发电机的转子和定子绕组的冷却技术也涉及大量的对流换热问题。

(2)随着航空航天事业的飞速发展,传热问题显得越来越突出。通常航天飞行器在重返地球时,会以 $10 \sim 36$ 倍当地声速的高速再入大气层,由于摩擦,会在航天器表面发生剧烈的气动加热现象,致使表面气流局部温度高达 $3000 \sim 11000K$,因此,为了保证航天器的飞行安全,必须有效地解决冷却与隔热问题。

(3)随着以计算机芯片为代表的微电子器件的飞速发展,电子器件的高效散热技术也需要不断地改进、提高。在芯片体积迅速微型化、线宽快速下降时,芯片表面的热流密度会迅速增大,目前已超过 $106W/m^2$,因而电子器件的有效散热方式已成为影响电子器件寿命及工作可靠性的关键技术之一。

(4)随着人体器官及皮肤癌变的热诊断与高温治疗技术的不断进步,激光和超低温外科手术及其他临床康复技术均得到了不同程度的发展,其中涉及大量的传热过程,因此,形成了生物传热学分支。在生物传热研究中,主要的困难在于生物组织结构的复杂性。生物体内有很多血管,要确定因血液灌流导致的热量传递是非常困难的,它涉及非牛顿流体(如血液)和多孔介质(如肌肉)等问题。另一方面,几乎所有的动物都具备通过神经系统来感知和调节自身温度的能力,这是一套极其复杂的温度传感和控制系统,从而使得生物系统的传热规律成为自然界最复杂的传热现象之一。

(5)在可再生能源的开发和利用中也处处涉及传热问题。例如,在太阳能的热利用过程中,涉及太阳辐射能的吸收、热能的储存和传递等,在生物质能的利用过程中,涉及生物质的加热、裂解、冷却等问题,其中存在着大量的传热过程。

二、热量传递的三种基本方式

自然界的热量传递有三种方式,它们是热传导(导热)、热对流和热辐射。所有的热量传递过程都是以这三种方式进行的。一个实际的热量传递过程可以是以其中的一种热量传递方式进行的,但多数情况下都是以两种或三种方式进行的。

1.热传导

热传导(heat conduction)简称导热,是在物体内部或者相互接触的物体表面之间,由于分子、原子及自由电子等微观粒子的热运动而产生的热量传递现象。例如:手握金属棒的一端,将另一端伸进灼热的火炉,就会有热量通过金属棒传到手掌,这种热量传递现象就是通过导热引起的。

当物体内部存在温度梯度时,热量就会通过热传导从温度高的区域传递到温度低的区域。

在工业上和日常生活中,大平壁的导热是最简单、最常见的导热问题,例如通过炉墙和房屋墙壁的导热等。当平壁两表面温度维持均匀且恒定不变时,可近似地认为平壁内的温度只沿垂直于壁面的方向发生变化,并且不随时间改变;热量只沿着垂直于壁面的方向传递,如图 0-1 所示。

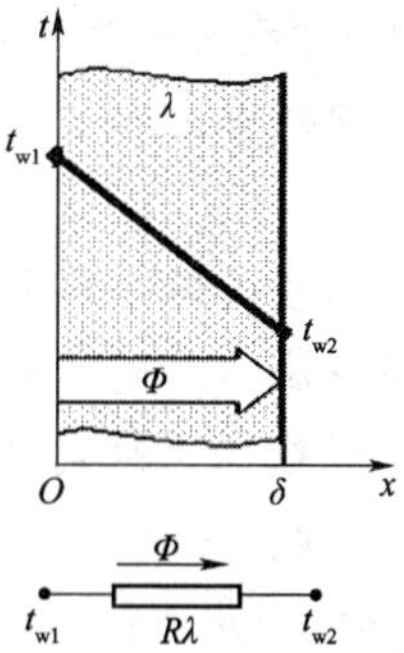

实验证实,平壁一维稳态导热的热流量与平壁的面积 A 及两侧的温差 $t_{W1} - t_{W2}$ 成正比,与平壁的厚度成反比,并与平壁的导热性能有关,可表示为

$$\Phi = A\lambda \frac{t_{W1} - t_{W2}}{\delta} \qquad (0\text{-}1)$$

式(0-1)中的比例系数 λ 为材料的热导率,又称导热系数。单位是 $W/(m \cdot K)$,其数值大小反映了材料的导热能力,热导率(导热系数)越大,材料的导热能力越强。材料的导热系数一般由实验测得,接下来将进一步讨论。

图 0-1　大平壁的导热

借鉴电学中欧姆定律表达式的形式(电流 = 电位差/电阻),热流量的式子可以写成"热流 = 温度差/热阻"的形式。即

$$\Phi = \frac{t_{W1} - t_{W2}}{\dfrac{\delta}{A\lambda}} = \frac{t_{W1} - t_{W2}}{R_{\lambda}} \qquad (0\text{-}1a)$$

式(0-1a)中 $\dfrac{\delta}{A\lambda}$ 称为平壁的导热热阻,单位为 K/W。平壁厚度越大,导热热阻越大;导热材料的导热系数越大,导热热阻越小。热阻是一个重要的概念,表示物体对热量传递的阻力,热阻越小,传热越强。

通过平壁一维稳态导热的热流密度为

$$q = \frac{\Phi}{A} = \lambda \frac{t_{W1} - t_{W2}}{\delta} = \frac{t_{W1} - t_{W2}}{\dfrac{\delta}{\lambda}} \qquad (0\text{-}2)$$

式中 $\dfrac{\delta}{\lambda}$ 称为单位面积平壁的导热热阻,简称面积热阻,单位是 $m^2 \cdot K/W$。

【例 0-1】　三块分别由纯铜、碳钢和硅藻土砖制成的大平板,它们的厚度都为 $\delta = 50mm$,两侧表面的温差都是 $\Delta t = t_{W1} - t_{W2} = 100℃$ 不变,试求通过平板的热流密度,纯铜、碳钢和硅藻土砖的导热系数分别为 $\lambda_1 = 398W/(m \cdot K)$,$\lambda_2 = 40W/(m \cdot K)$,$\lambda_3 = 0.242W/(m \cdot K)$。

解:这是通过大平板的一维稳态导热问题,根据公式:
对于纯铜板,热流密度为

$$q_1 = \lambda_1 \frac{t_{W1} - t_{W2}}{\delta} = 398W/(m \cdot K) \times \frac{100℃}{0.05m} = 7.96 \times 10^5 W/m^2$$

对于碳钢板

$$q_2 = \lambda_2 \frac{t_{W1} - t_{W2}}{\delta} = 40W/(m \cdot K) \times \frac{100℃}{0.05m} = 0.8 \times 10^5 W/m^2$$

对于硅藻土砖

$$q_3 = \lambda_3 \frac{t_{W1} - t_{W2}}{\delta} = 0.242W/(m \cdot K) \times \frac{100℃}{0.05m} = 4.84 \times 10^2 W/m^2$$

2. 热对流
若流体有宏观的运动,且内部存在温差,则由于流体的宏观运动使温度不同的流体发生

相对位移而产生的热量传递现象称为热对流(heat convection)。显然,热对流只发生在流体之中,而且必然伴随着有微观粒子热运动产生的导热。故热对流和热传导总是同时存在的。如锅炉中水和管壁之间、室内空气与暖气片及墙面之间的热量交换等。

当流体流经物体表面时,由于黏性作用,紧贴物体表面的流体是静止的,热量传递的方式只能是以导热的方式进行。离开物体表面,流体具有宏观运行,热对流方式将发挥作用。所以流体和固体表面的热量传递是热对流和导热两种基本方式来共同作用的结果,这种传热现象称为对流换热。

就引起流动的原因而论,对流换热可分为强制对流(forced convection)和自然对流(natural convection)两大类。如果流体的流动是由于水泵、风机或其他压差作用而引起的,则为强制对流。自然对流是由于流体、冷热部分之间的密度不同而导致的流体的流动。另外工程上经常遇到流体在热表面上的沸腾及蒸汽在冷表面上的凝结的对流传热问题,分别简称沸腾换热(boiling heat transfer)及凝结换热(condensation heat transfer)。

1701年,英国科学家牛顿提出,当物流受到流体冷却时,表面温度对时间的变化率与流体和物体表面间的温差Δt成正比。在此基础上,人们后来总结出来计算对流换热的基本计算式,称为牛顿冷却公式,形式如下:

$$\Phi = Ah\Delta t \tag{0-3}$$
$$q = h\Delta t \tag{0-4}$$

式中:Δt——流体和物体表面的温差,约定永远为正,当流体被加热时$\Delta t = t_w - t_f$,当流体被冷却时,$\Delta t = t_f - t_w$,t_w为固体壁面温度,℃;t_f为流体温度,℃;

  h——对流换热的表面传热系数,习惯上称为对流换热系数,$W/(m^2 \cdot K)$。

牛顿冷却公式也可写成热阻的形式,即

$$\Phi = \frac{t_w - t_f}{\frac{1}{Ah}} = \frac{t_w - t_f}{R_h}$$

式中:$R_h = \dfrac{1}{Ah}$——对流换热热阻,K/W。

对流换热的表面传热系数反映了对流换热的强弱,它不仅取决于流体的物性(黏度、导热系数、密度、比热容等)、流动的形态(层流、紊流)、流动的成因(自然对流和强迫对流)、物体的表面形状和尺寸,还与流体有无相变(凝结和沸腾)有关。接下来将详细讨论。对流换热的表面传热系数的大致范围见表0-1。

对流换热表面传热系数的大致范围   表0-1

对流换热类型	表面传热系数$h[W/(m^2 \cdot K)]$	对流换热类型	表面传热系数$h[W/(m^2 \cdot K)]$
空气自然对流	1~10	水强制对流	1000~1500
水自然对流	200~1000	水沸腾	2500~35000
空气强制对流	10~100	水蒸气凝结	5000~25000
高压水蒸气强制对流	1~15000		

【例0-2】 一室内暖气片的散热面积为$A = 2.5m^2$,表面温度为$t_w = 50℃$,和温度为20℃的室内空气之间自然对流换热的表面传热系数为$h = 5.5W/(m^2 \cdot K)$。试求该暖气片的对流换热量。

解:暖气片和室内空气之间是稳态的自然对流换热,则

$$\Phi = Ah(t_W - t_f) = 2.5m^2 \times 5.5W/(m^2 \cdot K) \times (50℃ - 20℃) = 412.5W$$

3. 热辐射

辐射是指物体受某种因素的激发而向外发射辐射能的现象。通常是通过电磁波来传递能量。物体会因各种原因而向外发射辐射能，其中因热的原因而发出辐射能的现象称为热辐射(thermal radiation)。

自然界的各个物体都在不停的向空间发出辐射能，同时又在不断的吸收其他物体发出的辐射能。辐射与吸收过程的综合作用就造成了以辐射方式进行的物体之间能量传递——辐射换热(radiative heat transfer)。

导热和对流必须有物质存在的条件下才能实现，而热辐射可以在真空中传递，而且实际上在真空中辐射能传递最有效。一切温度高于 OK 的物体都能产生热辐射，温度越高，辐射出的总能量就越大，短波成分也越多。

物体表面单位时间内单位面积对外辐射的能量称为辐射力，用 E 表示，常用单位是 $J/m^2 \cdot s$ 或 W/m^2，其大小与物体表面性质及温度有关。实践与理论证实，辐射力与温度的四次方成正比，即斯蒂芬玻耳兹曼定律：

$$E = \varepsilon \sigma T^4$$

式中：ε——物体表面发射率；

σ——黑体辐射常数，$\sigma = 5.67 \times 10^{-8} W/(m^2 \cdot K^4)$；

T——热力学温度，K。

如果一个表面积为 A_1、表面温度为 T_1、发射率为 ε_1 的物体被包容在一个很大的表面温度 T_2 为的空腔内，此时的辐射换热量可以用下式来计算：

$$E = \varepsilon_1 A_1 \sigma(T_1^4 - T_2^4)$$

以【例 0-2】为例来计算，若该暖气片的发射率为 $\varepsilon = 0.8$，室内墙壁温度为 20℃，试计算该暖气片和墙壁的辐射换热量。

解： 墙壁和暖气片之间的换热量为

$$\Phi = \varepsilon A \sigma(T_1^4 - T_2^4) = 0.8 \times 2.5m^2 \times 5.67 \times 10^{-8} W/(m^2 \cdot K^4) \times (323^4 - 293^4)K^4 = 398.5W$$

通过计算可以看出此暖气片室内的对流散热量和辐射散热量大致相当，不能忽略。

三、传热过程和传热系数

工程上经常遇到热量从壁一侧的流体通过壁传递给另一侧的流体，称为传热过程(overall heat transfer process)。

设有一大平壁，如图 0-2 所示，面积为 Am^2，两侧分别为 t_{f1} 的热流体和温度为 t_{f2} 的冷流体，两侧的换热系数分别为 h_1 和 h_2，两侧的壁温分别为 t_{W1} 和 t_{W1}，壁材的导热系数为 λ，厚度为 δ，若导热过程处于稳态，对传热过程三个阶段分析可得：

（1）热量由热流体以对流换热的形式传递给壁左侧，对于单位时间和单位面积有

$$q_1 = h_1(t_{f1} - t_{W1})$$

（2）热量以导热方式传递给壁，则

$$q_2 = \frac{\lambda}{\delta}(t_{W1} - t_{W2})$$

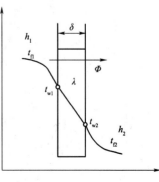

图 0-2 大平壁传热过程示意图

（3）热量由壁右侧以对流换热的方式传递给流体，即

$$q_3 = h_2(t_{w2} - t_{f2})$$

在稳态情况下，以上三式的热流密度 q 相等，整理后得

$$q = \frac{1}{\frac{1}{h_1} + \frac{\delta}{\lambda} + \frac{1}{h_2}}(t_{f1} - t_{f2}) = k(t_{f1} - t_{f2}) \qquad (\text{W/m}^2)$$

$$k = \frac{1}{\frac{1}{h_1} + \frac{\delta}{\lambda} + \frac{1}{h_2}} \qquad [\text{W/(m}^2 \cdot \text{℃})]$$

式中，k 为传热系数(overall heat transfer coefficient)，它表明单位时间、单位面积上，冷热流体通过壁面时单位温差传递的热量。k 可以反映传热过程的强弱。可以按热阻形式写成：

$$q = \frac{t_{f1} - t_{f2}}{\frac{1}{k}} = \frac{\Delta t}{R_k}$$

R_k 为平壁单位面积的传热热阻，即

$$R_k = \frac{1}{k} = \frac{1}{h_1} + \frac{\delta}{\lambda} + \frac{1}{h_2} \qquad [(\text{m}^2 \cdot \text{℃})/\text{W}]$$

可见传热热阻等于热流体、冷流体与壁面的对流换热热阻及壁面的导热热阻之和，相当于串联电阻的计算方法。对于换热器，k 值越大说明传热越好；但是对于建筑物维护结构和热力管道的保温层等，k 值越小越好。

学习传热学的目的：认识传热规律；计算各种情况下的传热量或传热过程中的温度分布；学习增强或削弱热量传递过程的方法以及对传热现象进行研究方法。

第九章 导　热

导热是物体在没有相对位移的条件下，由于物体各部分的温度不同而导致的热传递现象。只要物体内有温度差，就会有导热现象出现。所以导热过程与物体内部温度分布状态有密切的联系。研究导热的主要目的在于确定物体内的温度分布和计算导热量。本章在阐述有关导热的基本概念和定律的基础上，应用能量守恒原理和傅里叶导热定律推导出固体导热的微分方程，然后介绍一维稳定导热问题的计算方法。

第一节　基 本 概 念

一、温度场

物体的导热、热对流现象是由于物体各部分之间存在温差而产生的，传热量的大小也是温度差的函数。所以研究物体内各点温度的状况是至关重要的。为描述物体内各点温度的状况，引入等温面、等温线、温度场和温度梯度的概念。

温度场是指某一时刻物体内部各点温度的分布。如果物体内各点的温度不随时间的变化而变化，则称该温度场为稳态温度场。稳态温度场可用函数表示，即

$$T = f(x,y,z)$$

若物体内各点的温度随时间而变化，则称该温度场为非稳态温度场。其函数形式为

$$T = f(x,y,z,\tau)$$

等温面是指某一时刻物体内温度相同的点连接而成的曲面。一个温度场中有若干个等温面。等温线是指定的某截面上温度相等的点的连线。在同一时刻，温度场中的各等温面、等温线是不会相交的。等温面、等温线的形状根据物体的温度分布可能是各式各样的。

二、温度梯度

在温度场中，等温面上不存在热量的传递，物体内的热传递只能发生在不同的等温面之间。如图 9-1 所示。

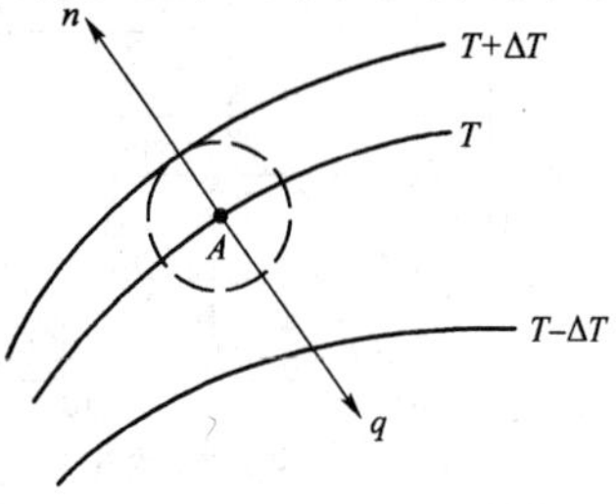

对于一般的温度场来说，自等温面 T 的 A 点出发走单位长度的距离所达到的等温面是不同的，总存在一个与 T 有最大温差的等温面及相应的路径方向。也可以说对于两个等温面之间一定存在一个最短距离方向，且显然是 A 点的法线方向。对于这种现象可用温度梯度来描述它，温度梯度是指两等温面之间的温度差 ΔT 与其法线方向上的距离 Δn 之比值的极限，记为 gradT，即

图 9-1　温度梯度与热流方向

$$\operatorname{grad}T = \lim_{\Delta n \to 0}\frac{T + \Delta T - T}{\Delta n} = \frac{\partial T}{\partial n} \qquad (K/n) \tag{9-1}$$

由式(9-1)可知,温度梯度即等温面法线方向上单位长度的温度增量。另外,热传递方向与温度梯度方向相反。

第二节 导热的基本定律

一、傅里叶定律

1822年法国数学物理学家傅里叶提出了导热基本定律。即对任一温度场,因导热所形成的势点的热流密度正比于同时刻该点的温度梯度,其数学形式为

$$q = -\lambda\operatorname{grad}T = -\lambda\frac{\partial T}{\partial n} \qquad (W/m^2) \tag{9-2}$$

式中比例系数 λ 称为物质的导热系数。式中的负号表明导热流的方向永远沿着温度降低的方向。

物质导热系数是一个重要的热物理性质参数。若已知物质的导热系数,就可以利用式(9-2),根据温度场而求出物体内各点的传热量。由式(9-2)变形可得到导热系数的定义式,即

$$\lambda = \frac{-q}{\operatorname{grad}T} \qquad [W/(m \cdot K)]$$

因此,物质的导热系数为沿导热方向单位长度上,温度降低 1K 时,所容许导过的热流密度,即它在数值上等于物体中温度降低 1K/m 时的热流密度。所以,导热系数表示了物质导热能力的大小。

二、导热系数

导热系数是衡量物质导热能力的重要指标。不同物质的 λ 不同;即使是同一物质,其导热系数 λ 的值还和物质物体的结构、密度、成分、温度、湿度等有关。由于影响导热系数 λ 的因素很多,因此各种物质的导热系数一般都用实验测定。

各种物质导热系数的范围:气体为 $0.006 \sim 0.6W/(m \cdot K)$;液体为 $0.07 \sim 0.7W/(m \cdot K)$;金属为 $6 \sim 470W/(m \cdot K)$;保温与建筑材料为 $0.02 \sim 3W/(m \cdot K)$。所以,一般条件下,金属的导热系数最大,气体最小,液体和非金属固体的导热系数在两者之间,如图9-2所示。

由图9-2可知,各种材料的 λ 随温度升高而变化的趋势不尽相同。气体的导热系数 λ 值都随温度升高而增大。这是因为温度增高时,其分子的动能增大,分子之间的碰撞频率增加,故导热系数增大。另外,在常压下气体的 λ 与气体所

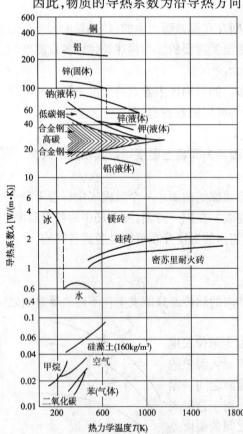

图9-2 各种物质的导热系数与温度的关系

处的压力状况无关,但当压力超过1MPa时,气体导热系数就与压力有关。

除水与甘油外,液体的导热系数一般都随温度升高有所减少。这是因为随着温度的升高,液体的密度会有所下降而产生的。液体的λ一般与液体所处的压力状态无关。纯金属材料的导热系数多数也是随着温度的升高而有所减少。这是因为当温度升高时,金属中的晶格振动加剧,阻碍了自由电子的运动,从而导致了导热系数的下降。非纯金属的金属材料的导热系数随温度升高的变化趋势有增加的,也有减少的,应特别注意。

对于$\lambda < 0.23\text{W}/(\text{m}\cdot\text{K})$的材料称为保温(或绝热)材料,如石棉、硅藻土、泡沫混凝土制品等,保温材料导热系数与材料的结构、多孔度、密度、湿度有关。一般来说,大多数材料的λ随温度升高而增加。当材料的湿度增加时,其导热系数下降。工程上常用材料的导热系数可查阅附表D、E。在一定温度范围内,大多数工程材料的导热系数可近似地用下式计算。即

$$\lambda = \lambda_0(1 + bT) \qquad (9\text{-}3)$$

式中:λ_0——0℃时材料的导热系数;

b——实验常数。

因而在某温度范围内材料的平均导热系数λ_m可表示为

$$\lambda_m = \frac{1}{2}(\lambda_1 + \lambda_2) = \lambda_0(1 + bT_m) \qquad (9\text{-}4)$$

式中:$T_m = \frac{1}{2}(T_1 + T_2)$。

第三节　导热微分方程式

利用上节介绍的傅里叶定律和导热系数概念,可以求解一维稳定温度场中的各点的热流密度及方向。但实际生产与生活中常见的传热属于三维空间上的非稳定温度场中的传热问题,本书不介绍这些复杂传热的分析计算问题,所以,在此,仅对导热微分方程式作一简单介绍。

设有一个各向同性的三维导热物体,它的导热系数λ、比热容c和密度ρ各为定值。图9-3是取出的微元体。

根据傅里叶定律,在$\mathrm{d}\tau$时间内从x、y、z方向导入的热量分别为

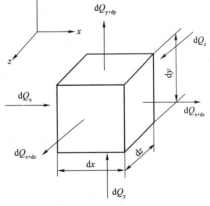

$$\left.\begin{array}{l} \mathrm{d}Q_x = -\lambda\dfrac{\partial T}{\partial x}\mathrm{d}y\mathrm{d}z\mathrm{d}\tau \\[2mm] \mathrm{d}Q_y = -\lambda\dfrac{\partial T}{\partial y}\mathrm{d}x\mathrm{d}z\mathrm{d}\tau \\[2mm] \mathrm{d}Q_z = -\lambda\dfrac{\partial T}{\partial z}\mathrm{d}x\mathrm{d}y\mathrm{d}\tau \end{array}\right\} \qquad (9\text{-}4\mathrm{a})$$

图9-3　三维导热的微元体

在$\mathrm{d}\tau$时间内,从x、y、z方向导出的热量分别为

$$\left.\begin{array}{l} \mathrm{d}Q_{x+\mathrm{d}x} = -\lambda\dfrac{\partial}{\partial x}\left(T + \dfrac{\partial T}{\partial x}\mathrm{d}x\right)\mathrm{d}y\mathrm{d}z\mathrm{d}\tau \\[3mm] \mathrm{d}Q_{y+\mathrm{d}y} = -\lambda\dfrac{\partial}{\partial y}\left(T + \dfrac{\partial T}{\partial y}\mathrm{d}y\right)\mathrm{d}x\mathrm{d}z\mathrm{d}\tau \\[3mm] \mathrm{d}Q_{z+\mathrm{d}z} = -\lambda\dfrac{\partial T}{\partial z}\left(T + \dfrac{\partial T}{\partial z}\mathrm{d}z\right)\mathrm{d}x\mathrm{d}y\mathrm{d}\tau \end{array}\right\} \qquad (9\text{-}4\mathrm{b})$$

据能量守恒定律,当微元体中无热源或冷源时,微元体从 x、y、z 方向上获得的净热量分别为式(9-4a)与式(9-4b)之差。即

$$dQ'_x = dQ_x - dQ_{x+dx} = \lambda \frac{\partial^2 T}{\partial x^2} dx dy dz d\tau$$
$$dQ'_y = dQ_y - dQ_{y+dy} = \lambda \frac{\partial^2 T}{\partial y^2} dx dy dz d\tau$$
$$dQ'_z = dQ_z - dQ_{z+dz} = \lambda \frac{\partial^2 T}{\partial z^2} dx dy dz d\tau$$

(9-4c)

在 $d\tau$ 时间内微元体获得的净热量为

$$dQ = dQ'_x + dQ'_y + dQ'_z = \lambda \left(\frac{\partial^2 T}{\partial x^2} + \frac{\partial^2 T}{\partial y^2} + \frac{\partial^2 T}{\partial z^2} \right) dx dy dz d\tau$$

(9-4d)

当物体的比热容、密度为常数时,$dQ = c\rho \frac{\partial T}{\partial \tau} dx dy dz d\tau$。故式(9-4d)可改写为如下形式

$$c\rho \frac{\partial T}{\partial \tau} = \lambda \left(\frac{\partial^2 T}{\partial x^2} + \frac{\partial^2 T}{\partial y^2} + \frac{\partial^2 T}{\partial z^2} \right)$$

或

$$\frac{\partial T}{\partial \tau} = \frac{\lambda}{c\rho} \left(\frac{\partial^2 T}{\partial x^2} + \frac{\partial^2 T}{\partial y^2} + \frac{\partial^2 T}{\partial z^2} \right) = a \nabla^2 T$$

(9-5)

式中:∇^2——拉普拉斯算子;

$a = \dfrac{\lambda}{c\rho}$——导温系数(或热扩散率),$m^2/s$。

导温系数 a 取决于物体导热系数 λ、物质密度与比热容。导热系数大且密度、比热容小的物质的导温系数大。由式(9-5)可知当 a 取较大值时,物体温度的变化率 $\frac{\partial T}{\partial \tau}$ 也大,这说明物体中的温度变化很快,物体的温度容易趋向平衡。因此导温系数值的大小反映了物体在加热或冷却时各部分温度趋向一致的能力。

对于稳定温度场,$\frac{\partial T}{\partial \tau} = 0$,而导温系数 a 不等于零,故由式(9-5)可得

$$\left(\frac{\partial^2 T}{\partial x^2} + \frac{\partial^2 T}{\partial y^2} + \frac{\partial^2 T}{\partial z^2} \right) = 0$$

(9-6)

式(9-6)称为三维稳态导热微分方程式,又称拉普拉斯方程式。它是研究稳定温度场和稳态导热的基本方程式。要利用稳态导热微分方程式求解具体的导热问题,还必须给出求解导热微分方程的单值性条件。这些条件归纳为

(1)物理条件:参与导热过程的物质的物理性能参数。如 λ、c、ρ、a 等。

(2)几何条件:参与导热的物体的大小和形状。如长杆、薄板等。

(3)初始条件:对导热过程有影响的初始瞬间的温度分布。

(4)边界条件:与导热过程有关的边界换热情况。一般又分为三种情况,即已知任何瞬间的边界温度;已知任何瞬间边界上传递的热量;已知周围介质的温度和对流换热系数。

利用上述条件可得式(9-6)的一般解和一般解中的积分常数,从而求出导热体的温度分布的数学表达式。即

$$T = f(x, y, z)$$

第四节　简单形状物体的一维稳态导热计算

一、通过平壁的导热

所谓平壁就是长度、宽度比厚度大很多,从长宽方向导入或导出的热量,与沿厚度方向同时导入或导出的热量相比可以忽略。设单层平壁厚度为 δ,平壁两侧表面分别维持均匀、恒定的温度 T_1 和 T_2,且 $T_1 > T_2$。设平壁的导热系数 λ 为常数(物理条件)。如图9-4所示。

下面利用导热基本方程式(9-6)来建立单层平壁的导热的计算公式。因单层平壁导热只发生在 x 轴上(几何条件)。所以,由式(9-6)可得

$$\frac{\mathrm{d}^2 T}{\mathrm{d}x^2} = 0 \qquad\qquad\text{(a)}$$

该微分方程式的一般解为

$$T = c_1 x + c_2 \qquad\qquad\text{(b)}$$

如图9-4所示,单层平壁稳定导热因导热与 t 无关,不需加初始条件,其边界条件为

$$x = 0 \text{ 时},T = T_1$$
$$x = \delta \text{ 时},T = T_2 \qquad\qquad\text{(c)}$$

利用边界条件求出的积分常数为

$$c_1 = \frac{T_2 - T_1}{\delta}$$

$$c_2 = T_1$$

所以,单层平壁导热的基本方程为

$$T = \frac{T_2 - T_1}{\delta}x + T_1 \qquad\qquad\text{(9-7)}$$

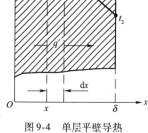

图9-4　单层平壁导热

显然,该温度场的等温面族是平行于平壁侧面的。该温度场的温度梯度为

$$\operatorname{grad} T = \frac{\mathrm{d}T}{\mathrm{d}x} = \frac{T_2 - T_1}{\delta}$$

将上式代入傅里叶公式式(9-2)可得到求解单层平壁稳态导热公式

$$q = -\lambda \operatorname{grad} T = -\lambda \frac{T_2 - T_1}{\delta} = \frac{T_1 - T_2}{\dfrac{\delta}{\lambda}} \qquad (\text{W/m}^2) \qquad\text{(9-8)}$$

称 δ/λ 为单层平壁稳态导热单位面积上的导热热阻。如果平壁面积增加,相当于并联的单位面积热阻个数增加,使平壁的总热阻下降。

设平壁的面积为 F,则通过平壁导过的总热量为

$$Q = \frac{T_1 - T_2}{\dfrac{\delta}{\lambda}}F = \frac{T_1 - T_2}{\dfrac{\delta}{\lambda F}} \qquad (\text{W}) \qquad\text{(9-9)}$$

式中:$\dfrac{\delta}{\lambda F}$ ——单层平壁的总热阻。

如果平壁的导热系数不是常数,可利用式(9-4)求出其平均导热系数 λ_m,再代入式(9-8)或式(9-9)可求出近似值。如果两侧壁面各自的温度不均匀,但差值不大,且可等分为几个温度均匀的区域,则可用下式求出壁面的平均温度。

$$\overline{T}_1 = \frac{1}{n}(T_1' + T_1'' + T_1''' + \cdots)$$

$$\overline{T}_2 = \frac{1}{n}(T_2' + T_2'' + T_2''' + \cdots) \tag{9-10}$$

式中:$(T_1', T_1'' \cdots)$、$(T_2', T_2'' \cdots)$——分别为各区域的温度值。

然后把 $\overline{T}_1$、$\overline{T}_2$ 代入式(9-8)或式(9-9)即可。

对于多层平壁的稳态导热计算公式,可以利用式(9-9)和热阻的概念简单推得。所谓多层平壁就是由几层不同材料的平壁叠在一起组成的复合平壁。各层平壁之间接触严密,如图9-5所示。设各层平壁的厚度分别为 δ_1、δ_2、δ_3,导热系数分别为 λ_1、λ_2、λ_3,两外侧表面温度均匀,分别为 T_1、T_4,且 $T_1 > T_4$;壁侧面积为 F。下面来建立通过多层平壁的导热量和各层平壁内的温度分布。

多层平壁稳态导热量依次流过各层平壁,各层平壁的热阻都阻碍热量的流过。所以多层平壁的总热阻 $R_{t\Sigma}$ 应等于各层平壁热阻之和。即

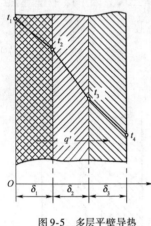

图9-5 多层平壁导热

$$R_{t\Sigma} = R_{t1} + R_{t2} + R_{t3} = \frac{\delta_1}{\lambda_1 F} + \frac{\delta_2}{\lambda_2 F} + \frac{\delta_3}{\lambda_3 F} \quad (\text{K/W}) \tag{9-11}$$

故多层平壁稳态导热的计算公式为

$$Q = \frac{T_1 - T_4}{R_{t\Sigma}} = \frac{T_1 - T_4}{\dfrac{\delta_1}{\lambda_1 F} + \dfrac{\delta_2}{\lambda_2 F} + \dfrac{\delta_3}{\lambda_3 F}} = \frac{\Delta T}{R_{t\Sigma}} \quad (\text{W}) \tag{9-12}$$

或

$$q = \frac{T_1 - T_4}{\dfrac{\delta_1}{\lambda_1} + \dfrac{\delta_2}{\lambda_2} + \dfrac{\delta_3}{\lambda_3}} \quad (\text{W/m}^2) \tag{9-13}$$

对于 n 层平壁的计算公式为

$$q = \frac{T_1 - T_{n+1}}{\sum\limits_{i=1}^{n} \dfrac{\delta_i}{\lambda_i}} \quad (\text{W/m}^2) \tag{9-13'}$$

当求得通过多层平壁的热流密度 q 之后,关于各层平壁壁面处的温度可利用下面的方程组依次求解得到。即

$$\left.\begin{array}{c} \dfrac{\delta_1}{\lambda_1} = \dfrac{T_1 - T_2}{q} \\[3mm] \dfrac{\delta_2}{\lambda_2} = \dfrac{T_2 - T_3}{q} \\[3mm] \dfrac{\delta_3}{\lambda_3} = \dfrac{T_3 - T_4}{q} \\[2mm] \vdots \end{array}\right\} \tag{9-14}$$

接触热阻在上述推导通过平壁导热的计算公式时,假定了每层壁面之间是严密接触,实际生产中很难做到这一点,各层壁面都是一些小面积或点的接触,根据前述的热阻的概念可知,当接触面积减少时,热阻增大,即使壁面之间空隙中的气体可以导热,但由于气体的导热系数很小,以致可以忽略不计。因此在多层平壁导热的研究中要充分注意接触热阻问题。

【例9-1】 某换热器中的平壁厚 $\delta_1 = 5\text{mm}$,导热系数 λ_1 为 $150\text{W}/(\text{m}\cdot\text{K})$,使用中器壁上沉积了一层厚 $\delta_2 = 1.0\text{mm}$ 的水垢,水垢的导热系数 λ_2 为 $1.5\text{W}/(\text{m}\cdot\text{K})$。换热器内外两侧的温度分别为 $t_2 = 100\text{℃}$ 和 $t_1 = 1200\text{℃}$,试求通过器壁的热流密度。若除去水垢后,两侧的温度仍然不变,问热流密度增至原来的多少倍?

解: 根据本例所给的条件,可认为器壁与水垢构成了两层平壁,器壁和水垢的热阻 R_{t1} 和 R_{t2} 分别为

$$R_{t1} = \frac{\delta_1}{\lambda_1} = \frac{5 \times 10^{-3}}{150} = 3.3 \times 10^{-5} \qquad [(\text{m}^2 \cdot \text{K})/\text{W}]$$

$$R_{t2} = \frac{\delta_2}{\lambda_2} = \frac{1 \times 10^{-3}}{1.5} = 66.6 \times 10^{-5} \qquad [(\text{m}^2 \cdot \text{K})/\text{W}]$$

热流密度为

$$q = \frac{T_1 - T_2}{R_{t1} + R_{t2}} = \frac{1200 + 273 - (100 + 273)}{3.3 \times 10^{-5} + 66.6 \times 10^{-5}} = 15.737 \times 10^5 \,\text{W}/\text{m}^2$$

除去水垢后的热流密度为

$$q' = \frac{T_1 - T_2}{R_{t1}} = \frac{1200 + 273 - (100 + 273)}{3.3 \times 10^{-5}} = 333.33 \times 10^5 \,\text{W}/\text{m}^2$$

故

$$\frac{q'}{q} = \frac{333.33 \times 10^5}{15.737 \times 10^5} = 21.18$$

所以,除去水垢后热流密度增至原来的 21.18 倍。

二、通过圆筒壁的导热

在热工设备中常遇到通过长圆管管壁导热实现管内外介质的换热的问题。因此,必须建立通过圆筒壁的导热计算公式。某圆筒长管的某一段如图9-6 所示,假设内外径分别为 r_1、r_2,长度为 l,圆筒壁的导热系数为常数,圆筒内外表面的温度分别恒为 T_1、T_2。由于一般圆筒长度远大于筒的直径(一般指长径比 $l/d > 10$ 的导热问题),且筒内外两侧温差大。沿轴向的温差很小,因此,可认为圆筒壁的导热是沿其径向的一维稳态导热,所以圆筒壁内的等温面是一些同心圆柱面族。下面建立计算通过圆筒壁的热量和壁内温度分布的公式。

在图9-6 中取一个微元的圆筒壁,如虚线所示,半径为 r,厚度为 $\text{d}r$。深入的研究表明,圆筒壁内沿径向的温度变化不是线性的,因而不能像平壁导热那样运用导热基本方程式,只能运用傅里叶定律或极坐标系来研究圆筒壁的导热问题。因此

$$Q = -\lambda F \frac{\text{d}T}{\text{d}r} = -2\pi r l \lambda \frac{\text{d}T}{\text{d}r} \qquad (\text{a})$$

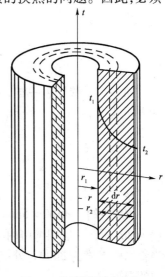

图9-6 单层圆筒壁的导热

对式(a)分离变量并积分,有

$$\frac{Q}{2\pi l}\int_{r_1}^{r}\frac{dr}{r} = -\lambda\int_{T_1}^{T}dT$$

所以

$$T = T_1 - \frac{Q}{2\pi\lambda l}\ln\frac{r}{r_1} \qquad (K) \qquad (9\text{-}15)$$

由式(9-15)可知圆筒壁内的温度分布为一对数曲线,与平壁内线性分布不同。

对于式(9-15),利用边界条件 $r = r_2$, $T = T_2$ 可得

$$T_2 = T_1 - \frac{Q}{2\pi\lambda l}\ln\frac{r_2}{r_1}$$

故有

$$Q = \frac{2\pi\lambda l(T_1 - T_2)}{\ln\frac{r_2}{r_1}} = \frac{2\pi\lambda l(T_1 - T_2)}{\ln\frac{d_2}{d_1}} \qquad (W) \qquad (9\text{-}16)$$

式中:d_1、d_2——分别为内外径。

单位长度圆筒壁上的热流量为

$$q = \frac{Q}{l} = \frac{2\pi\lambda(T_1 - T_2)}{\ln\frac{d_2}{d_1}} \qquad (9\text{-}17)$$

144

由式(9-16)可知,单层圆筒壁的导热热阻为

$$R_u = \frac{\ln(d_2/d_1)}{2\pi\lambda l} \qquad (9\text{-}18)$$

与分析多层平壁导热一样。运用热阻的串联性质,对于三层圆筒壁的导热计算公式如下:

$$Q = \frac{2\pi l(T_1 - T_4)}{\dfrac{\ln(d_2/d_1)}{\lambda_1} + \dfrac{\ln(d_3/d_2)}{\lambda_2} + \dfrac{\ln(d_4/d_3)}{\lambda_3}} \qquad (W) \qquad (9\text{-}19)$$

或

$$q_l = \frac{2\pi(T_1 - T_4)}{\dfrac{\ln(d_2/d_1)}{\lambda_1} + \dfrac{\ln(d_3/d_2)}{\lambda_2} + \dfrac{\ln(d_4/d_3)}{\lambda_3}} \qquad (W/m) \qquad (9\text{-}20)$$

同多层平壁导热一样,多层圆筒壁导热的各层壁面处的温度可用式(9-20)导出,其数学表达式为

$$T_{n+1} = T_1 - q_l\sum_{i=1}^{n}\frac{\ln\dfrac{d_{i+1}}{d_i}}{2\pi\lambda_i} \qquad (K) \qquad (9\text{-}21)$$

式中:n——层数。

【例9-2】 $\phi100\times5mm$ 的蒸气管道,外面有两层保温材料,内层厚度为10mm,外层厚度为20mm。三层圆壁由内向外的导热系数为 λ_1、λ_2、λ_3 分别为 40、0.15、0.07W/(m·K)。当管内壁温度为300℃,外层表面温度为30℃时,试求蒸气管道单位长度的热损失及各壁面间的温度。

解:由题意可得,各层圆筒壁的直径分别为 $d_1 = 90\text{mm}$,$d_2 = 100\text{mm}$,$d_3 = 120\text{mm}$,$d_4 = 160\text{mm}$。故蒸气管单位长度上的热损失为

$$
\begin{aligned}
q_l &= \frac{2\pi(T_1 - T_4)}{\dfrac{\ln(d_2/d_1)}{\lambda_1} + \dfrac{\ln(d_3/d_2)}{\lambda_2} + \dfrac{\ln(d_4/d_3)}{\lambda_3}} \\
&= \frac{2 \times 3.14 \times (300 + 273 - 30 - 273)}{\dfrac{\ln(100/90)}{40} + \dfrac{\ln(120/100)}{0.15} + \dfrac{\ln(160/120)}{0.07}} \\
&= \frac{1695.6}{0.002634 + 1.215 + 4.11} \approx 318.27\text{W/m}
\end{aligned}
$$

第 1、2 层与 2、3 层间的温度为

$$
T_2 = T_1 - q_l \frac{\ln\dfrac{d_2}{d_1}}{2\pi\lambda_1} = 300 + 273 - 318.27 \times \frac{0.002634}{2\pi} \approx 570\text{K}
$$

$$
\begin{aligned}
T_3 &= T_1 - \frac{q_l}{2\pi}\left(\frac{\ln\dfrac{d_2}{d_1}}{\lambda_1} + \frac{\ln\dfrac{d_3}{d_2}}{\lambda_2} \right) = 300 + 273 - \frac{318.27 \times (0.002634 + 1.215)}{2\pi} \\
&= 573 - 61.7 = 511.3\text{K}
\end{aligned}
$$

或

$$
T_3 = T_4 + q_l \frac{\ln\dfrac{d_4}{d_3}}{2\pi\lambda_3} = 30 + 273 + 318.27 \times \frac{4.11}{2\pi} = 511.3\text{K}
$$

第五节　通过肋片的稳态导热

在实践中,人们发现平壁导热除了与平壁的导热系数有关外,还与壁面接触的流体的对流换热系数 α 的大小有关。由前述物质的导热系数概念可知,金属的导热系数大,气体的导热系数小。另外,对流换热的强度与流体流态和对流接触面积大小有关。显然,要增加通过平壁传给外界流体的热量,可以增大平壁的导热系数,但当平壁的导热系数无法再增大时,就只能设法增加平壁与流体接触的面积,以增强对流换热的效果,从而导走更多的热量,如图 9-7 所示。在利用空气散热的很多设备、元件中都采用了在平壁外侧增加肋片的措施。如大功率整流管上的散热肋片,减速器、电动机外壳上的肋片,以及汽车发动机散热器上的散热肋片等。与气体接触的平壁侧增设肋片可以增强对流换热的效果,但是否肋片的数量越多、高度越高,换热的效果就更好呢?理论分析与实验证明,对于不同的平壁换热系统有一个最佳的肋片数量以及肋片结构尺寸、朝向。因为太密太高的肋片反而会阻碍气流在平壁表面和肋片表面之间的对流换热。为了评价固体壁面加装肋片后的换热效果,提出了衡量肋片散热有效程度的指标,即肋片效率,用符号 η_f 表示。肋片效率是肋片的实际散热量 Q 与假定整个肋片表面都处在肋基温度 T_0 时的理想散热量 Q_0 的比值。即

$$
\eta_f = \frac{Q}{Q_0} \tag{9-22}
$$

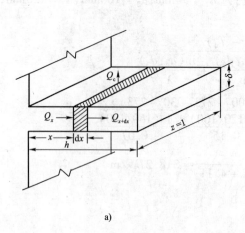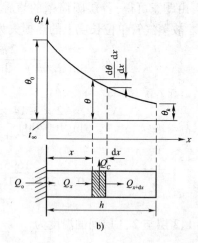

a)   b)

图 9-7　直肋的导热

显然 $\eta_f < 1$。由实践经验可知,肋片的效率与肋片的导热系数、肋片的截面形状、肋片高度、肋片的密度等因素有关。

对于式(9-22)中理想的肋片散热量 Q_0 可利用对流换热公式求得。即

$$Q_0 = \alpha F(T_0 - T_f) = \alpha L_c h \theta_0 \tag{9-23}$$

式中:α——对流换热系数;

  F——肋片的换热表面积;

  L_c——肋片截面的周长;

  h——肋片的高度;

  T_0——肋基温度;

  T_f——未受肋片散热影响的流体温度(或者说是未进入肋片系统时的对流换热流体的温度);

  θ_0——肋片处流体的温度的增加值,又称过余温度 $\theta_0 = T_0 - T_f$。

过余温度即因肋片的存在多从壁面导出的热量使得流体温度增高的部分。显然,这个过余温度高就表明肋片的散热效果好。

根据式(9-22)可知,对于具体的肋片导流问题,如果已知 η_f 值,又利用式(9-23)求出相应的 Q_0,则可以方便的求出实际通过肋片导出的热量 Q。为此,前人已经总结出许多不同形状肋片的导热效率公式,制成曲线供查用,以减少繁杂的数学分析计算,提高工作效率。在介绍如何利用已有的各种肋片效率曲线简化肋片导热计算之前,先介绍从理论上建立计算简单肋片稳态导热量计算公式的方法。如图 9-7a)所示的矩形直肋是一种典型的结构。由于肋片长,且沿长度方向温差很小,所以肋片内的传热可近似地认为是沿肋片高度方向的一维稳态导热。

为简明建立肋片导热公式的思路,假定肋片材料的导热系数 λ 和肋片表面的对流换热系数 α 在肋片的整个高度上都是常量,A_1 为肋片横截面面积,L_c 为截面周边的长度;设肋片在 x 处的温度为 T,过余温度为 θ。则过余温度场为

$$\theta(x) = T - T_f$$

由图 9-7 可知,在离肋基 x 处取微元体 dx,该微元体的热平衡条件是左侧导入的热量 Q_x 等于右侧导出的 Q_{x+dy} 加上肋侧面向周围导出的热量 Q_c。即

$$Q_x = Q_{x+dx} + Q_c \qquad (a)$$

根据傅里叶公式有

$$Q_x = -\lambda A_1 \frac{dT}{dx} = -\lambda A_1 \frac{d\theta}{dx} \qquad (b)$$

$$Q_{x+dx} = -\lambda A_1 \frac{d}{dx}\left(T + \frac{\partial T}{\partial x}dx\right) = -\lambda A_1 \frac{d}{dx}\left(\theta + \frac{\partial \theta}{\partial x}dx\right) \qquad (c)$$

根据对流换热公式有

$$Q_c = \alpha L_c dx(T - T_f) = \alpha L_c \theta dx \qquad (d)$$

将式(b)、(c)、(d)代入式(a)得

$$-\lambda A_1 \frac{d\theta}{dx^2} = -\lambda A_1 \frac{d}{dx}\left(\theta + \frac{\partial \theta}{\partial x}dx\right) + \alpha L_c \theta dx$$

整理得

$$\frac{d^2\theta}{dx^2} = \frac{\alpha L_c \theta}{\lambda A_1} \qquad (e)$$

设 $m^2 = \dfrac{\alpha L_c}{\lambda A_1}$，则式(e)变为

$$\frac{d^2\theta}{dx^2} - m^2\theta = 0 \qquad (9\text{-}24)$$

微分方程式(9-24)的通解为

$$Q = c_1 e^{mx} + c_2 e^{-mx} \qquad (9\text{-}25)$$

通解中的常数 c_1、c_2 可以根据边界条件来确定。

边界条件 1： $\qquad\qquad x = 0$ 时，$\theta = \theta_0$ $\qquad\qquad$ (9-25a)

边界条件 2：$x = h$ 时，由于肋片顶端面积与整个表面积相比很小，可以忽略，可近似认为端面绝热，散热量为零，故

$$-\lambda A_1 \left(\frac{d\theta}{dx}\right)_{x=h} = 0$$

即

$$\left(\frac{d\theta}{dx}\right)_{x=h} = 0 \qquad (9\text{-}25b)$$

把边界条件表达式(9-25a)与式(9-25b)代入式(9-25)得

$$c_1 = \theta_0 \frac{e^{-mh}}{e^{mh} + e^{-mh}}$$

$$c_2 = \theta_0 \frac{e^{mh}}{e^{mh} + e^{-mh}}$$

所以，肋片中的温度分布为

$$\theta = \theta_0 \frac{e^{m(h-x)} + e^{-m(h-x)}}{e^{mh} + e^{-mh}} = \theta_0 \frac{\text{ch}[m(h-x)]}{\text{ch}(mh)} \quad (\text{K}) \qquad (9\text{-}26)$$

由式(9-26)可知，从肋基开始肋片的温度沿高度方向呈双曲线余弦函数关系逐渐降低，如图9-7b)所示。

在稳态导热的状态下，肋片表面散向周围介质的热量应等于通过肋基导入肋片的热量。

根据傅里叶定律,肋基导入的热量为

$$Q = Q_0 = -\lambda A_1 \, \mathrm{grad} \, \theta \Big|_{x=0} = \lambda A_1 \left(\frac{\mathrm{d}\theta}{\mathrm{d}x} \right) \Big|_{x=0}$$

把式(9-26)代入上式可得

$$Q = -\lambda A_1 \frac{\mathrm{d}}{\mathrm{d}x} \left(\theta_0 \frac{\mathrm{ch}[m(h-x)]}{\mathrm{ch}(mh)} \right) = \lambda A_1 \theta_0 m \mathrm{th}(mh)$$

把 $m = \sqrt{\dfrac{\alpha L_c}{\lambda A_1}}$ 代入上式得

$$Q = \theta_0 \sqrt{\alpha \lambda A_1 L_c} \, \mathrm{th}(mh) \qquad (\mathrm{W}) \qquad\qquad (9\text{-}27)$$

式(9-27)也就是肋片实际导出热量的计算公式。

至此,对于等截面长肋片的导热量计算,已经给出了两种计算方法。即利用式(9-22)和建立式(9-27)的方法。显然采用后者是很复杂的。

式(9-26)与式(9-27)都可以满足一般工程计算的要求。如果肋片较厚,其顶部端面散出的热量必须计入时,可采用修正的方法来获得较高的计算精度。即用肋高 $h' = \left(h + \dfrac{\delta}{2} \right)$ 代替实际肋高,把肋顶面导出的热量折算得到侧面上,仍视肋顶端面绝热。

下面接着叙述利用式(9-22)求解肋片实际散热量的方法。图9-8、图9-9 分别给出了三角形直肋及等厚度环肋的 η_f 曲线,图中的 mh 为:

对于直肋,因为

$$L_c \approx 2L, \quad A_1 = L \cdot \delta$$

所以

$$m = \sqrt{\frac{\alpha L_c}{\lambda A_1}} = \sqrt{\frac{2\alpha}{\lambda \delta}}$$

故

$$mh = \sqrt{\frac{2\alpha}{\lambda \delta}} \cdot h$$

对于环肋,当环的内径远大于壁厚时,mh 的表达式与直肋相同。为了方便作图,将 mh 的表达式变形为

$$mh = \sqrt{\frac{2\alpha}{\lambda \delta}} \cdot h \frac{h^{\frac{1}{2}}}{h^{\frac{1}{2}}} = \sqrt{\frac{2\alpha}{\lambda \delta h}} \cdot h^{\frac{3}{2}} = \sqrt{\frac{2\alpha}{\lambda A}} \cdot h^{\frac{3}{2}}$$

式中:A——肋片的纵剖面面积,$A = h \cdot \delta$。

为保证计算的精度,图9-8 、图9-9 给出了不同形状肋片的假想高度 h' 的计算式,以及肋片纵剖面面积 A 的计算式。

关于上述两种求解肋片实际散热量的步骤,可从下面的例题中了解到。

【例9-3】 如图9-10 所示,某蒸气管道上安装一盛油的测温导管。导管长 $h = 100\mathrm{mm}$,直径 $d = 10\mathrm{mm}$,壁厚 $\delta = 1\mathrm{mm}$,导热系数 $\lambda = 50\mathrm{W/(m \cdot K)}$,汞温度计的读数为 $t_\mathrm{h} = 150\,^\circ\!\mathrm{C}$。管道壁温为 $100\,^\circ\!\mathrm{C}$,蒸气对管壁的换热系数 $\alpha = 120\mathrm{W/(m \cdot K)}$。试求管道内蒸气的真实温度 T_f。

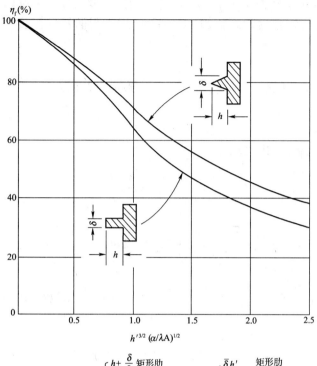

$$h' = \begin{cases} h + \dfrac{\delta}{2} & \text{矩形肋} \\ h & \text{三角形肋} \end{cases} \qquad A = \begin{cases} \overline{\delta} h' & \text{矩形肋} \\ \dfrac{\overline{\delta} h}{2} & \text{三角形肋} \end{cases}$$

图9-8 矩形及三角形直肋的效率曲线

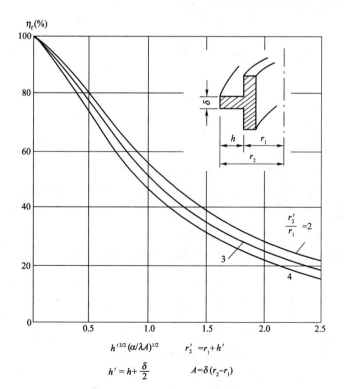

$r_2' = r_1 + h'$

$h' = h + \dfrac{\delta}{2} \qquad A = \delta(r_2 - r_1)$

图9-9 矩形剖面环肋的效率曲线

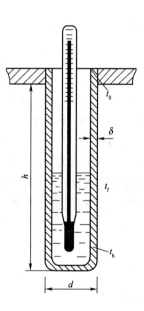

图9-10 温度计的测量误差

解:温度计导管可看作是一个肋片,温度计所测的温度为导管端部的温度,即肋顶端处的温度 T_h。因测温导管端部存在向根部的导热,故所测的蒸气温度低于蒸气的真实温度,即

$$T_h < T_f$$

根据式(9-26)可以求得 $x = h$ 处,即测温导管顶端的温度为

$$\theta_h = \frac{\theta_0}{\text{ch}(mh)}$$

根据过余温度的概念,由上式可得

$$T_h - T_f = \frac{T_0 - T_f}{\text{ch}(mh)}$$

所以

$$T_f = \frac{T_h \text{ch}(mh) - T_0}{\text{ch}(mh)} \qquad \left(m = \sqrt{\frac{\alpha L_c}{\lambda A_1}} \right)$$

导管截面积

$$A_1 = \frac{\pi}{4}(d_1^2 - d_2^2) = \frac{\pi}{4}(10^2 - 8^2) \times 10^{-6} = 28.27 \times 10^{-6}$$

导管周长

$$L_c = \pi d_1 = 3.14 \times 10 \times 10^{-3} = 31.4 \times 10^{-3}$$

所以

$$m = \sqrt{\frac{\alpha L_c}{\lambda A_1}} = \sqrt{\frac{120 \times 31.4 \times 10^{-3}}{50 \times 28.27 \times 10^{-6}}} = 51.63$$

$$mh = 51.63 \times 0.1 = 5.163$$

查双曲线函数表

$$\text{ch}(mh) = \text{ch}(5.163) = 87.45$$

故

$$T_f = \frac{(150 + 273) \times 87.45 - (100 + 273)}{87.45 - 1} = 423.6\text{K}$$

$$t_f = 423.6 - 273 = 150.6℃$$

所以实际蒸气的温度为 150.6℃,比测试温度高 0.6℃,这表明此导管的结构设计合理。反之如果导管壁厚增加,或导管长度缩短,则 mh 值将减小,测试误差将增大。

【例 9-4】 某外径为 25mm 的管子上装有铝制矩形剖面的环肋,肋长 $h = 15$mm,壁厚 $\delta = 1$mm。肋基温度为 170℃,周围流体温度为 25℃。设铝的导热系数 $\lambda = 200\text{W}/(\text{m}^2 \cdot \text{K})$,肋面的换热系数 $\alpha = 130\text{W}/(\text{m}^2 \cdot \text{K})$,试计算每肋片的散热量。

解:本题利用肋片效率公式来求解。其肋片效率值可从图 9-9 的曲线中查取。

因为

$$h' = h + \frac{\delta}{2} = 15 + 0.5 = 15.5\text{mm}$$

$$r_1 = 25/2 = 12.5\text{mm}$$

$$r_2' = h' + r_1 = 15.5 + 12.5 = 28\text{mm}$$

$$\frac{r_2'}{r_1} = \frac{28}{12.5} = 2.24$$

$$A = \delta(r_2' - r_1) = 0.001 \times (0.028 - 0.0125) = 1.55 \times 10^{-5} \text{m}^2$$

$$h'^{\frac{3}{2}} \left(\frac{\alpha}{\lambda A} \right)^{\frac{1}{2}} = 0.0155^{\frac{3}{2}} \left[\frac{130}{200 \times (1.55 \times 10^{-5})} \right]^{\frac{1}{2}} = 0.396$$

从图 9-9 中查得 $\eta_f = 0.82$,整个肋面处于肋基温度时的一个肋片两个面上的理想散热量为

$$Q_0 = 2\pi(r_2'^2 - r_1^2)\alpha(T_0 - T_f)$$

$$= 2\pi(0.028^2 - 0.0125^2) \times 130 \times \left[(170 + 273) - (25 + 273) \right]$$

$$= 74.35 \text{W}$$

因此,每个肋片的实际散热量为

$$Q = \eta_f \cdot Q_0 = 0.82 \times 74.35 = 60.97 \text{W}$$

思 考 题

1. 试用自己的语言简述热量传递的三种基本方式。

2. 试分析室内暖气片的散热过程,各个环节有哪些热量传递方式?以暖气片管内走热水为例。

3. 秋天地上草叶在夜间向外界放出热量,温度降低,叶面有露珠生成,请分析这部分热量是通过什么途径放出的? 放到那里去了? 到了白天,叶面的露水又会慢慢蒸发掉,试分析蒸发所需的热量又是通过哪些途径获得的?

4. 试解释导热系数、传热系数和热阻。

5. 何谓温度场、等温面、等温线、温度梯度、接触热阻?

6. 物体内的等温线为何不能相交?

7. 平壁导热和圆筒壁导热的特点是什么?

8. 圆筒壁导热的热阻 R 如何计算? 热流量 Q 如何计算?

9. 肋片的作用何在? 敷设时应作何考虑?

10. 何谓稳态导热和非稳态导热?

习 题

1. 厚 0.1m 的平壁,两侧壁温保持不变,温差 $T = 10\text{K}$。如平壁分别由钢、混凝土和硅砖制成,它们的导热系数依次为:$\lambda_1 = 46.4\text{W}/(\text{m} \cdot \text{K})$,$\lambda_2 = 1.28\text{W}/(\text{m} \cdot \text{K})$,$\lambda_3 = 0.12\text{W}/(\text{m} \cdot \text{K})$。试分别求出通过它们的热流密度。

2. 厚为 5mm,面积为 $1 \times 0.5\text{m}^2$ 的玻璃窗,两侧表面温度分别为 $10℃$ 和 $-5℃$。求通过玻璃窗的热流量。设玻璃的导热系数为 $0.9\text{W}/(\text{m} \cdot \text{K})$。

3. 厚为 250mm 的平壁,两侧壁温为 $60℃$ 和 $20℃$。试求平壁为下列各种材料时的热流密度。

(1) 耐火砖:$\lambda_1 = 0.68\text{W}/(\text{m} \cdot \text{K})$;

(2) 泡沫混凝土:$\lambda_2 = 0.1\text{W}/(\text{m} \cdot \text{K})$;

(3) 木材:$\lambda_3 = 0.15\text{W}/(\text{m} \cdot \text{K})$;

(4) 甘蔗板:$\lambda_4 = 0.06\text{W}/(\text{m} \cdot \text{K})$;

(5) 大理石:$\lambda_5 = 1.3\text{W}/(\text{m} \cdot \text{K})$。

4. 厚为 30cm 的平壁,两侧壁温分别为 $15℃$ 和 $50℃$,平壁的导热系数随温度而变,即 $\lambda = \lambda_0 + \beta T^2$。若 $\lambda_0 = 0.6\text{W}/(\text{m} \cdot \text{K})$,$\beta = 0.000005\text{W}/(\text{m} \cdot \text{K})$,求通过平壁的热流密度。

5. 外径为 50mm 的钢管,外包一层 8mm 厚的石棉保温层,其导热系数为 $0.12\text{W}/(\text{m} \cdot \text{K})$。

然后又包一层 20mm 厚的玻璃棉,其导热系数为 0.045W/(m·K)。钢管外侧壁温度为 300℃,玻璃棉层外侧温度为 40℃。求石棉层和玻璃层间的温度。

6. 由壁面伸展一肋柱,直径为 20mm,长为 120mm,肋柱的导热系数为 50W/(m·K),肋基温度为 150℃。设流体温度为 250℃,换热系数为 100W/(m^2·K),试画出沿肋柱的温度分布曲线。

7. 由耐火砖、硅藻土砖、保温板、金属护板组成的炉墙,厚度分别为 125、125、60、4mm,导热系数 λ 分别为 0.4、0.14、0.10、45W/(m·℃),炉墙内外侧壁温分别为 550℃ 和 64℃,求炉墙单位面积的热损失和各层间的温度并画出温度分布曲线。

8. 炉墙由耐火砖和红砖两层组成,厚度均为 250mm,导热系数 λ 分别为 0.6W/(m·℃)、0.4W/(m·℃)。炉墙内外侧壁温为 705℃ 和 90℃。求:

(1)通过炉墙的热流密度;

(2)若有关条件不变,只将红砖改为导热系数 $\lambda = 0.076W/(m·℃)$ 的珍珠岩保温混凝土,而热流密度相同时,该层的厚度应为多少?

9. 有一内径为 108mm、厚度为 6mm 的蒸气管道,外敷两层保温材料,内层厚 20mm,外层厚 30mm。导热系数分别为 $\lambda_1 = 50W/(m·℃)$、$\lambda_2 = 0.12W/(m·℃)$、$\lambda_3 = 0.06W/(m·℃)$。若管内壁温度为 350℃,外层表面温度为 40℃。求:蒸气管道单位长度的热损失及各层间的温度。

10. 一块厚为 25mm 的聚四氟乙烯塑料板,板面相对于板厚的尺寸可作为无限大平板处理,其初始温度为 15℃,如果将它放在炉温为 540℃ 的加热炉中,试求板表面温度达到 327℃ 所需要的时间。已知,板面与炉气间对流换热系数为 11W/(m·℃),平板导热系数 $\lambda = 0.24W/(m·℃)$,导温系数 $a = 1.06 \times 10^{-7} m^2/s$。

第十章　对　流　换　热

　　在自然界普遍存在对流换热现象,它比导热现象更复杂。到目前为止,对流换热问题研究得还不够充分,一些重要方面还处于积累实验数据的阶段,理论上也提不出完整的看法;某些方面的问题虽然研究得较详细,理论上也较完整,并可以解决某些问题,但由于数学上的困难,工程上应用的公式大多数还是实验公式。因此,本章将着重说明对流换热过程的物理本质和实验结果。且只介绍稳态的对流换热过程。

第一节　对流换热的基本概念

一、对流换热过程

　　当流动的流体与固体壁面接触而且两者间存在相对运动和温度差时所发生的热传递现象,称为对流换热。对流换热过程既具有流体分子间的微观导热作用,又具有流体宏观位移的热对流作用,所以它必然受到导热规律和流体流动规律的支配,是一种较复杂的热传递现象。

　　工程上所采用的如机油冷却器、增压冷却器和冷凝器等,它们的器壁或管道的内外壁都与不同温度的流体相接触,其间所发生的热传递过程都属于对流换热。在往复式内燃机中,汽缸内的工质与汽缸内壁之间的热传递主要按对流换热来考虑。此时,虽然工质在循环中温度和压力变化幅度比较大,但当采用循环的平均值后,仍可作为稳态过程来分析计算。

　　流体通过管、槽而被加热或冷却时称为内部流动(或有界流动)的对流换热。流体绕流物体壁面而被加热或冷却时,称为外部流动(或无界流动)的对流换热。根据流体流动的起因,对流换热又可区分为强迫对流换热和自然对流换热两类。前者是受外力(风机或泵等)推动而形成的;后者是因流体各部分之间的密度不同所引起的,它往往是原来静止的流体与不同温度的壁面相接触,因热量传递使流体温度发生改变的结果。

二、边界层

　　对流换热的机理与边界层有着极其密切的联系。根据1904年普朗特提出的边界层理论,流体沿着壁面的流动可以分为两个区域:一个是紧靠壁面的区域,称为边界层,在边界层内流体的内摩擦(黏性力)不容忽视;另一个区域是边界层以外的主流区域,在主流区域,内摩擦力可以忽略不计,因此,对边界层以外的流体流动,可以应用理想流体伯努利方程。

　　根据流体力学的内摩擦力定律,黏性流体流过固体表面时,单位面积上的内摩擦力 τ 可由下式计算:

$$\tau = \mu \frac{\mathrm{d}w}{\mathrm{d}y} \qquad (\,\mathrm{N/m^2}\,)$$

通常因动力黏性系数 μ 较小,仅在垂直于壁面的速度梯度 $\frac{\mathrm{d}w}{\mathrm{d}y}$ 较大时,才能产生较明显的内摩擦力。图 10-1 表示流体沿平板流动时流场和温度场的分布情况。若用精密仪器在 x_1、x_2 两处分别测出壁面法向即 y 方向的流速和温度分布,则可得到图中具有代表性的速度和温度分布曲线。从图中可以看出:流速 w_f 和温度 θ_f(过余温度等于流体温度 t_f 减去壁温 t_w)沿着 y 轴由零而逐渐递增,经过流体薄层 δ 和 δ_t 后,速度 w_f 和温度 θ_f 的变化梯度几乎等于零而分别达到主流速度 w_∞ 和主流过余温度 θ_∞。我们称这种速度梯度不等于零的流体薄层为速度边界层,其厚度 δ 为速度边界层厚度;称温度梯度不等于零的薄层为热边界层,相应的厚度 δ_t 为热边界层厚度。在速度边界层范围内,存在着较明显的内摩擦力。显然,在 $y \geqslant \delta$ 的区域,流体流速均等于 w_∞。要准确地确定流速达到 w_∞ 的位置是困难的,通常把 $\frac{w_\mathrm{f}}{w_\infty} =$ 0.99 处的离壁面垂直距离定为边界层厚度。

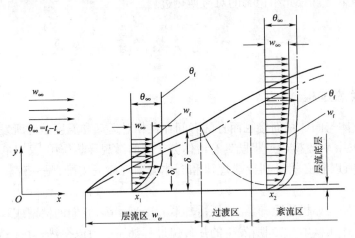

图 10-1　液体沿平板流动时边界层的发展和速度、温度颁布

流体流动有层流和紊流两种流态之分,边界层在壁面上的充分发展过程也显示出层流和紊流两种不同的流态。如图 10-1 所示,流体以 w_∞ 流入平板前缘时,边界层厚度 $\delta = 0$。沿着 x 方向,边界层厚度逐渐增加,而且可以把边界层的整个发展过程划分成层流、过渡流和紊流三个区域。在达到 x_cr 距离以前,边界层中流动的流体为层流,故称为层流区。在层流区域,垂直于流动方向任意截面的速度分布在速度边界层内呈抛物线变化,边界层较薄,速度变化梯度大,由此产生的内摩擦力也很大,以致能完全抑制流体运动惯性的影响,所以流动显示出分层的、有秩序的滑动状态,各层之间互不干扰。流体之间的导热是层流区沿 y 方向传递热量的唯一形式,是流体微观运动的结果。在紊流区域,由于边界层增厚,速度变化趋于平缓,除了紧贴壁面的流体受黏性力牵制外,其他地方的黏性力均较小,流体运动的惯性作用掩盖了黏性力的影响而居统治地位。流体的流动变得很不稳定,在平均主流速度上附加着紊乱的不规则的脉动速度,此时的动量和热量传递除了依靠微观分子运动外,更主要的是依靠脉动的流体微团的对流效应。所以,无论是速度还是温度都具有在层流底层内变化梯度大、底层上方区域变化梯度很小的分布特征。

实际上在x_{cr}以后,还存在一个由层流区过渡到紊流区的过渡区。无论边界层的流动处于什么状态,紧贴壁面处总存在一薄层流体,它的流动仍维持层流状态,这层极薄的流体层称为层流底层。流体与壁面之间交换的热量必然经过这一薄层,而且只能依靠导热。当热量穿过这一薄层后,流动的流体一方面以内能的形式沿流动方向带走一部分,另一部分或者依靠导热,或者依靠流体微团的脉动,或者两者兼而有之,使之传给相邻的流体。总之,对流换热是导热和热对流共同作用的结果。这就是我们所说的对流换热的机理。

流体所处的流态不同,引起了对流换热机理上的差异。因此,在研究对流换热过程时,很有必要弄清楚在什么条件下流体呈现出什么流态。流体力学指出,流体的流态是一个由若干个物理量组成的无量纲参数——雷诺数 Re 决定的,即

$$Re = \frac{wl}{v}$$

式中:w——流体速度,m/s;

v——流体运动黏度,m^2/s;

l——反映换热壁面主要几何特征的几何尺度,m。

当流体流过平板时,l取为平板的长度l;当流体在管槽内流动时,l取为当量直径d_e。表 10-1 给出了流体沿平板和在管内流动时,流态与雷诺数的对应关系。

流态与雷诺数的对应关系 表 10-1

壁面 特征流态	平板 l	管槽 d_e
层流	$Re < 2 \times 10^5$	$Re < 2300$
过渡流	$2 \times 10^5 \leqslant Re \leqslant 3 \times 10^6$	$Re < 2300$
紊流	$Re < 3 \times 10^6$	$Re > 10^4$

流体沿平板流动时,边界层的发展不会受到空间的限制。流体在管槽内的流动情况则有所不同,图 10-2 表示了在圆管内流动边界层发展的两种典型情况。从图 10-2 中可以看出,当边界层发展到一定程度时,边界层外轮廓线会相交,交点以后区域的流态保持相交时的流态不变。我们把入口到交点的一段区域称为入口段,而交点之后的区域称为充分发展区。因此充分发展区的流态完全取决于边界层相交时的流态。图 10-2a)中交点流态为层流,则充分发展区保持层流不变;图 10-2b),中交点流态为紊流,则充分发展区的流态也是紊流。当然,对于过渡流也不例外。

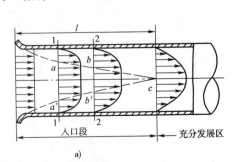
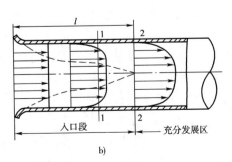

图 10-2 管内流动边界层发展过程

第二节　牛顿冷却公式

一、牛顿冷却公式

对流换热过程中热流量的计算目前还是采用牛顿于 1702 年提出的牛顿冷却公式,即

$$q = \alpha \Delta t \qquad (\text{W/m}^2) \qquad (10\text{-}1)$$

式中:q——沿壁面法向的热流密度,W/m^2;

　　Δt——壁面温度 t_w 与边界层外流体温度 t_f 的差值,℃;

　　α——表面传热系数,$\text{W/(m}^2 \cdot \text{℃)}$。

因为习惯上约定 q 恒为正数,所以当壁面加热流体时,$\Delta t = t_w - t_f$;当流体加热壁面时,$\Delta t = t_f - t_w$。

如果流体接触的壁面面积为 $F(\text{m}^2)$,那么整个壁面与流体之间的对流换热量为

$$Q = \alpha F \Delta t \qquad (\text{W}) \qquad (10\text{-}2)$$

式(10-2)也可改写成与电路中欧姆定律相似的形式,即

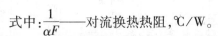

$$Q = \frac{\Delta t}{\dfrac{1}{\alpha F}} \qquad (\text{W}) \qquad (10\text{-}2')$$

式中:$\dfrac{1}{\alpha F}$——对流换热热阻,℃/W。

运用牛顿冷却公式进行对流换热计算的关键在于如何确定表面传热系数 α。因而求取表面传热系数 α 就成为研究对流换热的主要课题之一。

二、表面传热系数及影响因素

在牛顿冷却公式中作为计算手段引进了表面传热系数 α 这个概念,它对分析和讨论传热以及拟订增强或削弱传热措施等方面将有很大意义。但牛顿公式实质上只是表面传热系数 α 的定义式,它丝毫没有对对流换热提供出任何本质性的简化,只不过把对流换热过程的一切复杂因素和计算上的困难都转移到表面传热系数 α 上去了,因此影响对流换热的因素也都影响表面传热系数 α。对流换热与流体的流动有密切关系,要查明影响对流换热的因素必须紧紧抓住"流动"这一根本特点。可以说,凡是影响到流动情况的那些因素都影响对流换热。

(1)流体流动产生的原因。强迫对流和自然对流的根本差别表现在引起流动的原因不一样。强迫对流由于外力作用而造成流动,流体的流速与温度分布关系不是很密切,而自然对流是由于流体内温度分布不均引起的,流速与温度是关联的,不是独立变量。所以这两种本质上有区别的流动所造成的换热现象必然不同。从增强传热的角度而言,强迫对流的换热效果比自然对流的要好。

(2)流体有无相变发生。这里的相变是指在某些换热设备中,参与换热的液体因受热而发生沸腾,或参与换热的气体(如水蒸气)因放热而发生凝结。当对流换热过程中流体发生相变时,会给对流换热带来许多新的特点,它与无相变的对流换热过程有很大的差别。例如若流体在受热时汽化产生许多气泡,气泡的运动必将增加液体内部的扰动,所以这时的换

热条件就与无相变时大不一样。一般来说,对同一种流体,有相变时的对流换热比无相变时强烈得多。

(3)流体流动状态的影响。由于层流边界层和紊流边界层具有不同的换热特征和换热强度,因此在研究对流换热过程时,要区分流体流动的状态是层流还是紊流。如前所述,层流时主要依靠导热来传递热量,而紊流时除层流底层中是以导热方式传递热量外,在紊流区还同时存在着流体微团掺混的对流作用。通常紊流边界层中的层流底层远比层流边界层薄,这就使得紊流时的对流换热量远大于层流时的对流换热量。

(4)流体物理性质的影响。对流换热过程中所涉及的流体物性参数一般有:密度ρ,动力黏度μ(或运动黏度v),导热系数λ,比热容c_p,体积膨胀系数β和汽化潜热γ等。这里主要阐述影响无相变对流换热的前五个参数情况。ρ越大,在同样的流动条件下,流体质量迁移率越大,在流动方向带走的热量越多;μ增大,流体之间的黏性牵制大,流动减缓,边界层增厚,向紊流的转变推迟,换热减弱;导热系数λ大,层流底层的导热热阻小,换热加强;比热容c_p大的流体,单位质量流体可携带的热能就越多,换热强度越大;体积膨胀系数β越大,同温下造成的密度差越大,形成的自然对流越激烈,换热越好。按上述分析,在ρ、μ、λ、c_p、β这五个参数中,除μ增大则削弱换热外,其他四个量的增大都起到增强换热的效果。干空气、饱和水等热物理性质表见附表 F、G、H。

(5)放热面几何因素的影响。放热面几何因素主要指流体所触及的固体表面的几何形状、大小及流体与固体表面间的相对位置。放热面的形状和大小不同,就会影响流体在换热面附近的流动情况,从而影响对流换热的强度。例如流体在管内流动和流体横向绕过圆管时的流动,由于流体接触壁面的形状不同,流动的状态边界层的厚薄不一样,如图 10-3 所示,在管内层流流动时,边界层一直发展到管子中心不发生漩涡现象;而当流动横向绕过圆管时,流体接触管面后将从两侧绕过,并在管壁形成边界层,开始时边界层是层流,随后转为紊流,而在管的尾部出现漩涡。显然这是两种不同的流动情况,换热规律也必定相异。

流体与固体表面间的相对位置也影响对流换热过程,如在平板表面加热空气作自然对流时,换热面朝上或换热面朝下的空气流动情况大不一样。如图 10-4 所示,热面向下时流动比较平静,气流中的扰动不如热面朝上时激烈,其放热强度自然要比热面朝上时小一些。

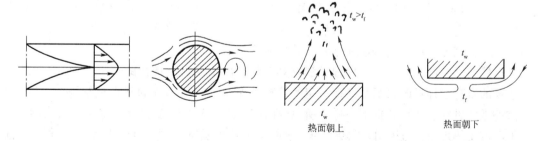

图 10-3　流体接触壁面的不同影响　　　　　图 10-4　换热面朝上或朝下的影响

(6)流体流动速度的影响。在讨论流动成因和流态的影响时,曾涉及了速度这一参数。由于流速是流动过程中最主要的参数,所以在这里专门讨论它对换热的影响问题。在其他条件不变的情况下,流速越大,则说明单位时间里被迁移的质量越多,带走的热量也越多,换热强度越大;流速越大,流体流动的惯性力越大,流态从层流向紊流转变提前,换热强度增加;流速越大,层流区和紊流区的层流底层的厚度变薄,导热热阻越小,换热强度越大。

综合上述六个方面的讨论,基本上定性地了解了各影响因素与对流换热的关系。如果用数学方法表示这种关系,则有下列两个分别描述无相变条件下强迫对流换热和自然对流换热的一般性方程。

强迫对流换热:

$$\alpha = f(w, l, \rho, \mu, \lambda, c_p) \tag{10-3}$$

自然对流换热:

$$\alpha = f(l, \rho, \mu, \lambda, c_p, \beta, \Delta t) \tag{10-4}$$

如何根据具体条件来确定 α 值,是一个很复杂的问题。常用的表面传热系数 α 的计算式,一般都是采用数学分析和实验研究相结合的方法整理出来的,也就是首先分析所研究的对流换热现象,运用相似理论和量纲分析法等,把对流换热的影响因素(物理量)及其函数关系,变为由某些物理量组成的无因次准则之间的函数关系,然后通过实验,整理出该对流换热情况下准则之间的具体函数形式——准则方程式,供与其相似现象的分析和计算时用。

第三节　对流换热的实验方法

实验研究确定表面传热系数的方法对于解决理论方法还无能为力的问题具有强大的生命力。工程实践中所涉及的对流换热问题是复杂多样的,影响因素相当多,如式(10-3)就有六个参数影响表面传热系数。若在实验过程中,每个参数仅改变 10 次,就要做 10^6 次实验,这在实践上几乎是不可能的。另一方面,如果花费了大量的人力、物力、财力所获得的实验结果没有推广应用的价值,那么实验就显得毫无意义。能不能仅用有限的实验获得能够反应某一类现象的实用结果呢? 量纲分析和相似理论解决了这一问题,既大大地减少了实验工作量,又能使结果具有推广应用的价值。

一、量纲分析法

上面已提到影响表面传热系数的因素相当多,因而实验工作量非常大。为了减少变量数,可以根据 π 定理用无量纲量来整理实验数据,这样的方法称为量纲分析。

柏金汉于 1914 年提出了量纲分析的一条基本定理,通常称为 π 定理。其内容可表述为:一个表示 n 个物理量之间关系的量纲一致的方程式,一定可以转换成包含 $n-r$ 个独立的无量纲量之间的关系式。在绝大多数的情况下,r 指的是原来方程式中 n 个物理量所涉到的基本量纲的数目。这条定理是量纲分析的理论基础。

自然科学领域中的每一个物理量都有其量纲。由于受自然规律的支配,某一自然现象所涉及的所有物理量的量纲都存在一定的依赖关系。如果所选择的基本量纲系统不同,同一物理量的量纲表达形式也不一样。所以,在作量纲分析之前,要选定一个基本量纲系统。对于对流换热现象,一般选以下四个物理量的量纲作为基本量纲:时间 $[T]$、长度 $[L]$、质量 $[M]$、温度 $[\theta]$。方括号内的字母都表示该物理量的量纲。其他物理量的量纲都可以由这些基本量纲导出,称为导出量纲。例如,密度 ρ 表示单位体积里所含的质量,则量纲为 $[ML^{-3}]$。同理,可以导出动力黏度 μ 的量纲为 $[MT^{-1}L^{-1}]$,导热系数的量纲为 $[MLT^{-3}\theta^{-1}]$ 等。

量纲分析可以用于动力、土木、建筑、航空、造船等许多工业部门中,甚至在生物学这类自然科学中也可应用。它的优点是方法简单,有规律可循,并对还列不出微分方程而知道影响因素的问题也可求得结果。不足之处在于它全然不提供有关现象物理本质的信息,在有关物理量漏列或错列时,不能得出正确的结果。就我们讨论的对流换热问题而言,绝大多数问题都可列出微分方程,影响因素的漏列或错列的缺点并不存在。所以采用量纲分析法导出对流换热问题的一般性准则方程是很有效的。

下面我们将以强迫对流换热为例,讨论量纲分析的基本过程。

1. 量纲分析法的基本过程

(1)考察物理现象,决定表征该现象的所有物理量,并用一般函数形式表示。

无相变强迫对流换热系数 α 与 w、l、λ、μ、ρ、c_p 有关,那么其一般函数关系式可表示为

$$\Phi(\alpha、w、l、\lambda、\mu、\rho、c_p) = 0 \tag{10-5}$$

式(10-5)中共有 7 个物理量,这 7 个物理量涉及到 4 个基本量纲。根据 π 定理,式(10-5)一定可以用 $(n-r) = 3$ 个准则数的关系式来表示,即

$$X(\pi_1, \pi_2, \pi_3) = 0 \tag{10-6}$$

(2)选择物理量的核心组和其他物理量组合成无量纲准则。

我们可选 r 个物理量(本例中 $r = 4$)作为核心组,这 r 个物理量应当包括这个问题所涉及的全部基本量纲,而它们本身却又不能组成无量纲量。如 l、ρ、μ、λ 可作为核心组,若选 w、l、ρ、μ 则就错了,因为这四项中的量纲未包括 $[\theta]$ 在内。由此我们可用 l、ρ、μ、λ 与 w、α、c_p 组合成三个无量纲准则,即

$$\pi_1 = l^{a_1}\rho^{b_1}\mu^{c_1}\lambda^{d_1}w$$
$$\pi_2 = l^{a_2}\rho^{b_2}\mu^{c_2}\lambda^{d_2}c_p$$
$$\pi_3 = l^{a_3}\rho^{b_3}\mu^{c_3}\lambda^{d_3}\alpha$$

式中,指数 a_1、b_1、c_1、d_1… 是为了使物理量群无量纲化的待定常数。

(3)求待定常数。

将 π_1 的量纲展开得

$$\pi_1 = L^{a_1}M^{b_1}L^{-3b_1}M^{c_1}T^{-c_1}L^{-c_1}M^{d_1}L^{d_1}T^{-3d_1}\theta^{-d_1}LT^{-1}$$
$$= L^{a_1-3b_1-c_1+d_1+1}M^{b_1+c_1+d_1}T^{-c_1-3d_1-1}\theta^{-d_1}$$

式中 $[L]$、$[M]$、$[T]$、$[\theta]$ 的指数都是零,解得

$a_1 = 1, b_1 = 1, c_1 = -1, d_1 = 0$,故

$$\pi_1 = \frac{w\rho l}{\mu} = \frac{wl}{v} = Re$$

这就是前面曾定义的雷诺准则。

按照同样的步骤,可得

$$\pi_2 = \frac{\mu c_p}{\lambda} = Pr \qquad \text{(普朗特准则)}$$

$$\pi_3 = \frac{\alpha l}{\lambda} = Nu \qquad \text{(努塞尔准则)}$$

这样式(10-6)就可表示成:

$$\varphi(Re, Pr, Nu) = 0 \tag{10-7}$$

由于表面传热系数 α 是待求的量,即 α 是个因变量,则包括 α 的准则数就是待定准则数,其他的准则数称为自变准则数或决定准则数。所以可把式(10-7)写成:

$$Nu = f(Re, Pr) \tag{10-8}$$

通过量纲分析法,把一个具有六个自变量的方程,等价地变换成只有两个自变量的方

程。用实验求解这类问题，就变得简单多了。

对于自然对流换热问题，流动是由温度分布不均匀引起的，描述表面传热系数的一般表达式为：

$$\phi(\alpha, l, \rho, \mu, \lambda, c_p, \beta, \Delta t) = 0 \tag{10-9}$$

采取上述同样的步骤，可以得到相应的无量纲准则表示的一般性方程：

$$Nu = f(Gr, Pr) \tag{10-10}$$

式中：Gr——格拉晓夫数 $Gr = \dfrac{g\beta l^3 \Delta t}{v^2}$；

Δt——壁面与流体的温差，℃。

如果流体是气体，Pr 变化甚微，式（10-8）和式（10-10）可以简化为：

强迫对流

$$Nu = f(Re) \tag{10-11}$$

自然对流

$$Nu = f(Gr) \tag{10-12}$$

2 选择无量纲准则的几个原则

第一，核心组中的所有物理量中必须包含问题所涉及的全部基本量纲。

第二，所选择的无量纲准则应力求具有一定的物理意义，且尽量采用经典准则。如前面提到的 Re, Pr, Gr, Nu 等。

第三，待求物理量只能出现在一个准则数中，如上述待求的 α 就只出现在 Nu 中。否则，当根据准则方程求解 α 时就会出现很多困难。

第四，实验中容易调节的自变量最好只出现在一个准则数中，这样在实验时改变这个自变量时，只影响一个自变准则数的数值。

第五，次要因素最好只出现在一个自变准则数中，这样在实验时可以舍去这一准则数，或者降低对这一准则数的试验要求。

常见的几个经典准则的物理意义见表 10-2。

常见的几个经典无量纲准则的物理意义 表 10-2

名 称	表 达 式	物 理 意 义
雷诺数 （Reynolds 准则）	$Re = \dfrac{w\rho l}{\mu} = \dfrac{wl}{v}$	$Re = \dfrac{\rho w^2}{\mu(w/l)} \Rightarrow \dfrac{\text{惯性力}}{\text{黏性力}}$
格拉晓夫数 （Grashof 准则）	$Gr = \dfrac{g\beta l^3 \Delta t}{v^2}$	$G_r \Rightarrow \dfrac{\text{升浮力}}{\text{黏性力}}$
普朗特数 （Prondtl 准则）	$Pr = \dfrac{\mu c_p}{\lambda} = \dfrac{\rho v c_p}{\lambda} = \dfrac{v}{a}$	$Pr = \dfrac{\text{运动黏度}}{\text{导温系数}} \Rightarrow \dfrac{\text{运动扩散能力}}{\text{热量扩散能力}}$
努塞尔数 （Nusselt 准则）	$Nu = \dfrac{\alpha l}{\lambda}$	$Nu = \dfrac{\alpha \cdot \Delta t}{\lambda(\Delta t/l)} \Rightarrow \dfrac{\text{放热量}}{\text{导热量}}$

二、相似理论简介

量纲分析法解决了如何减少实验变量的问题，为简化大量的实验工作提供了有效措施；相似理论则为如何进行模拟实验、如何推广应用实验结果奠定了理论基础。

几何学告诉我们，所有互为相似的三角形，都可由其中一个三角形按一定的比例全方位

地放大或缩小得到。根据这一特征,如果如图 10-5 所示的两个三角形是相似的,则各对应边之间必有如下关系:

$$\frac{l_{1a}}{l_{1b}} = \frac{l_{2a}}{l_{2b}} = \frac{l_{3a}}{l_{3b}} \tag{10-13}$$

由式(10-13)可进一步推出:

$$\frac{l_{1a}}{l_{2a}} = \frac{l_{1b}}{l_{2b}} = l_1$$

$$\frac{l_{1a}}{l_{3a}} = \frac{l_{1b}}{l_{3b}} = l_2$$

$$\frac{l_{2a}}{l_{3a}} = \frac{l_{2b}}{l_{3b}} = l_3$$

则 l_1、l_2、l_3 之间有如下关系:

$$l_2 = l_1 \cdot l_3 \tag{10-14}$$

式中,l_1、l_2、l_3 都是无量纲准则数。式(10-14)就是反映彼此相似的三角形边与边关系的无量纲准则方程。

根据以上分析,可以得出结论:彼此相似的三角形的三个无量纲准则之间有一定的制约关系。只要已知其中任意两个,第三个便唯一确定了。所有互为相似的三角形,必定有完全相同的准则关系式。只要掌握了某一三角形的边与边的比例关系。π 定理曾告诉我们,表征物理现象的物理量之间的必然联系也可以用无量纲准则关系式表示。如果像三角形相似一样,所有相似的物理现象也具有完全相同

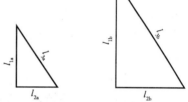

图 10-5　几何相似

的准则方程,那么工程实际中所遇到的实际问题就可通过一个与之相似的模型进行实验得到解决。并且实验所得结果不仅适用于实型,而且还可适用于与之相似的所有问题。所以在用实验法解决对流换热问题时,必须从理论上回答:现象相似的概念;彼此相似现象的特征;用什么方法判别现象是否相似。

(1)现象相似的概念。物理现象相似的概念是从几何相似的概念衍生出来的。物理现象的特征由表征该现象的物理量决定。如对流换热问题就涉及到几何量场、速度量场、温度量场、物理量场和时间量场。所谓物理现象相似,则指同类物理现象中,如果某些现象的所有物理特征可以通过其中一个现象的特征全盘放大或缩小而得到,则说这些现象是彼此相似的。换句话说,物理现象相似是具有同一特征的现象中,表征现象的所有量在空间中各对应点、时间上各对应瞬间各自互成一定的比例。例如对流换热现象 A 和现象 B 如果在任意对应时刻都恒有几何相似、速度场相似、温度场相似和物理场相似,则两现象就是彼此相似的。根据对现象相似的上述定义,可以归纳相似现象的如下几个表现特征:

第一,相似现象必须是同类现象。所谓同类现象是指那些能用相同形式并且有相同内容的微分方程所描述的现象。电场与温度场虽然微分方程的形式相仿,但涉及的内容不同,不属同类现象;强制对流换热与自然对流换热同属对流换热,但微分方程有差别,亦不属同类现象。

第二,几何相似是物理现象相似的先决条件。相似现象总是在几何形状相似的时空体系中才发生。例如管内流动和横掠管外的两个问题同属对流换热,是同一类现象。但它们

根本不存在空间中的对应点,当然谈不上时间上的对应瞬间。

第三,表征现象的各物理量之间互成一定比例。物理量场的相似倍数间有特定的制约关系。

(2)相似定理。相似定理回答了有关现象相似的本质性问题,即相似的性质、相似准则间的关系以及判断相似的条件。这里只作论述,不作证明。

相似第一定理:"彼此相似的现象,同名相似准则必定相等。"该定理阐明了现象相似的固有共性之一;相似的必要条件是同名相似准则对应相等。另一方面,可以根据这一定理决定在做物理现象相似的实验中所必须测量的物理量——描述该现象的各个无量纲准则中包含的所有物理量。

相似第二定理:"描述物理现象的微分方程式(组),具有准则函数形式的解,而且彼此相似的现象,其准则函数式相同"。据此,就能毫无顾虑地通过与实际相似的模型实验得到解决实验问题的解,并将模型实验结果推广应用与之相似的一切实际问题中。另外该定理还说明准则函数形式的解是必然存在的,那么实验过程中所测得的各物理量的数据可以按各准则数组成方式整理成准则方程的形式。

相似第三定理:"凡同类现象,单值性条件相似,同名决定准则相等时,现象必定相似。"该定理阐明了现象相似的充分必要条件。它在安排模型实验时为保证实验设备中的现象与实际设备中的现象相似,必须使模型中的现象与原型的现象单值条件相似,而且同名决定准则数值上相等。所谓单值性条件,指的是包含在决定准则中的各物理量。对于对流换热问题,单值性条件为:

①几何条件。换热壁面的几何形状和尺寸、壁面粗糙度、管子的进口形状以及流体与壁面的相对位置等。

②物理条件。流体种类和物性等。

③边界条件。壁面温度或热流密度等。

④时间条件。稳态问题不需此项条件,非稳态问题中指物理量怎样随时间变化。

综上所述,相似定理完满地回答了用实验研究的方法以求解现象规律时必须解决的三个问题:

一是实验时应测量各相似准则中包含的全部物理量,其中物性参数则由测量系统中的定性温度确定;二是实验结果可整理成准则的函数关系;三是实验的结果可以推广应用到同类相似现象中去。

因此,相似理论是指导模型试验以及把实验结果推广应用到同类现象的理论。但是,相似准则中的物性参数都是随温度变化的,在温度场相似的条件下,往往不可能保证物理量场也都能一一相似,所以任何由实验确定的公式都是有一定的局限性,只能在经由实验验证过的范围内使用,而且必须严格注意它的定性温度、定型尺寸和使用条件。

三、实验数据的整理

由量纲分析法得出的准则方程式,只有在相似理论指导下,通过实验确定具体的函数关系后,才能符合应用的要求。准则之间的关系往往表示成指数函数形式,这是为了便于把实验所得数据整理成综合准则方程式。例如,强迫对流换热可表示为

$$Nu = CRe^n Pr^m \qquad (10\text{-}15)$$

式中:C、n、m——待定的系数和指数。

整理实验数据的根本任务就是决定 C、n、m 这些常数。

（1）决定 C、n、m 的基本方法。在式（10-15）中，令 $A = CPr^m$，则式变成：

$$Nu = ARe^n \qquad (10\text{-}15')$$

两边取对数，得：

$$\lg Nu = \lg A + n \lg Re$$

由此式可看到指数方程式的优点，因为把实验测得的 n 组 Nu 数和 Re 数表示在双对数坐标图上时，将为一条直线，从而很容易确定 A 和 n，接着再求出 C 和 m。

实验的具体方法是，先以某一种流体作试验，并设法控制温度 t_f 不变，使 Pr 数为定值。在不同情况下，测定几组 Re 数和 Nu 数并把它们代表的点绘与图 10-6a）上。如 Nu 数、Re 数之间确是指数关系，实验点将基本落在一条直线上。在直线上任取一点 p，由 p 点分别作两个坐标轴的垂线 pA 和 pB，从而得 Re 数的指数：

$$n = \tan\phi = \frac{\lg Nu_p - \lg A}{\lg Re_p}$$

实际上，n 的数值就是双对数坐标图上直线的斜率，$\lg A$ 则是直线在纵坐标上的截距。把由实验结果确定的 A 和 n 值代入式（10-15'），可得 Nu 与 Re 的具体关系式。在此关系中，除 Nu 准则数中包括未知量 α 外，其他都是已知量，这样 α 就可以解出来了，然后再应用牛顿公式计算换热量。各种情况表面传系数 α 的计算公式都是用这种方法得出来的。

在求出指数 n 后，再以不同的流体，亦即不同的 Pr 数进行试验，并得到几组 Pr 和 $NuRe^{-n}$ 的数值，然后把它们代表的点绘在图 10-6b）上。

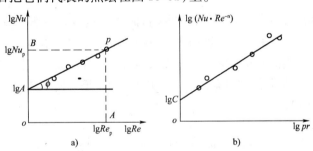

图 10-6　准则间函数关系的确定

因 $Nu = ARe^n$，所以 $\qquad\qquad A = NuRe^{-n}$

又因 $A = CPr^m$，所以 $\qquad\qquad NuRe^{-n} = CPr^m$

对上式两边取对数，得

$$\lg(NuRe^{-n}) = \lg C + m \lg Pr$$

由此可知，$\lg C$ 就是图 10-6b）上直线的截距，m 就是斜率。这样就可求出系数 C 和 Pr 数的指数 m。

（2）定性温度、定型尺度和特征速度。相似准则中所包含的物性参数如 λ、v 等，往往随温度而变，所以实验时必须选取一个确定物性参数的温度，即所谓定性温度。目前采用较多的有：

①流体温度 t_f。当流体沿平板流动换热时，t_f 即为来流或自由流区的流体温度。对于管内流动，则常取

$$t_f = (t'_f + t''_f)/2$$

式中：t'_f、t''_f——分别为进、出口截面上流体的平均温度。

②热边界层的平均温度 t_m。如 t_w 和 t_f 代表壁面处和自由流区的流体温度,则 $t_m = (t_f + t_w)/2$。采用 t_m 为定性温度,目的在于消除流体物性随温度变化的影响。

计算表面传热系数 α 的经验公式,常以准则的下标示出所用的定性温度,如 Nu_f、Re_f、Pr_f 或 Nu_m、Re_m、Pr_m 等,故在使用经验公式时,必须与综合该公式时所用的定性温度取得一致。

定型尺度是指包含在相似准则中的几何尺度,如 Re、Gr、Nu 等准则中的 l 或 d 等。在换热系统中,应取对于流动和换热有显著影响的某一几何尺度作为定型尺度。例如,管内流动取直径 d,沿平板流动则取板长 l。流体在流通截面形状不规则的槽道中流动时,应取当量直径 $d_e = 4F/U$ 作为定型尺度,式中的 F 为槽道截面积,U 为湿周。

特征速度即 Re 数中的流体速度。通常,流体绕流平板或圆柱体时取来流速度 w_f;管内流动时取截面上的平均流速 w_m;绕流管束时取最小流通截面上的最大速度 w_{max}。

第四节　对流换热的分析计算

工程上涉及最多的是流体在管内、管外流动时的换热问题。本节将着重介绍单相介质在管道内强迫对流换热的计算、流体外掠圆管及管束的对流换热计算以及大空间的自然对流换热计算的常用准则方程。

一、流体在管道内作强迫对流时的换热

流体在管道内流动的流态可以分成层流、过渡流和紊流。按边界发展情况可以分成入口段和充分发展区域。正因为管内流动的对流换热具有上述不同的换热特征,所以反映换热规律的准则方程也具有不同的形式。下面根据流态特征的差异,分别介绍层流、过渡流以及紊流的换热准则方程,并根据入口效应、温度影响和管道几何形状讨论适用各种不同状态的准则方程的修正问题。

1. 层流状态下的准则方程

流体与管壁发生强迫对流换热时,如管子内径和温差均小,则能避免附加的自然对流。同时,如果流体又有较大的黏性等,则易出现严格的层流。前已提到,层流时的对流换热热阻较大,表面传热系数 α 远比紊流时的为小。工程中,虽然多数管流属于紊流,但在深冷系统和紧凑式换热器中层流对流换热还是存在的。

赛特尔(Seider)和塔特(Tate)以 Pr 数较大的油和水在壁温 t_w 恒定的管内进行层流换热试验。又考虑到层流时入口效应波及的管段较长,故引入几何参数 d/l。同时,对于流体黏性随温度改变的影响,以因子 $\left(\dfrac{\mu_f}{\mu_w}\right)^{0.14}$ 作校正,并在综合经验公式而应用牛顿冷却公式时,Δt 取壁面和流体间的算术平均温差。最后得

$$Nu_f = 1.86(Re_f Pr_f d/l)^{1/3}\left(\frac{\mu_f}{\mu_w}\right)^{0.14} \tag{10-16}$$

式中,除了 μ_w 按管壁温度 t_w 取值外,其他物性值均以流体的平均温度 t_f 为定性温度。定型尺度为管道内径 d,特征速度为截面平均流速 w_m。该公式的适用范围是:

$$Re_f Pr_f d/l > 10;\quad Re_f < 2300;Pr_f > 0.6$$

上式亦可近似地用于热流密度 q_w 恒定的情况。由公式得出的表面传热系数 α 为整个

管长 l 的平均值。

【例 10-1】 流量为 112kg/h 的润滑油,通过壁温恒定为 20℃、内径为 12mm 的管道,油温从 95℃ 被冷却到 65℃。试计算油管所必需的长度 l。已知 $\mu_w = 2879\text{kg}/(\text{m}\cdot\text{h})$。

解: 首先根据流体平均温度 $t_f = \frac{1}{2}(t_f' + t_f'') = \frac{1}{2}(95 + 65) = 80℃$,壁温 $t_w = 20℃$,查各物性表,从而决定了各有关物性量的数值:$\mu_f = 115\text{kg}/(\text{m}\cdot\text{h})$,$\lambda_f = 0.138\text{W}/(\text{m}\cdot℃)$,$c_p = 2131\text{J}/(\text{kg}\cdot℃)$,$Pr_f = 490$。

因为质量流量 $\dot{m} = \rho \cdot w_m \cdot \frac{\pi}{4}d^2$,所以

$$\rho w_m = \frac{4}{\pi} \cdot \frac{d^2} = \frac{4 \times 112}{\pi \times 0.012^2} = 990297\text{kg}/(\text{m}^2 \cdot \text{h})$$

$$Re_f = \frac{\rho w_m d}{\mu_f} = \frac{990297 \times 0.012}{115} = 103.3 < 2300$$

流动属于层流,而

$$Re_f Pr_f d/l = 103.3 \times 490 \times \frac{0.012}{l} = \frac{607.4}{l} \tag{a}$$

l 尚未知,但如 $Re_f Pr_f d/l > 10$,即 $l < 60.74\text{m}$,则可应用式(10-16)。

根据管内流体的能量平衡:

$$\dot{m}c_p(t_f'' - t_f') = \alpha\pi dl\Delta t \tag{b}$$

因拟采用式(10-16)求 α,故 Δt 应取算术平均温差,即

$$\Delta t = t_w - \frac{1}{2}(t_f' + t_f'') = 20 - \frac{1}{2}(95 + 65) = -60℃$$

把 Δt 代入式(b),得

$$\frac{112}{3600} \times 2131 \times (65 - 95) = \alpha\pi \times 0.012l \times (-60)$$

或

$$\alpha l = 879.7 \tag{c}$$

又由式(10-16):

$$Nu_f = \frac{\alpha \times 0.012}{0.138} = 1.86 \times \left(103.3 \times 490 \times \frac{0.012}{l}\right)^{\frac{1}{3}} \cdot \left(\frac{115}{2879}\right)^{0.14}$$

求解 α 得

$$\alpha = \frac{115.4}{l^{1/3}} \tag{d}$$

把式(d)代入式(c),经运算后,求得

$$l = 21\text{m} < 60.74\text{m}$$

故满足 $Re_f Pr_f d/l > 10$ 的条件,说明应用式(10-16)求解 α 是正确的,即油管所需的长度 l 为 21m。

2. 过渡流状态下的准则方程

管道内流体由层流($Re = 2300$)终了到旺盛的紊流($Re = 10^4$)开始,为流动不稳定的过渡状态。这个区域中的换热计算与层流和紊流相比,满意的计算公式不多。工程上,从换热效果考虑,如有可能也往往避开过渡状态。关于过渡状态表面传热系数的计算,豪森(Hausen）曾整理和推荐下列公式：

$$Nu_f = 0.116(Re_f^{2/3} - 125)Pr_f^{1/3}\left[1 + \left(\frac{d}{l}\right)^{2/3}\right]\left(\frac{\mu_f}{\mu_w}\right)^{0.14} \tag{10-17}$$

式（10-17）除 μ_w 决定于 t_w 外，其余物性值均以流体平均温度 t_f 为定性温度，定型尺度为管道内径 d，并且已把入口效应考虑在内。对于黏性流体，该式特别适用，尤其在 $2300 < Re_f < 6000$ 范围内，所得结果的准确性更为满意。上式是在 t_w 恒定的情况下得到的，在 q_w 恒定时也可以应用该式计算，但所得结果偏低 10%。

3. 紊流状态下的准则方程

管内流体处于紊流状态时，除贴壁的层流底层外，紊流核心的速度分布和温度分布都较为平坦，主要热阻在层流底层中。由于层流底层极薄，温度梯度甚大，所以紊流换热强度远远超过层流。此外，实践证明，当流体在管内紊流换热时，对于平均表面传热系数 α 的计算，在壁温 t_w 恒定和热流密度 q_w 恒定两种情况下的区别已消失。

管内紊流状态下对流换热最常用的准则方程，有下述形式：

$$Nu_f = 0.023\,Re_f^{0.8}\,Pr_f^m\varepsilon_1 \cdot \varepsilon_r \cdot \varepsilon_t \tag{10-18}$$

式中定性温度为流体平均温度 t_f，定型尺度为管道当量直径 d_e，特征速度为截面平均速度 w_m。流体被加热，即 $t_w > t_f$，$m = 0.4$；流体被冷却，即 $t_w < t_f$，$m = 0.3$。ε_1，ε_r，ε_t 是三个修正系数，分别称为管长修正系数、弯曲修正系数和温度修正系数。该公式的适用范围是：

$$Re_f = 10^4 \sim 1.2 \times 10^5;\ Pr_f = 0.7 \sim 120$$

管长修正系数是反映入口段对换热影响的参数。研究结果表明，入口段由于边界层较薄，其平均努塞尔数比充分发展区的平均努塞尔数大，$Nu_f = 0.023\,Re_f^{0.8}\,Pr_f^m$ 是充分发展区的实验结果。当管子长度相对较短时，入口段对全管换热的贡献不容忽略，必须对充分发展区的计算公式予以修正，方可适用于全管长的换热计算。管长修正系数的大小与 Re 数和 l/d 有关，其具体数值可根据图 10-7 中提供的曲线查对。通常，当 $l/d > 50$ 时，取 $\varepsilon_1 = 1$。

弯曲修正系数是为反映弯曲流道对换热的影响程度而提出的参数。如图 10-8 所示，当流体在弯道内流动时，由于离心力的作用，沿截面会产生二次环流而加强流体扰动和混合，使换热增强。一般热力设备中，弯头的长度占总管长度的比例很小，

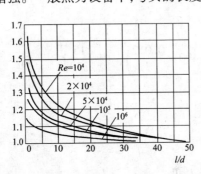

图 10-7　管长的校正系数 ε_f

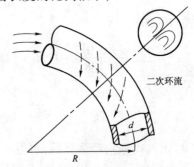

图 10-8　螺旋管中的二次环流

可不考虑其影响。但对于螺旋管道，则必须计入弯曲的影响。弯曲系数的计算可按下列方程进行：

气体：
$$\varepsilon_r = 1 + 1.77\frac{d}{R}$$

液体：
$$\varepsilon_r = 1 + 10.3\left(\frac{d}{R}\right)^3$$

式中的 d 和 R 如图 10-8 所示。

温度修正系数是为反映流体物性与温度有关这一因素对换热所产生的影响而提出的修正参数。为了便于分析和解决问题,常常假定在流道内流体的物性参数为一常数,这对于在小温差换热的情况下还不致引起较大的误差。但当温差增大时,沿管道纵向和径向,流体的温度变化率都很大,因而物性也随之有很大的差异。特别是流体的黏性,变化更为突出。物性的变化反过来将又对温度、速度的分布产生较大的影响,当然对换热也将产生不容忽略的作用。这一作用在准则方程中通过温度修正系数体现出来:

气体:$\varepsilon_t = \left(\dfrac{T_f}{T_w}\right)^n$ 中的 $n = 0.55$(加热时),或 $n = 0$(冷却时)。

液体:$\varepsilon_t = \left(\dfrac{\mu_f}{\mu_w}\right)^n$ 中的 $n = 0.11$(加热时),或 $n = 0.25$(冷却时)。

式中:T_f、T_w——流体和壁面的绝对温度。

在 t_f 与 t_w 之差较大时才考虑用 ε_t 修正。一般情况下,气体为 $\Delta t > 50℃$,水为 $\Delta t > 20℃$,油类为 $\Delta t > 10℃$ 时才考虑修正。

【例 10-2】 水流过内径 $d = 20\text{mm}$,长 $l = 5\text{m}$ 的直管时,从入口温度 $t_f' = 25.3℃$ 被加热到出口温度 $t_f'' = 34.6℃$。水在管内的平均流速 $w_m = 2\text{m/s}$,求表面传热系数 α。

解: 先判别流态。

定性温度为

$$t_f = \frac{1}{2}(t_f' + t_f'') = \frac{1}{2}(25.3 + 34.6) = 30℃$$

由此在附表中查得:

$$\lambda_f = 61.8 \times 10^{-2} \text{W/(m·℃)}$$
$$\mu_f = 801.5 \times 10^{-6} \text{kg/(m·s)}$$
$$Pr_f = 5.42$$
$$\rho_f = 995.7 \text{kg/m}^3$$
$$c_p = 4.174 \text{kJ/(kg·℃)}$$

管内水流的雷诺数为:

$$Re_f = \frac{\rho_f w_m d}{\mu_f} = \frac{995.7 \times 2 \times 0.02}{801.5 \times 10^{-6}} = 4.97 \times 10^4 > 10^4$$

流态属于紊流,先暂不考虑修正的情况,用式(10-18)计算,然后再判别是否需要修正计算。

由于水流被加热,所以在式(10-18)中,$m = 0.4$,则

$$Nu_f = 0.023 Re_f^{0.8} Pr_f^{0.4} = 0.023 \times (4.97 \times 10^4)^{0.8} \times 5.42^{0.4} = 258$$

因此

$$\alpha = Nu_f \frac{\lambda_f}{d} = 258 \times \frac{0.618}{0.02} = 7972.2 \text{W/(m·℃)}$$

根据能量平衡方程:

$$\frac{\pi}{4} d^2 w_m \rho_f c_p (t_f'' - t_f') = \alpha \cdot \pi d l \Delta t$$

所以

$$\Delta t = \frac{d w_m \rho_f c_p (t_f'' - t_f')}{4 \alpha l} = \frac{0.02 \times 2 \times 995.7 \times 4174 \times (34.6 - 25.3)}{4 \times 7972.2 \times 5} = 9.7℃$$

由于 $\Delta t < 20℃$，无需作温差修正，即 $\varepsilon_t = 1$；由于是直管，则 $\varepsilon_r = 1$；由于管道长径比 $l/d = 2/0.02 = 100 > 50$，则 $\varepsilon_l = 1$。所以，式(10-18)中三个修正系数均为 1，所得的计算结果 $\alpha = 7972.2 \mathrm{W}/(\mathrm{m \cdot ℃})$ 是正确的。

二、流体横掠管外时的换热

1. 横掠单管

流体横掠单管的流动情况如图 10-9 所示。由此可以看出，管子前半部和后半部的流动

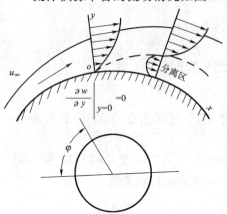

情况完全不同。当来流正向冲刷管壁时，从 $\varphi = 0$ 开始沿壁面形成流动边界层，且随 φ 的增大边界层厚度递增，这基本上与沿平板流动的情况类似。当 φ 增到一定值时在流动惯性和壁面形状的综合影响下出现绕流脱体现象，从而在后半部形成漩涡，边界层被破坏。流动上的这种特点使得表面传热系数 α_φ 沿圆周发生变化，其变化规律参看图 10-10。根据图 10-10 展示的局部努塞尔数 Nu_φ 的变化曲线，可将横掠单管的换热定性地归纳为：

①局部 Nu_φ 数的变化规律与位置 φ 和 Re 数有关。相对而言，在较低的 Re 数条件下，Nu_φ 数随 φ 的

图 10-9　横掠单圆管流动边界层

变化仅出现一个极小值，而在较高的 Re 数时，则出现两个极小值。

②对应于仅有一个极小值的换热情况，该极值点就是绕流开始脱体点。极值点左边的递减变化规律是边界层逐渐变厚的结果；极值点右边陡然上升的变化是绕流脱体形成涡流的效应。

③在有两个极值点的情况下，第一个极值点是边界层内流态从层流向紊流转变的转折点，Nu_φ 第一次回升是由流态转变引起。第二个极值点是绕流脱体的始点。

④大约以 $Re = 5 \times 10^4$ 为界，当 $Re < 5 \times 10^4$ 时，前半部的平均 Nu 数比后半部大。当 $Re > 5 \times 10^4$ 时，则后半部的平均 Nu 数比前半部大。

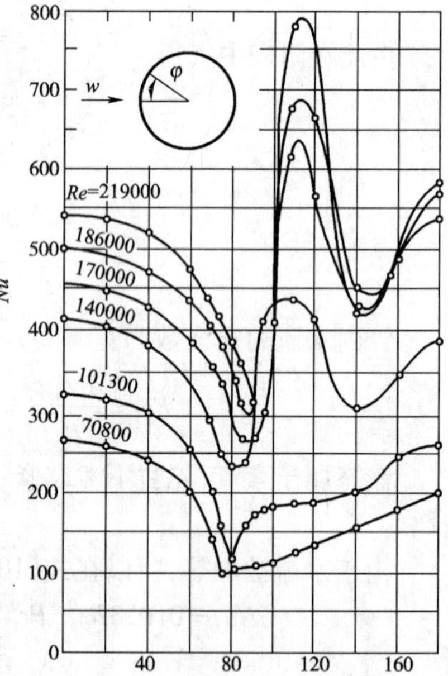

工程上应用中最关切的是整个壁面的平均表面传热系数。但上述几条定性的概念却有助于决定多管换热时的管子排列方式和在必要的情况下了解由于管子各部位换热负荷的差异对管壁强度产生的影响。

2. 横向冲刷管束

流体横向流过一群管子(管束)时，流动将受到各排管子的连续干扰，因而远比横掠单管时复杂。此时，必须考虑管子排列方式(顺排或叉排)、管子间距(横向间距 s_1 和纵向间距 s_2)、管子排数 N 及管子外直径 D 等的影响。

第一是排列方式的影响：管束的排列方式主要有顺排和叉排两种，如图 10-11 所示。流体流过顺排及叉排管束第一排管面的情况与流过单管管面时的情况相近，但从第二排起，对

图 10-10　横掠圆管局部表面传热系数的变化

于顺排每排管子的前部正处于前排管子漩涡区的尾流内,受到的冲刷情况要差一些,而且在每列管间的流体好似进入一长廊流动,受到管壁的干扰较小,流动方向较稳定。对于叉排管子所受到的冲刷情况大体一样,换热情况与横掠单管比较接近,而且流体在管中流动的速度方向经常变化,各部分流体的混合情况较顺排为好。故在相同的 Re 数及管束排数下,叉排管束的平均换热系数高于顺排。

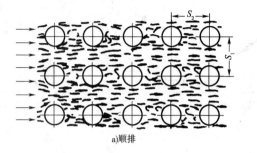 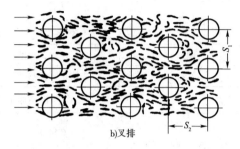

图 10-11 流动横向冲刷管束的流动情况

a)顺排

b)叉排

第二是相对节距的影响:无论是哪种排列方式,管与管之间的相对节距 S_1/D 和 S_2/D 对换热也有影响。以叉排为例,如图 10-12 所示,当流体进入两根管子之间时,流动截面的宽度为 $S_1 - D$,然后分两路斜插到后排管子之间,斜向流动截面的总宽度为 $2(S_2' - D)$,这里 $S_2' = \sqrt{S_2^2 + \left(\dfrac{S_1}{2}\right)^2}$。若 $(S_1 - D) > 2(S_2' - D)$,则流体从 1—1 截面到 2—2 及 3—3 截面间流体的流动是加速的;反之,如果 $(S_1 - D) < 2(S_2' - D)$,则流体的流动是减速的。可见,管束的相对节距密切地影响着流动情况,必然也会影响到对流换热。

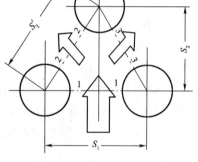

图 10-12 叉排管束中的流动

第三是流动方向上管子排数的影响:流体进入管束后,由于不断同壁面碰撞的结果,流体中扰动逐渐增加,各排的表面传热系数也相应提高。大约到第三、第四排后逐渐趋于稳定。因此,整个管束的平均表面传热系数与流动方向上的排数 N 有关。

总之,流体横向冲刷管束时平均表面传热系数除了与 Re 数、Pr 数和换热温度差有关外,还与管子排列方式、相对节距以及管子排数 N 有关。通常可用下式计算其平均 Nu_f 数:

$$Nu_f = C_N C Re_f^n Pr_f^{0.36} \left(\frac{Pr_f}{Pr_w}\right)^{1/4} \tag{10-19}$$

式(10-19)的适用范围为 $0.7 < Pr_f < 500, 10^3 < Re_f < 2 \times 10^6$。除 Pr_w 取壁温 t_w 为定性温度外,其他均以流体的平均温度 t_f 为定性温度,定型尺度取管子外径 D,特征速度取管间最小截面处的最大流速 w_{max}。引入 $(Pr_f/Pr_w)^{1/4}$ 是为了校正流体物性变化的影响。系数 C 和指数 n 与雷诺数的范围、管子排列方式以及相对节距有关,从表 10-3 中选取。当 $N \geqslant 20$ 时,$C_N = 1$;当 $N < 20$ 时,C_N 可从图 10-13 中查得。

式(10-19)是针对流体流动方向与管束轴向相垂直的情况。当流体方向与管束轴向不垂直而呈夹角 β 时($\beta < 90°$),仍可按垂直冲刷求得表面传热系数,只是要在求得的表面传热系数后再乘以修正系数 C_β,即 $\alpha_\beta = C_\beta \cdot \alpha$。$C_\beta$ 值可查表 10-4。

排列方式	Re_f	C	n
顺排	$10^3 \sim 2 \times 10^5$	0.27	0.63
叉排 $\left(\dfrac{S_1}{S_2} < 2\right)$	$10^3 \sim 2 \times 10^5$	$0.35\left(\dfrac{S_1}{S_2}\right)^{1/3}$	0.60
叉排 $\left(\dfrac{S_1}{S_2} > 2\right)$	$10^3 \sim 2 \times 10^5$	0.40	0.60
顺排	$2 \times 10^5 \sim 2 \times 10^6$	0.021	0.84
叉排	$2 \times 10^5 \sim 2 \times 10^6$	0.022	0.84

管束中 C_β 与 β 角的关系   表 10-4

	β 角	$80° \sim 90°$	$70°$	$60°$	$45°$	$30°$	$15°$
	顺排	1.0	0.97	0.94	0.83	0.70	0.41
	叉排	1.0	0.97	0.94	0.78	0.53	0.41

【例 10-3】 由 7 排管子(叉排)组成的空气加热器,管径 $D = 12\mathrm{mm}$,管子间距 $S_1 = 18\mathrm{mm}$,$S_2 = 15\mathrm{mm}$,管壁温度 $t_w = 80℃$。空气的来流速度 $w_f = 5\mathrm{m/s}$,管束间空气的平均温度 $t_f = 40℃$。求管束壁面与空气间的平均表面传热系数。

解:因 $t_f = 40℃$,$t_w = 80℃$,由空气的物性表查得:$\lambda_f = 2.71 \times 10^{-2} \mathrm{W/(m \cdot ℃)}$,$\mu_f = 19.123 \times 10^{-6} \mathrm{kg/(m \cdot s)}$,$Pr_f = 0.712$,$v_f = 16.97 \times 10^{-6} \mathrm{m^2/s}$,$Pr_w = 0.707$

根据几何条件,管束的斜向节距为

$$S_2' = \sqrt{S_2^2 + (S_2/2)^2} = \sqrt{15^2 + (18/2)^2} = 17.49\mathrm{mm}$$

又

$$S_2' - D = 17.49 - 12 = 5.49\mathrm{mm}$$

$$\frac{1}{2}(S_1 - D) = \frac{1}{2} \times (18 - 12) = 3\mathrm{mm}$$

因 $(S_2' - D) > (S_1 - D)/2$,故最小截面处的最大流速为

$$w_{max} = w_f \frac{S_1}{S_1 - D} = 5 \times \frac{18}{18 - 12} = 15\mathrm{m/s}$$

所以

$$Re_f = \frac{w_{max} D}{v_f} = \frac{15 \times 0.012}{16.97 \times 10^{-6}} = 1.061 \times 10^4$$

可采用式(10-19)计算。$S_1/S_2 = 18/15 < 2$。根据 Re_f 和 S_1/S_2 值,由表 10-3 查得:$C = 0.35(S_1/S_2)^{1/5}$,$n = 0.60$。因为 $N = 7 < 20$,由图 10-13 查得:$C_N = 0.96$,则式(10-19)为

$$Nu_f = \frac{\alpha D}{\lambda_f} = 0.96 \times 0.35 \times 1.2^{1/5} \times (1.061 \times 10^4)^{0.6} \times 0.712^{0.36} \times \left(\frac{0.712}{0.707}\right)^{1/4} = 80.35$$

所以

$$\alpha = Nu_f \cdot \frac{\lambda_f}{D} = 80.15 \times \frac{2.71 \times 10^{-2}}{0.012} = 180.8 \mathrm{W/(m^2 \cdot ℃)}$$

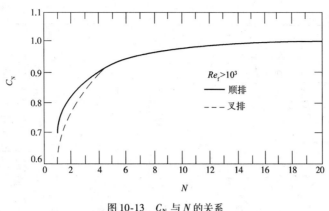

图 10-13 C_N 与 N 的关系

三、无限空间中的自然对流换热

如前所述,自然对流是由于流体各部分温度不均匀所造成的浮升力而引起的流动现象。自然对流换热因流体所处的空间大小不同分为两类:一类是流体处在很大的空间中的自然对流换热,称为无限空间或大空间的自然对流换热。如工程上各种炉子、热设备、铸型、脱模后的铸件及输送热流体的管道等在空气中的对流换热。它的特点在于大空间里自然对流和边界层发展都不受空间的限制;另一类是流体封闭在一个小空间内的自然对流换热,称为有限空间的自然对流换热。如空调房间所安装的双层玻璃中空气与玻璃的对流换热。下面只介绍无限空间中的自然对流换热。

自然对流换热中,Gr 起主要作用,而 Re 可不必考虑,因而在无限空间中的自然对流换热准则关系为

$$Nu = f(Gr,Pr)$$

通过大量实验,并对实验结果作综合整理,得出无限空间中自然对流换热准则方程为

$$Nu_m = C(Gr \cdot Pr)_m^n \qquad (10\text{-}20)$$

式中下角标"m"表示式(10-20)中各准则的物性量定性温度为流体与壁面的平均温度 t_m;式中系数 C 和指数 n 之值,可根据传热表面的形状、位置及 $(Gr \cdot Pr)_m$ 数值范围由表 10-5 查取。

由式(10-20)算得的表面传热系数 α 为整个换热面的平均表面传热系数。

由表 10-5 可以看出,对于无限空间中的自然对流换热,当流态为紊流时,换热面无论是竖管、竖板、水平管或者是热面向上的水平板,它们的指数 n 都为 1/3。将其代入式(10-20)后,包含在 Nu 及 Gr 中的定型尺寸则消去,故它们的自然对流换热强度与尺寸无关。

式(10-20)中的 C 和 n 值   表 10-5

表面形状与位置	图 示	流态	C	n	定型尺寸	适 用 范 围
竖平板及竖圆柱		层流	0.59	$\dfrac{1}{4}$	高度 H	$(Gr \cdot Pr)_m = 10^4 \sim 10^9$
		紊流	0.12	$\dfrac{1}{3}$		$(Gr \cdot Pr)_m = 10^9 \sim 10^{12}$

表面形状与位置	图　示	流态	C	n	定型尺寸	适　用　范　围
横圆柱		层流	0.53	$\frac{1}{4}$	外径 d	$(Gr \cdot Pr)_m = 10^3 \sim 10^9$
		紊流	0.13	$\frac{1}{3}$		$(Gr \cdot Pr)_m = 10^9 \sim 10^{12}$
水平板,热面向上或冷面向下		层流	0.54	$\frac{1}{4}$	正方形取边长 长方形取两边平均值 狭长条取短边 圆盘取 $0.9d$ (d 为圆盘直径)	$(Gr \cdot Pr)_m = 10^5 \sim 2 \times 10^7$
		紊流	0.14	$\frac{1}{3}$		$(Gr \cdot Pr)_m = 2 \times 10^7 \sim 3 \times 10^{10}$
水平板,热面向下或冷面向上		层流	0.27	$\frac{1}{4}$	同上	$(Gr \cdot Pr)_m = 3 \times 10^5 \sim 3 \times 10^{10}$

　　以空气自然冷却物体时,空气温度在 $10 \sim 40℃$,物体表面温度为 $50 \sim 100℃$,则由表 10-6 可得出空气自然对流表面传热系数的简化计算式。表 10-6 对定型尺寸的要求与表 10-5 相同。

空气在无限空间中自然对流表面传热系数简化计算式　　　　表 10-6

表面形状与位置	流　态	表面传热系数简化计算式	
		$\alpha [(W/m^2 \cdot ℃)]$	$\alpha [kcal/(m^2 \cdot ℃ \cdot h)]$
竖平板及竖圆柱	层流	$\alpha = 1.49(\Delta t/l)^{1/4}$	$\alpha = 1.28(\Delta t/l)^{1/4}$
	紊流	$\alpha = 1.35 \Delta t^{1/3}$	$\alpha = 1.16 \Delta t^{1/3}$
横圆柱	层流	$\alpha = 1.34(\Delta t/l)^{1/4}$	$\alpha = 1.15(\Delta t/l)^{1/4}$
	紊流	$\alpha = 1.465 \Delta t^{1/3}$	$\alpha = 1.26 \Delta t^{1/3}$
水平板,热面向上或冷面向下	层流	$\alpha = 1.36(\Delta t/l)^{1/4}$	$\alpha = 1.17(\Delta t/l)^{1/4}$
	紊流	$\alpha = 1.58 \Delta t^{1/3}$	$\alpha = 1.36 \Delta t^{1/3}$
水平板,热面向下或冷面向上	层流	$\alpha = 0.675(\Delta t/l)^{1/4}$	$\alpha = 0.58(\Delta t/l)^{1/4}$

　　近年来,对于流体沿竖平壁和水平圆柱的自然对流换热,丘吉尔(Churchill)和邱(chu)等陆续提出了下面一些经验公式。这些公式虽然形式略有复杂,但其优点是对于壁温 t_w 恒定和热流密度 q_w 恒定两种情况都可应用,适用范围广而且精确性也较高。对于竖平壁:

$$Nu_m = \left\{ 0.825 + \frac{0.387 (Gr \cdot Pr)_m^{1/6}}{[1 + (0.492/Pr_m)^{9/16}]^{8/27}} \right\}^2 \qquad (10\text{-}21)$$

适用范围为:　　　　　　　　　$10^{-1} < (Gr \cdot Pr)_m < 10^{12}$

对于水平圆柱:

$$Nu_m = \left\{ 0.60 + \frac{0.387 (Gr \cdot Pr)_m^{1/6}}{[1 + (0.559/Pr_m)^{9/16}]^{8/27}} \right\}^2 \qquad (10\text{-}22)$$

适用范围为
$$10^{-5} < (Gr \cdot Pr)_m < 10^{12}$$

上两式中下角标"m"表示定性温度为 $t_m = (t_w + t_f)/2$。

【例10-4】 有一外径 $d = 400mm$，长 $l = 4m$ 的横管，外壁温 $t_w = 50℃$，大气温度 $t_f = 30℃$。试求横管的自然对流热损失 Q。

解：定性温度 $t_m = \dfrac{t_w + t_f}{2} = \dfrac{50 + 30}{2} = 40℃$

由 $t_m = 40℃$，查附录空气的物性参数为
$$\lambda_m = 2.76 \times 10^{-2} W/(m \cdot ℃)$$
$$v_m = 16.96 \times 10^{-6} m^2/s$$
$$Pr_m = 0.699$$
$$\beta = \frac{1}{T_m} = \frac{1}{t_m + 273} = \frac{1}{40 + 273} = 3.2 \times 10^{-3} 1/K$$

定型尺寸取管外径 $d = 0.4m$

首先计算 $(Gr \cdot Pr)_m$ 数值：
$$(Gr \cdot Pr)_m = \frac{g\beta d^3 \Delta t}{v_m^2} \cdot Pr_m = \frac{9.8 \times 3.2 \times 10^{-3} \times 0.4^3 (50 - 30)}{(16.96 \times 10^{-6})^2} \times 0.699 = 9.76 \times 10^7$$

属于层流，根据 $(Gr \cdot Pr)_m$，由表10-5查得
$$C = 0.53, n = 1/4$$

代入式(10-20)得
$$Nu_m = \frac{\alpha d}{\lambda_m} = 0.53 (Gr \cdot Pr)_m^{1/4}$$

则
$$\alpha = 0.53 \times \frac{\lambda_m}{d} (Gr \cdot Pr)_m^{1/4} = 0.53 \times \frac{2.76 \times 10^{-2}}{0.4} \times (9.76 \times 10^7)^{1/4} = 3.63 W/(m \cdot ℃)$$

求出 α 后可用牛顿公式计算换热量（即热损失），即
$$Q = \alpha F(t_w - t_f) = \alpha \cdot \pi dl(t_w - t_f) = 3.63 \times 3.14 \times 0.4 \times 4(50 - 30) = 364.93 W$$

思 考 题

1. 影响对流换热的主要因素有哪些？
2. 暖气片为何一般都放在窗户的下面？其表面为何凹凸不平？
3. 什么叫速度边界层？什么叫热边界层？
4. Nu、Re、Gr、Pr 的表达式及物理意义是什么？
5. 试说明管槽内对流换热的入口效应并解释其原因？
6. 为什么要进行管长修正、弯曲修正和温差修正？
7. 何谓当量直径？试计算正方形、等边三角形和环形截面管道的当量直径？
8. 为什么自然对流表面传热系要比强迫对流表面传热系数低？夏天开动风扇时人们感到凉爽，你说空气温度是升高了还是降低了？
9. 冬天当你将手伸到温度较低的水中会感到很冷，但手在同一温度的空气中活动时则并无这样冷的感觉，这是为什么？

10. 把热水倒入一玻璃杯后,立即用手抚摸玻璃杯的外表时还不感到杯子烫手,但如果用筷子快速搅拌热水,那么很快就会觉得杯子烫手了。试解释这一现象。

习　题

1. 长度为 1m,温度为 150℃ 的平板,竖直放在温度为 20℃ 的大气中。试求平板的平均表面传热系数。

2. 一内径 $d = 20mm$,长 $l = 2.5m$ 的圆管,管内空气的平均温度 $t_f = 40℃$,平均流速 $w_f = 1.8m/s$,管壁温度 $t_w = 60℃$,求管内的对流表面传热系数。

3. 水以 0.7kg/s 的流量流进内径为 25mm 的圆管,进口水温为 38℃,管子的内壁温度保持 65℃。为使水的出口温度达到 42℃,试问需要多长的管子?

4. 顺排管束由 18 排管子组成,管子间距 $S_1 = S_2 = 10mm$,管子直径为 6mm,管壁温度为 100℃。空气横向流入,流速为 5m/s,平均温度为 30℃。求管束和空气间的平均表面传热系数。

5. 空气横掠由 6 排管子组成的叉排管束。管子外径 $d = 25mm$,管壁温度 $t_w = 120℃$,管子间距 $S_1 = 50mm$,$S_2 = 45mm$,最窄截面处的流速 $w = 5m/s$,空气的平均温度 $t_f = 60℃$,求平均对流表面传热系数 α。若其他条件不变,把管束改为顺排,则平均表面传热系数又是多少?

6. 室温为 10℃ 的大房间内,有一直径 $d = 100mm$ 的烟筒,其垂直部分高为 1.5m,水平部分长为 15m,烟筒的壁温为 110℃,求对流换热量。

7. $1.013 \times 10^5 Pa$ 下的空气在内径为 76mm 的直管内流动,入口温度为 65℃,入口体积流量为 0.022m³/s,管壁的平均温度为 180℃。问管子要多长才能使空气加热到 115℃?

8. 直径为 300mm 的长圆管,表面温度保持为 250℃,水平放置于室温为 10℃ 的厂房中。试计算每米管长自然对流换热的热损失。

第十一章 热辐射和辐射换热

热辐射是热能传递的又一种基本方式。它与导热、对流换热的本质区别在于它是以电磁波的方式来传递能量的。本章主要介绍热辐射的本质、特征及有关的基本概念和基本定律;然后通过对几种简单的固体表面间辐射换热的介绍,来阐述辐射换热计算的一般方法。

第一节 热辐射的基本概念及基本定律

一、热辐射及辐射换热的本质

物体以电磁波方式向外传递能量的过程称为辐射,被传递的能量称为辐射能。物体可因各种不同原因产生电磁波,从而发射辐射能,而因其本身热的原因发射的辐射称为热辐射。也就是说,物体因热的原因致使其内部微观粒子发生运动状态的改变,并激发出具有一定质量和能量的光量子,且以电磁波的方式向外传播,这样便形成了热辐射。由于一切物体其热力学温度均不可能达到0K,所以,热辐射是一切物体所固有的特性。

电磁波的性质取决于其波长和频率。在热辐射中以波长来描述电磁波。众所周知,电磁波的波长有很宽的变化范围(即 $0 \sim \infty$)。然而在工业上所遇到的温度范围内,有实际意义的热射线的波长一般位于 $0.1 \sim 600\mu m$ 之间,而且大部分能量集中在红外线区域($0.76 \sim 20\mu m$)。可见光的波长位于 $0.38 \sim 0.76\mu m$。如图 11-1 所示。

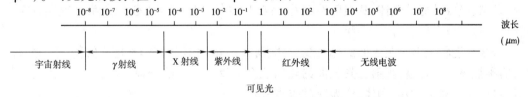

图 11-1 电磁波的波长范围

任何物体只要其热力学温度不为0K,则都是在作热辐射。温度越高,其辐射能力也越大。另一方面,物体在向外发射辐射能的同时,也在不断地吸收周围其他物体发出的辐射能并将所吸收的辐射能重新转换为自身的热能。我们把物体间的相互辐射和吸收过程的总效果称为辐射换热。例如两个温度不等的物体(如太阳和墙壁)之间进行辐射换热,温度较高的物体(太阳)的辐射多于吸收,而温度较低的物体(墙壁)的辐射少于吸收,它们之间辐射与吸收的总效果则是高温物体向低温物体传递了热能(即经一段日照后,我们会感到墙壁"发烫")。如果两物体的温度相同,则其间的辐射和吸收过程仍在进行,只不过其辐射和吸收的能量恰好相等,因此辐射换热量为零,即它们间处于热动态平衡。

由此可见,辐射能传递的特点是不必借助于介质,其本质是热能—辐射能—热能间的互变。

二、物体对热辐射能的吸收、反射和穿透

和可见光一样,当热射线投射到物体表面时也会有吸收,反射和穿透现象发生,如图

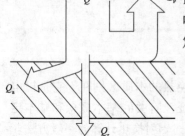

11-2 所示。图中 Q 表示投射到物体表面的总能量,Q_a 为被吸收部分,Q_ρ 被反射,其余部分 Q_r 则穿透物体。按能量守恒定律,有:

$$Q = Q_\alpha + Q_\rho + Q_r \qquad (11\text{-}1)$$

或

$$\frac{Q_\alpha}{Q} + \frac{Q_\rho}{Q} + \frac{Q_r}{Q} = 1$$

图 11-2 热射线投射到物体表面时
的吸收、反射和穿透

式中,Q_α/Q, Q_ρ/Q, Q_r/Q 分别称为该物体的吸收率、反射率和透射率,并依次用 α、ρ 和 τ 表示。于是有:

$$\partial + \rho + \tau = 1 \qquad (11\text{-}1')$$

α、ρ 和 τ 的数值既不会小于零,也不可能大于 1,其值与物体的性质,温度,表面状况,几何形状和辐射能的波长等因素有关。

对于固体和液体,当辐射能投射至其表面时,将在一个很短的距离内被吸收完,并被转换为热能使其温度升高。如金属导体,此距离仅为 $1\,\mu m$ 的数量级;大多数非导电体材料,这一距离亦小于 $1000\,\mu m$。由于常用的工程材料的厚度均大于这个数值,故可认为固体和液体不允许热射线透过,即 $\tau = 0$。于是式(11-1)可简化为

$$\alpha + \rho = 1 \qquad (11\text{-}1'')$$

由此可见:若物体的吸收能力大,则其反射本领就小;由于此类物体的吸收和反射均系在其表面进行,故其表面状况对它们的有关特性影响甚大。

气体的情况则有别于此。因气体对辐射能几乎没有反射能力;可认为 $\rho = 0$,此时

$$\alpha + \tau = 1$$

显然,吸收性好的气体,其透射性就差。同时,气体的辐射和吸收是在整个气体容积进行的,这一点和固、液体也不相同。

若物体能将投射至其表面的热射线全部吸收(即 $\alpha = 1$)时,我们称这样的物体为绝对黑体,简称黑体。同理,将投射至其表面的热射线全部反射出去的物体(即 $\rho = 1$),我们称其为绝对白体。对 $\tau = 1$ 的物体,称为绝对透明体。

需要指出的是,自然界中是不存在"绝对黑体"、"绝对白体"和"绝对透明体"的,而引入这几个理想物体概念的目的,仅仅是为了研究问题的方便。在研究热辐射和辐射换热时,我们总是从研究"绝对黑体"入手,然后针对实际物体进行必要的修正。除此之处,这里所谓的"黑"、"白"和"透明"的概念是针对热射线而言的,而不是指可见光,也不是指物体表面的颜色。比如对可见光,白色物体表面的反射率很高,而黑色则不然。但对热射线而言,白色和黑色表面却一样能吸收(白布和黑布对红外线的吸收率就大体相同)。况且,对热射线的吸收和反射能力在很大程度上还受物体表面的粗糙度的影响。

三、热辐射的基本定律

为了表明物体向外发射辐射能的数量,需引进一个物理量——辐射力（又称本身辐射）,用符号 E 表示。

辐射力 E 是指物体在单位时间、单位表面积向半球空间所有方向发射的全部波长辐射能量的总和,它的单位为 W/m^2。它表征了物体发射辐射能本领的大小。

物体在单位时间、单位表面积向半球空间所有方向发射的某一特定波长的辐射能,则称之为单色辐射力,用符号 E_λ 表示。即,若物体在波长为 λ 至 $\lambda + \Delta\lambda$ 波段内的辐射力为 ΔE,则辐射力的定义为

$$\lim_{\Delta\lambda \to 0} \frac{\Delta E}{\Delta\lambda} = \frac{dE}{d\lambda} = E_\lambda$$

其单位为 W/m^3。

辐射力和单色辐射力存在如下积分关系

$$E = \int_0^\infty E_\lambda \cdot d\lambda \qquad (11\text{-}2)$$

下面通过对几个辐射的有关定律的讨论,揭示黑体辐射的基本规律。为明确起见,以后凡属黑体的一切物理量,均用脚标 b 表示,如黑体的辐射力为 E_b。

1. 普朗克定律

1900 年,普朗克根据波辐射的量子理论,揭示了黑体的单色辐射力 $E_{b\lambda}$ 随波长和温度变化的函数关系,即 $E_{b\lambda} = f(\lambda, T)$ 有如下形式:

$$E_{b\lambda} = \frac{C_1 \lambda^{-5}}{e^{\frac{C_2}{\lambda T}} - 1} \qquad (W/m^2) \qquad (11\text{-}3)$$

此即为普朗克定律的数学表达式。

式中:λ——波长,m;

T——黑体的热力学温度,K;

C_1——常数,其值为 $3.743 \times 10^{-16} W \cdot m^2$;

C_2——常数,其值为 $1.4387 \times 10^{-2} W \cdot K$。

如果将式(11-3)所表示的黑体辐射能在不同温度下按波长分布的规律描绘在图 11-3 上,则由图可清楚地看出:

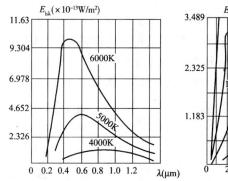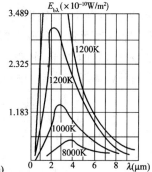

图 11-3 在不同温度下的黑体辐射能

(1)在一定温度下,黑体辐射力在不同波长下差别很大。当 $\lambda = 0$ 时,$E_{b\lambda} = 0$,此后 $E_{b\lambda}$

随着 λ 的增加而增加,直至单色辐射力 $E_{b\lambda}$ 达最大值 $(E_{b\lambda})_{max}$,此时所对应的波长用 λ_{max} 表示。而后,$E_{b\lambda}$ 值又随 λ 的增加而减少,最后趋于零。

(2)每一温度下,$E_{b\lambda}=f(\lambda,T)$ 曲线均有一最大值 $(E_{b\lambda})_{max}$,而且随黑体温度的升高,对应的 λ_{max} 值逐渐向较短波长方向移动。对应最大单色辐射力 $(E_{b\lambda})_{max}$ 的波长 λ_{max} 与黑体热力学温度 T 之间的关系,则由维恩位移定律确定,即

$$\lambda_{max}T=2.9\times10^{-3} \tag{11-4}$$

【例 11-1】 试分别计算温度为 2000K 和 6000K 的黑体最大单色辐射力所对应的波长 λ_{max}。

解:由式(11-4)

T 为 2000K 时,$\lambda_{max}=\dfrac{2.9\times10^{-3}}{2000}=1.45\mu m$

T 为 6000K 时,$\lambda_{max}=\dfrac{2.9\times10^{-3}}{6000}=0.483\mu m$

由此看出,在工业上常见的高温(2000K)范围内,黑体的最大单色辐射的波长位于红外线区段,而太阳表面温度(约 6000K)下的黑体最大单色辐射力的波长则位于可见光范围。

2. 斯蒂芬——玻耳兹曼定律

在计算辐射换热时,我们更关心的是黑体的辐射力 E_b 与温度 T 的关系,即 $E_b=f(T)$。

由式(11-2)和式(11-3)及图 11-3 可见,E_b 即为能量分布曲线与横坐标所包围的面积,即

$$E_b=\int_0^\infty \frac{C_1\lambda^{-5}}{e^{\frac{C_2}{\lambda T}}-1}d\lambda=\sigma_0 T^4 \tag{11-5}$$

式中 $\sigma_0=5.67\times10^{-8}(W/m^2\cdot K^4)$ 为黑体辐射常数。式(11-5)为斯蒂芬——玻耳兹曼定律的数学表达式。它说明黑体辐射力与其热力学温度的四次方成正比,因此该定律又称四次方定律。

工程上为方便起见,常将式(11-5)改写为如下形式:

$$E_b=C_0\left(\frac{T}{100}\right)^4 \tag{11-6}$$

式中的 $C_0=5.67W/(m^2\cdot K^4)$ 称为黑体辐射系数。

斯蒂芬—玻耳兹曼定律不仅指出了只要黑体温度大于零开便有辐射力,而且也表明了物体在高温与在低温两种情况下,其辐射力有显著的差别。

【例 11-2】 把一黑体表面置于室温为 27℃的房间中,问在热平衡条件下黑体表面的辐射力是多少?若将黑体加热到 627℃,其辐射力又为多少?

解:在热平稳条件下黑体温度与室温相同。此时其辐射力为

$$E_{b1}=C_0\left(\frac{T_1}{100}\right)^4=5.67\left(\frac{27+273}{100}\right)^4=459W/m^2$$

在温度 $T_2=627℃$ 时,其辐射力为

$$E_{b2}=C_0\left(\frac{T_2}{100}\right)^4=5.67\left(\frac{627+273}{100}\right)^4=37.2W/m^2$$

此外,在许多实际问题中,往往还涉及到某特定范围内辐射力(又称波段辐射力)的计算,此时

$$E_{b(\lambda_1 \sim \lambda_2)} = \int_{\lambda_1}^{\lambda_2} E_{b\lambda} d\lambda \qquad (11-7)$$

3. 兰贝特定律

兰贝特定律指出了物体沿各个方向辐射能的变化呈如下关系：

$$E_\varphi = I_\varphi \cdot \cos\varphi \qquad (11-8)$$

式中：E_φ——单位时间内沿 φ 方向在单位立体角内物体表面单位面积所辐射的能量；

I_φ——单位时间内沿 φ 方向在单位立体角内通过垂直于该方向的单位面积所辐射的能量。

四、灰体、克希荷夫定律

实际物体不同于绝对黑体，首先在于其单色辐射力 E_λ 随波长 λ 与温度 T 呈不规则的变化，如图 11-4 所示。

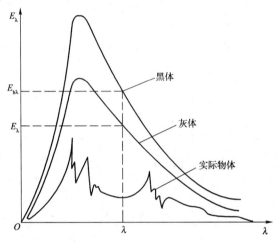

图 11-4   在同一温度下，不同类型物体的辐射力

图 11-4 示出了在同一温度下，不同类型物体的 $E_\lambda = f(\lambda)$ 关系。图中还表明了在同一温度下实际物体的辐射力总是小于黑体的辐射力。

我们将实际物体的辐射力与同温度下黑体辐射力之比值定义为该物体的黑度，用 ε 表示。即

$$\varepsilon = \frac{E}{E_b} \qquad (11-9)$$

根据黑度的定义，四次方定律也可用于实际物体，由式（11-9）可有

$$E = \varepsilon E_b = \varepsilon \sigma_0 T^4 = \sigma T^4 = \varepsilon C_0 \left(\frac{T}{100}\right)^4 = C \left(\frac{T}{100}\right)^4$$

式中：σ——实际物体的辐射常数，$\sigma = \varepsilon C_0$；

C——实际物体的辐射系数，$C = \varepsilon C_0$。

值得指出的是，尽管实际物体的辐射力实际上并不严格地同其热力学温度的四次方成正比，但为了方便起见，在工程计算中仍认为一切实际物体的辐射力都与热力学温度的四次方成正比，而把由此而引起的误差用物体的黑度进行修正。这样一来，物体的黑度不仅与实际物体的物性有关，而且也与温度有关。某些常用物体的黑度 ε 值可查表 11-1。

其次，实际物体不同于黑体之处还在于：黑体对所有波长的辐射能的吸收率均等于 1，

但实际物体的吸收率则要取决于两方面的因素,即该物体本身的情况和投射辐射能的波长。如果我们把物体对某一特定波长辐射能的吸收能力称为单色吸收率,以符号 α_λ 表示:也就是说,黑体的 $\alpha_\lambda = 1$。而实际物体的 α_λ 值,对于不同波长的辐射能有着不同的数值。

常用材料的表面黑度   表 11-1

材料类别和表面状况	温度(℃)	黑度 ε
磨光的钢铸件	770 ~ 1035	0.52 ~ 0.56
碾压的钢板	21	0.657
在 600℃ 时氧化后的钢	200 ~ 600	0.80
磨光的铬	150	0.058
粗糙的铝板	20 ~ 25	0.06 ~ 0.07
铬镍合金	52 ~ 1034	0.64 ~ 0.76
粗糙的铅	38	0.43
生锈的铁板	20	0.685
磨光的铁板	200	0.21
白大理石	38 ~ 538	0.95 ~ 0.93
平滑的玻璃	38	0.94
石棉板	38	0.96
红砖	20	0.93
平木板	20	0.78
硬橡胶	20	0.92
耐火砖	500 ~ 1000	0.8 ~ 0.9
各种颜色的油漆	100	0.92 ~ 0.96
雪	0	0.80
水(厚度大于 0.1mm)	0 ~ 100	0.96

由此可见,实际物体的吸收率较之黑度更为复杂。因此,为简化起见,在辐射分析中,我们又引入了一个理想物体——"灰体"的概念。所谓灰体,就是单色吸收率 α_λ 与波长无关的物体,即对于灰体有

$$\alpha = \alpha_\lambda = 常数$$

由于工业上所遇到的热辐射,其主要波长位于红外线范围内,绝大部分处于 $0.76 \sim 20\mu m$,在此范围内对大多数工程材料,其 α_λ 值一般不随波长作显著变化,因此均可作灰体对待,而不致引起较大误差。所以,我们对实际物体的讨论便转为对灰体的讨论。

这样一来,就辐射和吸收的规律性而言,灰体与黑体完全相同,而仅在数量上有差别。

下面,再来讨论物体的辐射力与吸收率之间的关系。此关系可用克希荷夫定律表述。在热平衡条件下,任何物体的辐射力 E 与吸收率 α 的比值,恒等于同温度下黑体的辐射力 E_b,且只与温度有关。其数学表达式为

$$\frac{E_1}{\alpha_1} = \frac{E_2}{\alpha_2} = \cdots = \frac{E}{\alpha} = E_b \tag{11-10}$$

式(11-10)的推导参见图 11-5。设有表面积为 F_b 的封闭空腔,其内表面为绝对黑体,

壁温为 T_b 空腔内放置表面积为 F_1 的物体,其表面温度为 T_1,且 $T_1 = T_b =$ 定值。该系统是孤立的,并处于热力学平衡状态,即每一表面所辐射的能量必然等于其所吸收的能量。物体 1 的本身辐射能 E_1 和它的反射辐射能 $(1-\alpha_1)E_b$,均被绝对黑体空腔表面所吸收;同时,空腔内表面也在辐射能量,其值为 E_b。因处于热平衡,则空腔本身所放出的能量等于其吸收的能量。即

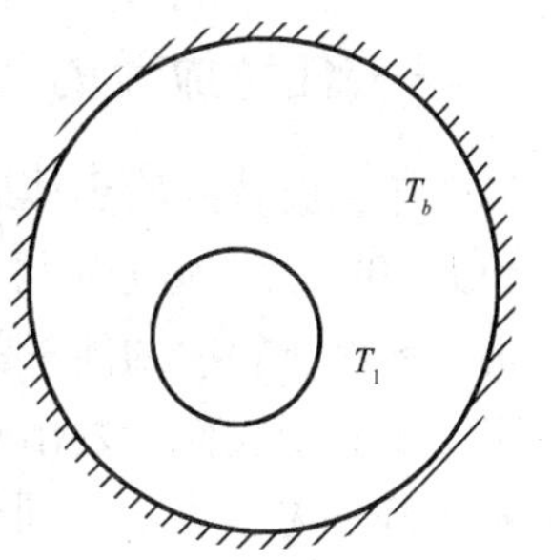

$$E_b = E_1 + (1-\alpha_1)E_b$$

图 11-5　克希荷夫定律推导

于是有

$$E_1 = \alpha_1 E_b$$

或

$$\frac{E_1}{\alpha_1} = E_b$$

可想而知,若以另一物体替代物体 1,亦可得同样结果。

由克希荷夫定律可得如下结论:

(1)物体的辐射力越大,则其吸收率也越大,即善于发射辐射的物体必善于吸收辐射能。

(2)因为实际物体的吸收率永远小于 1,所以同温度下,黑体的辐射力为最大。

(3)由式(11-10)得

$$\alpha = \frac{E}{E_b}$$

联系到黑度 ε 的定义式

$$\varepsilon = \frac{E}{E_b}$$

可见,灰体的吸收率在数值上等于它的黑度。

【例 11-3】　100W 灯泡中的钨丝温度约为 2800K,黑度为 0.3,试计算钨丝所必需的最小表面积。

解:设最小表面积为 F,则有

$$Q = FE = F\varepsilon E_b = F\varepsilon\sigma_0 T^4$$

所以

$$F = \frac{Q}{\varepsilon\sigma_0 T^4} = \frac{100}{0.3 \times 5.76 \times 10^{-8} \times 2800^4} = 0.9565 \times 10^{-4} \text{m}^2$$

第二节　固体表面间的辐射换热

研究热辐射的目的之一,就是要计算物体间的辐射换热量。由前面的讨论可知,影响辐射换热强弱的因素是很多的,诸如换热物体各自的温度、辐射的波长与方向、吸收率、形状与尺寸、材料的纯度、表面状况以及相互位置等。而且其中有些因素除其自身无法准确测定外,它们对辐射性质的影响也无法准确地确定。因此,实际工程计算中往往采用了某些简化和假设。

下面我们还是先从理想物体——黑体入手,讨论物体间辐射换热的计算方法。

一、任意放置的两黑体表面间的辐射换热

任意放置的两黑体表面间的辐射换热系统如图 11-6 所示。假定两个物体表面积分别为 F_1 和 F_2，表面分别维持 T_1 与 T_2 的恒温，表面之间是透射介质。由图 11-6 可见，系统中每个表面所辐射的能量都只有一部分可到达另一表面，其余部分则落到体系以外的空间去了。我们把表面 1 发出的辐射能落到表面 2 上去的百分数，称为表面 1 对表面 2 的角系数，并用符号 X_{1-2} 表示。同理，也定义表面 2 对表面 1 的角系数为 X_{2-1}。这样，单位时间从表面 1 发出而到达表面 2 的辐射能则为

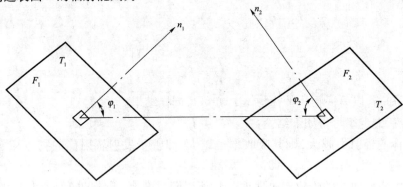

图 11-6　任意放置的两黑体表面间的辐射换热系统

$$Q_{1-2} = F_1 E_{b1} X_{1-2}$$

同理，单位时间从表面 2 发出而到达表面 1 的辐射能为

$$Q_{2-1} = F_2 E_{b2} X_{2-1}$$

式中，E_{b1} 和 E_{b2} 分别为表面 1 和表面 2 的辐射力。因为两个表面都是黑体，所以落到各表面上的能量分别被它们全部吸收。由辐射换热的概念可知，两者间的辐射换热量为

$$Q_b = F_1 E_{b1} X_{1-2} - F_2 E_{b2} X_{2-1}$$

当两物体的温度已定时，则它们的辐射能在空间不同方向上的分配比例可由兰贝特定律确定。因而，两物体之间的辐射换热量仅取决于角系数。

角系数纯属几何因子，它只取决于换热物体形状和尺寸以及物体间的相对位置，而与物体性质和温度等条件无关。

为了确定角系数，我们先介绍角系数所具有的两个特性。

(1) 互换性(相对性)。如图 11-6 所示的两黑体表面的温度如果相等，则它们处于热平衡状态，净换热量 $Q_b = 0$，且 $E_{b1} = E_{b2}$，则由式(11-1)可得

$$F_1 X_{1-2} = F_2 X_{2-1} \tag{11-11}$$

式(11-11)即表示了角系数的互换性，这种性质在辐射换热计算中十分有用。需指出的是，尽管上式是在热平衡条件下得出的，但因角系数纯属几何因子，与温度无关。所以，实际上在其他的温度下或系统为非黑体表面时，此性质仍是存在的。其次，角系数的概念无论对于单色辐射或所有波长的总辐射都适用。

由此，式(11-11)也可写成如下形式：

$$Q_b = \frac{E_{b1} - E_{b2}}{\dfrac{1}{F_1 X_{1-2}}} = \frac{1}{\dfrac{1}{F_2 X_{2-1}}} \tag{11-11'}$$

（2）完整性。对于由几个平面或凸表面所组成的封闭系统，如图 11-7 所示。根据能量守恒定律，从其中任何一个表面发射的辐射能必定全部落在其他几个表面上。因而其中任一表面（如表面 1）对其余各表面的角系数之间存在如下关系：

$$X_{1-1} + X_{1-2} + X_{1-3} + \cdots + X_{1-n} = \sum_{i=2}^{n} X_{1-i} = 1 \tag{11-12}$$

式（11-12）所表达的关系便称为角系数的完整性。

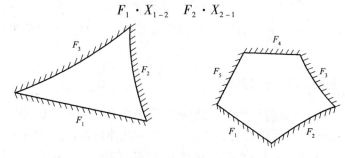

图 11-7　对于由几个平面或凸表面所组成的封闭系统

如果表面 1 是凹面（如图中虚线所示），则因表面 1 对自身的角系数 X_{1-1} 不再为零，因而式（11-12）变为

$$X_{1-1} + X_{1-2} + X_{1-3} + \cdots + X_{1-n} = \sum_{i=1}^{n} X_{1-i} = 1 \tag{11-12'}$$

确定角系数可以用环路积分法、几何投影法或代数分析法。工程上为使用方便，通常把角系数理论求解的结果绘成线算图（见习题 12）。这里我们仅仅介绍较简便的基于角系数的相对性和完整性的代数分析法。至于其他方法以及有关的图、表、计算公式等参阅有关文献。

如图 11-7 中由三个凸面所组成的封闭系统，在垂直纸面方向足够长，因而从系统两端开口处散失的辐射能可略去不计，即认为这一系统为封闭系统。设三个表面的面积分别为 F_1、F_2 和 F_3，由角系数的互换性有

$$F_1 X_{1-2} = F_2 X_{2-1}$$
$$F_2 X_{2-3} = F_3 X_{3-2}$$
$$F_3 X_{3-1} = F_1 X_{1-3}$$

由角系数的完整性有

$$X_{1-2} + X_{1-3} = 1$$
$$X_{2-1} + X_{2-3} = 1$$
$$X_{3-1} + X_{3-2} = 1$$

由上述六个方程便可解出六个未知的角系数。如解得

$$X_{1-2} = \frac{F_1 + F_2 - F_3}{2F_1}$$

其他各个角系数也可仿照此式写出。因为在纸面方向的长度对三个表面是相同的，所以上式可简化为

$$X_{1-2} = \frac{L_1 + L_2 - L_3}{2L_1}$$

式中：L_1、L_2 和 L_3——系统横断面上的三个表面的线段长度。

对于求解二维几何形状的角系数，可利用交叉线法。如图 11-8 所示，设任意形状的几

何表面 1 和 2 在垂直于纸面方向上的尺寸与其他尺寸相比足够大(可视为在这个方向上具有无限长的延伸面),则利用交叉线法可求得

$$X_{1-2} = \frac{(\overline{ac} + \overline{bd}) - (\overline{ab} + \overline{cd})}{2L_1}$$

即

$$X_{1-2} = \frac{交叉线长度之和 - 非交叉线长度之和}{2 \times F_1 \text{ 的截面长度}} \tag{11-13}$$

角系数一经确定,便可由式(11-11)计算出处于任意相对位置的两黑体表面间的辐射换热量了。

二、两灰体表面间的辐射换热

任意两黑体表面间的辐射换热量,只要确定了表面之间的角系数,便可按式(11-11)计算出来,因为黑体能够全部吸收投射的能量。但是对灰体而言,由于其吸收率 $\alpha < 1$,反射率 $\rho > 0$,因此在灰体间的辐射换热过程中,存在着辐射能的多次吸收与多次反射现象,情况较为复杂(图11-9)。为导出灰体之间辐射换热计算公式,先引出下列有关概念。

本身辐射 E:物体在单位时间内,单位表面积对外辐射的能量。

投射辐射 G:单位时间内,周围诸物体投射到某物体单位表面积上的能量之总和。

有效辐射 J:物体在单位时间内,单位表面积辐射出去的总能量。对于黑体,$J_b = E_b$;对于灰体,有效辐射则应是物体本身辐射和反射辐射之和,即

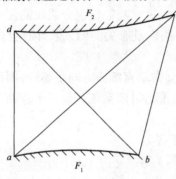

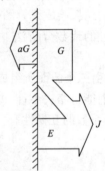

图11-8　交叉线法　　　　　图11-9　灰体间的辐射换热过程

$$J = E + \rho G = \varepsilon E_b + (1 - \alpha) G$$

参照式(11-11)便可写出任意放置的两灰体表面间辐射换热量的计算式为

$$Q_{1-2} = F_1 X_{1-2} J_1 - F_2 X_{2-1} J_2 = F_1 X_{1-2}(J_1 - J_2) = F_2 X_{2-1}(J_1 - J_2) \tag{11-14}$$

或

$$Q_{1-2} = \frac{J_1 - J_2}{\dfrac{1}{F_1 X_{1-2}}} = \frac{J_1 - J_2}{\dfrac{1}{F_2 X_{2-1}}} \tag{11-14'}$$

下面讨论两种典型的辐射换热问题。

1. 无限大的两平行灰体平板间的辐射换热(图11-10)

按式(11-14),由于此时 $X_{1-2} = X_{2-1} = 1$,则在单位时间内,单位表面积上的辐射换热量 q 等于两板间的有效辐射之差,即

$$q = J_1 - J_2 \tag{a}$$

184

为求 J_1 或 J_2,我们来分析灰体表面的能量收支情况。无论是表面 1 还是表面 2,其能量收支差额在稳定条件下均为 $|q|$。

对表面 1,从外界看有

$$q = J_1 - G_1 \qquad (b)$$

从表面 1 本身看有

$$q_1 = E_1 - \alpha_1 G_1 \qquad (c)$$

联立式(b)、式(c)式消去 G_1 后,便得

$$J_1 = \frac{E_1}{\alpha_1} - \left(\frac{1}{\alpha_1} - 1\right)q_1 = E_{b1} - \left(\frac{1}{\alpha_1} - 1\right)q_1 \qquad (d)$$

同理,对表面 2 亦有

$$J_2 = E_{b2} - \left(\frac{1}{\alpha_1} - 1\right)q_2 \qquad (e)$$

注意到 $\alpha_1 = \varepsilon_1$ 和 $\alpha_2 = \varepsilon_2$,将此关系以及式(d)、式(e)代入式(a),则得到无限大两平行灰体平板间的辐射换热量为

$$q = \frac{E_{b1} - E_{b2}}{\frac{1}{\varepsilon_1} + \frac{1}{\varepsilon_2} - 1} = \frac{\sigma_0(T_1^4 - T_2^4)}{\frac{1}{\varepsilon_1} + \frac{1}{\varepsilon_2} - 1} \qquad (11\text{-}15)$$

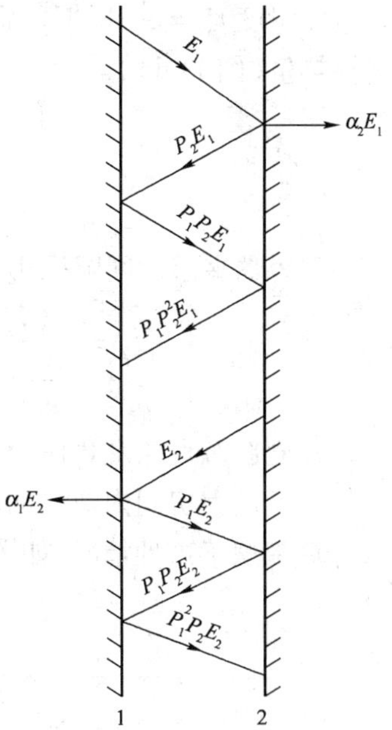

图 11-10 无限大的两平行灰体平板间的辐射换热

式中:T_1、T_2——板 1 和板 2 的表面温度;

ε_1、ε_2——板 1 和板 2 的黑度。

式(11-15)亦可写成

$$q = \varepsilon_s(E_{b1} - E_{b2}) \qquad (11\text{-}16)$$

式中,$\varepsilon_s = \dfrac{1}{\dfrac{1}{\varepsilon_1} + \dfrac{1}{\varepsilon_2} - 1}$ 称为该辐射换热系统的系统黑度。若两物体为黑体,则 $\varepsilon_1 = \varepsilon_2 = 1$,此时 $\varepsilon_s = 1$,$q = (E_{b1} - E_{B2})$,由此可见,系统黑度 ε_s 是指在其他条件相同时,灰体间的换热量与黑体间的换热量之比,因为灰体 ε_1 和 ε_2 均小于 1,故 $\varepsilon_s < 1$,即可视系统黑度是因实际表面为非黑体时而引入的一个修正系数。

这里应该指出,式(d)或式(e)的导得,仅是对灰体本身的能量收支情况分析的结果,并无其他附加条件,因此,可写为通式

$$J = E_b - \left(\frac{1}{\alpha} - 1\right)q = E_b - \left(\frac{1}{\varepsilon} - 1\right)q \qquad (11\text{-}17)$$

式(11-17)表明了物体表面的有效辐射、吸收率和换热量的内在联系,适用于各种场合。当两平行平板尺寸足够大时,因 $X_{1-2} = X_{2-1} = 1$,此时板 2 的有效辐射充当了对板 1 的投入辐射 $G_1 = J_2$,同理有 $G_2 = J_1$。

对于任意放置的两灰体表面间辐射换热量,则为

$$Q_{1-2} = \frac{F_1 X_{1-2}(E_{b1} - E_{b2})}{1 + X_{1-2}\left(\frac{1}{\varepsilon_1} - 1\right) + X_{2-1}\left(\frac{1}{\varepsilon_2} - 1\right)} \qquad (11\text{-}18)$$

【例 11-4】 液氧储存器为双壁镀银的夹层结构。外壁的内表面温度 $t_{w1} = 20℃$,内壁的

外表面温度 $t_{w2} = -183\,℃$。镀银壁的黑度 $\varepsilon = 0.02$。试计算由于辐射换热每单位面积容器的换热量(图11-11)。

解:

$$T_{w1} = 273 + t_{w1} = 273 + 20 = 293\,K$$
$$T_{w1} = 273 + t_{w2} = 273 - 183 = 90\,K$$

因容器夹层的间隙很小,可视为两无限大平行表面间的辐射换热问题,由式(11-15)有

$$q_{1-2} = \frac{\sigma_0 (T_{w1}^4 - T_{w2}^4)}{\dfrac{1}{\varepsilon_1} + \dfrac{1}{\varepsilon_2} - 1} = \frac{5.67 \times 10^{-8}(293^4 - 90^4)}{\dfrac{1}{0.02} + \dfrac{1}{0.02} - 1} = 4.18\,W/m^2$$

2. 空腔与内包灰体间的辐射换热

常见的大房间内敷设的高温管道的辐射散热,以及气体管道内用热电偶测温的辐射误差计算都属于这种情况,如图11-12所示,此时,$X_{1-2} = 1$,由式(11-14),辐射换热量 Q_{1-2} 为

$$Q_{1-2} = F_1 X_{1-2} J_1 - F_2 X_{2-1} J_2 \tag{a}$$

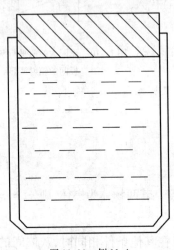

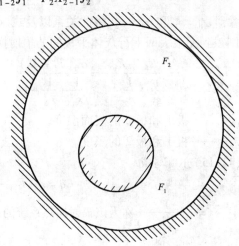

图11-11 例11-4　　　　　　　　图11-12 空腔与内包灰体间的辐射换热

利用式(11-17),等号两边分别乘以面积 F_1 和 F_2,则有

$$J_1 F_1 = F_1 E_{b1} - \left(\frac{1}{\varepsilon_2} - 1\right) Q_{1-2} \tag{b}$$

$$J_2 F_2 = F_2 E_{b2} - \left(\frac{1}{\varepsilon_2} - 1\right) Q_{2-1} \tag{c}$$

与前相同,因在热平衡条件下:$|Q_{1-2}| = |Q_{2-1}|$,并考虑到 $X_{2-1} = \dfrac{F_1}{F_2} X_{1-2} = \dfrac{F_1}{F_2}$,所以,空腔与内包灰体间的辐射换热量的计算式为

$$Q_{1-2} = \frac{F_1(E_{b1} - E_{b2})}{\dfrac{1}{\varepsilon_1} + \dfrac{F_1}{F_2}\left(\dfrac{1}{\varepsilon_2} - 1\right)} \tag{11-19}$$

此时的系统黑度为

$$\varepsilon_S = \frac{1}{\left[\dfrac{1}{\varepsilon_1} + \dfrac{F_1}{F_2}\left(\dfrac{1}{\varepsilon_2} - 1\right)\right]}$$

特殊情况下，式(11-19)还可以简化：

（1）当表面积 F_1 和 F_2 相差很小，即 $F_1/F_2 \approx 1$ 时，式(11-19)则演变成式(11-15)，只是 $Q = qF$，此时可按两无限大平行平板换热问题处理。

（2）当表面积 F_2 比 F_1 大得多，即 $F_1/F_2 \approx 0$ 时，式(11-19)则可简化成

$$Q = \varepsilon_1 F_1 (E_{b1} - E_{b2}) \tag{11-19'}$$

这时系统黑度 $\varepsilon_s = \varepsilon_1$。式(11-19')有很大的实用意义，因为它无须知道表面积 F_2 和黑度 ε_2 即可进行换热计算。如前所说的大房间内高温管道以及管内测温热电偶的辐射误差等计算均属此情况。

【例11-5】 一根直径 $d = 50\text{mm}$，长度 $L = 8\text{m}$ 的钢管，放置于横断面为 $0.2 \times 0.2\text{m}^2$ 的砖槽内。若钢管温度和黑度分别为 $t_1 = 250℃$，$\varepsilon_1 = 0.79$；砖槽壁温和黑度分别为 $t_2 = 27℃$ 和 $\varepsilon_2 = 0.93$。试计算该钢管的辐射热损失。

解： 由式(12-19)

$$Q_{1-2} = \frac{F_1(E_{b1} - E_{b2})}{\frac{1}{\varepsilon_1} + \frac{F_1}{F_2}\left(\frac{1}{\varepsilon_2} - 1\right)} = \frac{3.14 \times 0.05 \times 8 \times 5.67 \times 10^{-8}(523^4 - 300^4)}{\frac{1}{0.79} + \frac{3.14 \times 0.05 \times 8}{4 \times 0.2 \times 8} \times \left(\frac{1}{0.93} - 1\right)} = 3.712\text{kW}$$

【例11-6】 用裸露热电偶测量管内热空气温度（图 11-13）。热电偶的读数为 $t_1 = 400℃$，表面黑度 $\varepsilon_1 = 0.8$，管壁温度 $t_w = 380℃$，空气对热电偶表面的表面传热系数 $\alpha = 35\text{W}/(\text{m}^2 \cdot \text{K})$。试求管内热空气的真实温度。

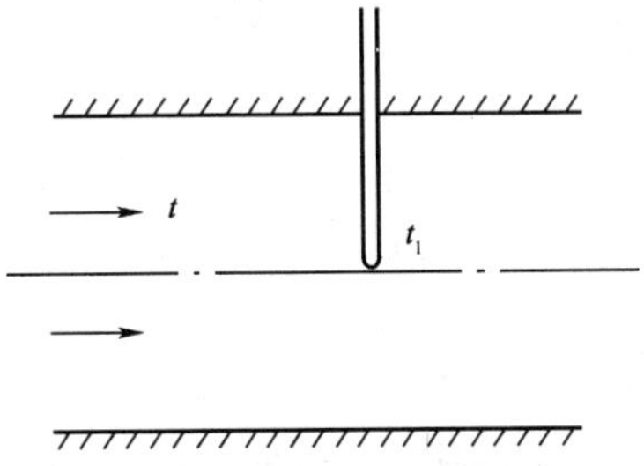

解： 因裸露热电偶测温时，其指示的读数为达到热平衡时的温度，平衡的一方是管内高温气流以对流方式把热量传给热电偶工作端，另一方则是热电偶工作端以辐射方式向温度较低的管壁散热，可见，由于辐射散热的结果必使得热电偶的读数低于被测热空气的真实温度。

图 11-13　例11-6

由于热电偶的表面积比管道内表面积要小得多，即 $(F_1/F_2) \to 0$，所以其间的辐射散热量可按式(11-19')计算。

设热空气的真实温度为 t，则达热平衡时有

$$\alpha(t - t_1) = \varepsilon_1 \sigma_b (T_1^4 - T_w^4)$$

所以

$$t = t_1 + \frac{\varepsilon_1 \sigma_b}{\alpha}(T_1^4 - T_w^4) = 400 + \frac{0.8 \times 5.67 \times 10^{-8}}{35} \times (673^4 - 653^4) = 430.2℃$$

此结果说明由于辐射散热的影响，致使测量的绝对误差为 $30.2℃$，相对误差为 7%。这样大的误差是不允许的。所以，工程实际上多采用有遮热罩的抽气式热电偶（减少辐射散热，增强对流换热）。

第三节　辐射换热的网络求解法

前面已经叙及，解决热量传递问题也可以采用与导电现象类比的方法，并引出了热阻的概念。同样，在辐射换热问题的求解中利用网络法除可使换热过程直观、物理概念清晰外，特别是使多个表面间的辐射换热问题的求解变得十分简便。

先讨论两表面为黑体时的辐射换热,将式(11-11)与电学中欧姆定律相比较,则两黑体辐射力之差相当于电位差,它是产生辐射换热的推动力;辐射热流 Q 相当于电流;而 $\dfrac{1}{F_1 X_{1-2}}$ 则相当于电阻。由于它仅与换热表面间的相对位置有关,所以称 $\dfrac{1}{F_1 X_{1-2}}$ 或 $\dfrac{1}{F_2 X_{2-1}}$ 为空间辐射热阻。这样一来,任意放置的两黑体表面间的辐射换热网络图便可画成图 11-14 的形式。(图中,由于黑体表面对任何的投射辐射都能

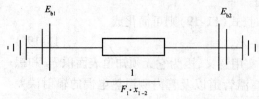

图 11-14　两黑体表面间的辐射换热网络图

全部吸收,所以网络图的另一侧相当于"接地")。

若为两灰体,考虑到其有效辐射 J 为本身辐射 E 和反射辐射 $(1-\alpha)G$ 之和,即

$$J = E + (1-\alpha)G = \varepsilon E_b - (1-\varepsilon)G \tag{a}$$

而且,灰体单位表面积在单位时间内与外界交换的净热量应等于其有效辐射 J 与投入辐射 G 之差,即

$$q = J - G \tag{b}$$

联立式(a)、式(b),并消去 G,则

$$q = \frac{E_b - J}{\dfrac{1-\varepsilon}{\varepsilon}} \tag{11-20}$$

$$Q = \frac{E_b - J}{\dfrac{1-\varepsilon}{\varepsilon F}} \tag{11-21}$$

类比欧姆定律,则此处的 $(1-\varepsilon)/(\varepsilon F)$ 可视为由于物体表面为非黑体而形成的热阻,故称其为表面辐射热阻。于是两任意放置的灰体表面间辐射换热的网络图,便可用图 11-15 表示。

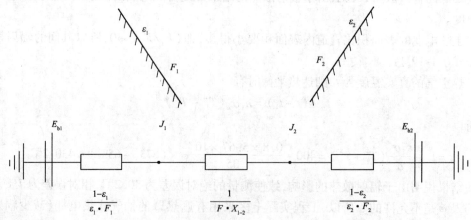

图 11-15　两任意放置的灰体表面间辐射换热的网络图

式(11-14′)亦可写成如下形式

$$Q_{1-2} = \frac{E_{b1} - E_{b2}}{\dfrac{1-\varepsilon_1}{\varepsilon_1 F_1} + \dfrac{1}{F_1 X_{1-2}} + \dfrac{1-\varepsilon_2}{\varepsilon_2 F_2}} \tag{11-22}$$

据此,很容易画出在两平行灰体平板间放置一遮热板时的辐射网络系统,如图 11-16 所示。

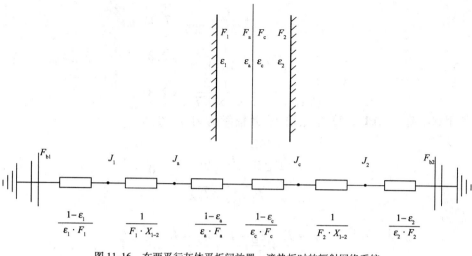

图 11-16　在两平行灰体平板间放置一遮热板时的辐射网络系统

下面通过【例 11-7】简单介绍多个表面辐射换热计算方法。

【例 11-7】　两块长 1m、宽 0.5m 的平行平板,其间距为 0.5m,两板温度、黑度分别为 $T_1 = 1000K, \varepsilon_1 = 0.2$ 和 $T_2 = -500K, \varepsilon_2 = 0.5$。当两板置于壁温为 $T_3 = 300K$ 的大房间内时,试计算两平板间辐射换热量以及墙壁所吸收的热量。

解:此为三个灰体表面间的辐射换热问题。其中,由于房间内表面积 F_3 与两板面积 F_1 相比甚大,所以其表面热阻 $(1 - \varepsilon_2)/(F_3\varepsilon_3)$ 与两极的表面热阻相比可忽略不计,即可认为 $J_3 = E_{b3}$,该换热系统的网络图如图 11-17 所示。

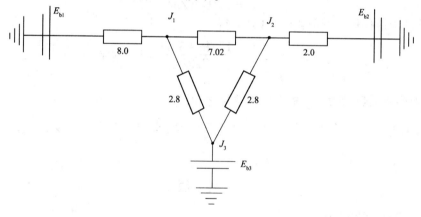

图 11-17　例 11-7

由有关角系数的线算图查得两板间角系数为
$$X_{2-1} = X_{1-2} = 0.285$$

而由角系数的完整性可求得
$$X_{1-3} = 1 - X_{1-2} = 0.715$$
$$X_{2-3} = 1 - X_{2-1} = 0.715$$

网络中各辐射热阻值分别为
$$\frac{1 - \varepsilon_1}{\varepsilon_1 F_1} = \frac{1 - 0.2}{0.2 \times 0.5 \times 1} = 8$$
$$\frac{1 - \varepsilon_2}{\varepsilon_2 F_2} = \frac{1 - 0.5}{0.5 \times 0.5 \times 1} = 2$$

$$\frac{1}{F_1 X_{1-2}} = \frac{1}{0.5 \times 1 \times 0.285} = 7.02$$

$$\frac{1}{F_2 X_{2-3}} = \frac{1}{0.5 \times 1 \times 0.715} = 2.8$$

$$\frac{1}{F_1 X_{1-3}} = \frac{1}{0.5 \times 1 \times 0.715} = 2.8$$

利用克希荷夫定律,计算两板间的有效辐射 J_1 和 J_2 值:

节点 J_1 为

$$\frac{E_{b1} - J_1}{\frac{1 - \varepsilon_1}{\varepsilon_1 F_1}} + \frac{J_2 - J_1}{\frac{1}{F_1 X_{1-2}}} + \frac{E_{b3} - J_1}{\frac{1}{F_1 X_{1-3}}} = 0$$

节点 J_2 为

$$\frac{J_1 - J_2}{\frac{1}{F_1 X_{1-2}}} + \frac{E_{b2} - J_2}{\frac{1 - \varepsilon_2}{\varepsilon_2 F_2}} + \frac{E_{b3} - J_2}{\frac{1}{F_2 X_{2-3}}} = 0$$

式中:

$$E_{b1} = \sigma_0 T_1^4 = 5.67 \times 10^{-8} \times 1000^4 = 56.7 \text{kW/m}^2$$

$$E_{b2} = \sigma_0 T_2^4 = 5.67 \times 10^{-8} \times 500^4 = 3.54 \text{kW/m}^2$$

$$E_{b3} = \sigma_0 T_3^4 = 5.67 \times 10^{-8} \times 300^4 = 0.46 \text{kW/m}^2$$

 190 所以求得

$$J_1 = 12.46 \text{kW/m}^2$$

$$J_2 = 3.71 \text{kW/m}^2$$

则,两板间的辐射换热量可由式(11-14)求得

$$Q_{1-2} = \frac{J_1 - J_2}{\frac{1}{F_1 X_{1-2}}} = \frac{12.46 - 3.71}{7.02} = 1.25 \text{kW}$$

墙壁所吸收的热量为与两板辐射换热量之和,即

$$Q_3 = Q_{1-3} + Q_{2-3} = \frac{J_1 - E_{b3}}{\frac{1}{F_1 X_{1-3}}} + \frac{J_2 - E_{b3}}{\frac{1}{F_2 X_{2-3}}} = \frac{12.46 - 0.46}{2.8} + \frac{3.71 \times 0.46}{2.8} = 4.28 + 1.16 = 5.44 \text{kW}$$

思 考 题

1. 试阐述辐射的本质?

2. 热辐射与导热、对流换热相比具有哪些特点?

3. 何谓黑体?何谓灰体?何谓绝对白体?它们有何异同之处?

4. 克希荷夫定律表明:物体的黑度越大,其吸收率也越大。那么,为什么用增加物体黑度的方法达到增强辐射换热的效果?

5. 何谓角系数?两平行平板间的角系数是否恒等于1?

6. 何谓有效辐射?何谓投入辐射?

7. 何谓表面辐射热阻?何谓空间辐射热阻?

习 题

1. 将一个黑体表面温度为30℃增加到333℃,试求该表面的辐射力增加了多少?

2. 一盏 100W 的白炽灯,发光时钨丝的温度可达 2800K。如将灯丝按黑体看待,试确定它发出的辐射能中可将光$(0.38 \sim 0.76\mu m)$所占的比例。

3. 相距甚近的两平行放置的平板,温度分别为 $t_1 = 527℃$ 和 $t_2 = 27℃$;黑度分别为 $\varepsilon_1 = 0.8, \varepsilon_2 = 0.6$。试求:(1)板 1 的辐射力;(2)两板间单位面积的辐射换热量;(3)板 1 的有效辐射和反射辐射。

4. 某车间辐射采暖板的尺寸是 $1.8m \times 0.75m$,辐射面的黑度 $\varepsilon_1 = 0.94$,辐射面的平均温度 $t_1 = 107℃$,周围壁温 $t_2 = 12℃$。如果不考虑辐射板背面及侧面的作用,求辐射面与四周壁的辐射换热量。

5. 通过厂房的主蒸汽管道的保温层外径 $d = 583mm$,外表面温度 $t_1 = 48℃$,室温 $t_2 = 23℃$,保温层外表面黑度 $\varepsilon = 0.9$。求每米长管道上的辐射散热损失。

6. 为减少【例 11-6】中的测量误差,采用遮热罩抽气式热电偶,如图 11-18 所示。此时,如气体真实温度仍为 $t = 430.2℃$,管壁温度为 $t_w = 380℃$。已知热电偶工作端和遮热罩的黑度分别为 0.8 和 0.7;从气流到热电偶工作端的表面传热系数为 $35W/(m^2 \cdot K)$,而气流到遮热罩的表面传热系数为 $15W/(m^2 \cdot K)$。则此时热电偶的指示温度将为多少? 有多大的测量误差?

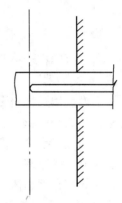

图 11-18 习题 6

7. 如图 11-19 所示,$(A_1 + A_2)$ 与 $(A_3 + A_4)$ 为互相垂直的矩形表面。求 A_1 与 A_4 间的角系数 F_{1-4}。

8. 铁管外径为 7.5cm,管壁温为 375K,在房间内裸露的管长为 6m,房间尺寸为 $3m \times 6m \times 11m$,房间壁温为 296K,黑度为 0.92,求铁管的辐射热损失。

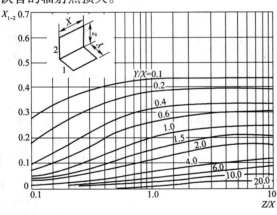

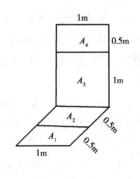

图 11-19 两个具有共同边且相互垂直的长方形之间的角系数

9. 平行放置的两块铜板,温度分别保持在 $t_1 = 500℃$,$t_2 = 20℃$,其黑度相同,均为 0.8,铜板的尺寸比两板之间的距离大得多,求此两板的本身辐射、有效辐射、反射辐射以及它们之间的辐射换热量。

10. 有一根直径 $d = 0.5mm$ 的导线,长度 $L = 300mm$,黑度 $\varepsilon = 0.9$,周围环境温 $t_2 = 20℃$,如果对导线通电加热,消耗功率 2kW,而这部分热量仅依靠辐射换热从导线表面散逸出去,试求导线表面温度。

第十一章 热辐射和辐射换热

第十二章　传热与换热器

第一节　概　　述

凡目的在于把热量从一种较热的流体传给另一种较冷的流体的设备,都称为"换热器"或"热交换器"。

换热器式样繁多,但按其工作原理可以分为三大类:间壁式(或称表面式)、回热式(或称蓄热式)和混合式(或称接触式)换热器。

回热式换热器多用于炼焦炉、马丁炉和燃气轮机的空气预热器等,一般以金属或砖类作成流道。其原理是冷、热流体交替流过同一换热面,当热流体流过换热面时,换热面吸收热量并储存在蓄热体(其表面为换热面)内,此后冷流体流过同一换热面时从蓄热体内吸收热量,从而达到将热量从热流体传给冷流体的目的。这类换热器的特点是流道壁周期性地被热流体和冷流体吸热和放热。在连续的运行中,虽然吸、放的热量相等,但热传递过程却是非稳态的。

混合式换热器是一种结构简单的换热器。在这种换热器中,冷、热流体直接混合在一起,从而达到热流体将热量传给冷流体的目的。这种换热器虽然换热效率甚高,但因许多场合不允许冷、热流体直接接触,所以在应用上受到一定限制。冷却塔和喷射冷凝器等属于这类换热器。

间壁式换热器是工业上最常用的换热器,例如冷凝器、增压空气冷却器和机油冷却器等。冷、热流体在其中进行热传递时为固体壁面所隔开。热传递包括热流体与壁面间的对流换热,壁中的导热以及壁面与冷流体间的对流换热,有时还包括热辐射。

本章只讨论间壁式换热器,并仅就一种或两种流体在换热器中作连续温变时,对热传递过程作必要的分析和计算。

第二节　传热过程

在换热器中和其他热力设备中,比较普遍的热传递过程,为高温流体通过固体壁面把热量传递给低温流体。这种热量传递过程称为传热过程。以下介绍几种典型的传热过程的计算。

一、通过平壁的传热

如图 12-1 所示,热、冷流体被一无限大平壁隔开。已知:热流体和冷流体的温度分别为

t_{f1} 和 t_{f2}；平壁厚度为 δ，导热系数为 λ；热、冷流体对壁面的表面传热系数分别为 α_1 和 α_2。需确定热流体给冷流体的热流量 Q 及两侧壁面温度。

热流体传给壁面的对流换热量为

$$Q_1 = \alpha_1(t_{f1} - t_{w1})F$$

平壁的一面传给另一面的导热量为

$$Q_2 = \frac{\lambda}{\delta}(t_{w1} - t_{w2})F$$

平壁的另一面传给冷流体的对流换热量

$$Q_3 = \alpha_2(t_{w2} - t_{f2})F$$

式中：t_{w1}、t_{w2}——两侧壁面的平均温度，℃；

F——平壁的表面积，m^2。

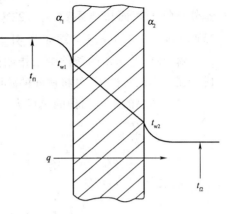

图 12-1　通过平壁的传热

在稳态传热情况下有

$$Q_1 = Q_2 = Q_3 = Q$$

消去各式中的 t_{w1} 和 t_{w2}，得

$$Q = k(t_{f1} - t_{f2})F \qquad (W) \tag{12-1}$$

式中：

$$k = \frac{1}{\dfrac{1}{\alpha_1} + \dfrac{\delta}{\lambda} + \dfrac{1}{\alpha_2}} \qquad [W/(m^2 \cdot ℃)] \tag{12-2}$$

称为传热系数。它表示当冷、热流体的温差为1℃时，单位时间内通过单位面积所传递的热量。

由以上各式不难求得

$$t_{w1} = t_{f1} - \frac{Q}{\alpha_1 F} \qquad (℃)$$

$$t_{w2} = t_{f2} + \frac{Q}{\alpha_2 F} \qquad (℃) \tag{12-3}$$

如果将式(12-1)改写为

$$Q = \frac{\Delta t}{1/(kF)}$$

可知，$1/(kF)$ 为传热热阻，传热热阻为

$$\frac{1}{kF} = \frac{1}{\alpha_1 F} + \frac{\delta}{\lambda F} + \frac{1}{\alpha_2 F} \qquad (℃/W)$$

它是三个分热阻，即壁面的对流换热热阻、导热热阻和另一侧壁面对流换热热阻之和。热量依次经过三个热阻才传给冷流体，这和电流依次通过串联的三个电阻的情况类似，所以这时的总热阻为串联的热阻之和。这里，热阻是对整个传热面积而言的。

按上述热阻串联的概念，可知多层平壁的传热热阻为

$$\frac{1}{kF} = \frac{1}{\alpha_1 F} + \sum_{i=1}^{n} \frac{\delta_i}{\lambda_i F} + \frac{1}{\alpha_2 F} \qquad (℃/F)$$

式中：n——多层平壁的层数。

传热量为

$$Q = \frac{t_{f1} - t_{f2}}{\dfrac{1}{\alpha_1 F} + \sum\limits_{i=1}^{n} \dfrac{\delta_i}{\lambda_i F} + \dfrac{1}{\alpha_2 F}} \qquad (W) \tag{12-4}$$

【例 12-1】 已知:墙厚 240mm;室内空气的温度为 20℃,室外空气的温度为 –10℃;砖墙的导热系数 $\lambda = 0.95 \text{W}/(\text{m}\cdot\text{℃})$;室内空气对墙面的表面传热系数 $\alpha_1 = 8 \text{W}/(\text{m}^2\cdot\text{℃})$,室外空气的表面传热系数 $\alpha_2 = 22 \text{W}/(\text{m}^2\cdot\text{℃})$,砖墙对室外环境的辐射换热系数 $\alpha_{2R} = 15 \text{W}/(\text{m}^2\cdot\text{℃})$。试求冬季室内、外空气通过砖墙传递的热量和砖墙内侧的温度。

解: 在此题给定的条件中未指明门窗等情况,故对门、窗、墙角等处的传热不予特殊考虑。在这样的条件下,可将房间的砖墙看作是无限大的平壁来处理。

通过砖墙的单位面积的热量为

$$q = \frac{Q}{F} = \frac{t_{f1} - t_{f2}}{\frac{1}{\alpha_1} + \frac{\delta}{\lambda} + \frac{1}{\alpha_2}} = \frac{20 - (-10)}{\frac{1}{8} + \frac{240 \times 10^{-3}}{0.95} + \frac{1}{22 + 15}} = \frac{30}{0.4046} = 74.15(\text{W}/\text{m}^2)$$

又由式(12-3)可知:

$$t_{w1} = t_{f1} - \frac{q}{\alpha_1} = 20 - \frac{74.15}{8} = 10.7(\text{℃})$$

二、通过圆筒壁的传热

有一根很长的圆管,其内、外直径分别为 d_1 和 d_2,内、外两侧的流体温度分别为 t_{f1} 和 t_{f2},表面传热系数分别为 α_1 和 α_2。现在需要确定热流体对冷流体的传热量 Q 及壁面温度。

应用传热热阻为其分热阻之和的概念来确定 Q。

圆筒壁的导热热阻为 $\ln(d_2/d_1)/(2\pi\lambda l)$,圆筒壁内侧对流换热热阻为 $1/(\alpha_1 \pi d_1 l)$,外侧对流换热热阻为 $1/(\alpha_2 \pi d_2 l)$。传热热阻为

$$\frac{1}{k_1 l} = \frac{1}{\alpha_1 \pi d_1 l} + \frac{\ln\dfrac{d_2}{d_1}}{2\pi\lambda l} + \frac{1}{\alpha_2 \pi d_2 l}$$

由此可写出

$$Q = \frac{\Delta t}{\frac{1}{k_1 l}} = k_1 \Delta t l = \frac{(t_{f1} - t_{f2})l}{\frac{1}{\alpha_1 \pi d_1} + \frac{\ln(d_2/d_1)}{2\pi\lambda} + \frac{1}{\alpha_2 \pi d_2}} \qquad (12\text{-}5)$$

以及

$$t_{w1} = t_{f1} - \frac{Q}{\alpha_1 \pi d_1 l}$$

$$t_{w2} = t_{f1} - \frac{Q}{l}\left(\frac{1}{\alpha_1 \pi d_1} + \frac{1}{2\pi\lambda}\ln\frac{d_2}{d_1}\right) = t_{f2} + \frac{Q}{\alpha_2 \pi d_2 l} \qquad (12\text{-}6)$$

式中,传热系数 k_1 为

$$k_1 = \frac{1}{\frac{1}{\alpha_1 \pi d_1} + \frac{\ln\dfrac{d_2}{d_1}}{2\pi\lambda} + \frac{1}{\alpha_2 \pi d_2}} \qquad \text{W}/(\text{m}\cdot\text{℃})$$

这是对单位管长而言的传热系数。平壁的传热系数是对单位面积而言的,两者不同。在传热问题中,间壁的几何形状不同,传热系数的定义也不同。即使是同一形状,在热量传

递的途径中截面积也可能发生变化,此时传热系数可以以不同的截面积来定义。例如,通过圆筒壁传热时传热系数就可按内表面积(或外表面积)来定义。这时有

$$k_1 = \frac{k_1}{\pi d_1} = \frac{1}{\dfrac{1}{\alpha_1} + \dfrac{d_1 \ln d_2/d_1}{2\lambda} + \dfrac{d_1}{d_2}\dfrac{1}{\alpha_2}}$$

对于多层圆筒壁,按管长定义的传热系数为

$$k_1 = \frac{1}{\dfrac{1}{\alpha \pi d_1} + \sum_{i=1}^{n} \dfrac{\ln d_{i+1}/d_i}{2\pi\lambda_i} + \dfrac{1}{\alpha_2 \pi d_{i+1}}} \qquad [\mathrm{W/(m \cdot ℃)}]$$

对于薄壁圆筒,式(12-5)可以简化成类似于平壁的公式,即

$$Q = \frac{(t_{f1} - t_{f2})\pi dl}{\dfrac{1}{\alpha_2} + \dfrac{\delta}{\lambda} + \dfrac{1}{\alpha_2}}$$

式中:$\delta = \dfrac{1}{2}(d_2 - d_1)$;

$$F = \pi dl$$

d——计算直径。

一般选择热阻较大的一边的直径作为计算直径,因为传热量主要决定于较大的热阻。当两侧的对流热阻相差大时,则取平均直径作为计算直径。

【例12-2】 一内、外直径分别为180mm和220mm的蒸汽管,管外包裹一层厚120mm的保温层。蒸汽管的导热系数$\lambda_1 = 40\mathrm{W/(m \cdot ℃)}$,保温层的导热系数$\lambda_2 = 0.1\mathrm{W/(m \cdot ℃)}$;管道内蒸汽温度$t_{f1} = 300℃$,周围空气的温度$t_{f2} = 25℃$;两侧的表面传热系数$\alpha_1 = 100\mathrm{W/(m^2 \cdot ℃)}$,$\alpha_2 = 8.5\mathrm{W/(m^2 \cdot ℃)}$。试求单位管长的传热量和保温层外表面的温度。

解:先确定单位管长的传热系数:

$$\frac{1}{k_1} = \frac{1}{\alpha_1 \pi d_1} + \frac{1}{2\pi\lambda_1}\ln\frac{d_2}{d_1} + \frac{1}{2\pi\lambda_2}\ln\frac{d_3}{d_2} + \frac{1}{\alpha_3 \pi d_3}$$

$$= \frac{1}{100 \times 3.14 \times 0.18} + \frac{\ln\dfrac{0.22}{0.18}}{2 \times 3.14 \times 40} + \frac{\ln\dfrac{0.22 + 2 \times 0.12}{0.22}}{2 \times 3.14 \times 0.1} +$$

$$\frac{1}{8.5 \times 3.14 \times (0.22 + 2 \times 0.12)}$$

$$= 1.274(\mathrm{m \cdot ℃/W})$$

故单位管长的传热系数为

$$k_1 = 0.7850\mathrm{W/(m \cdot ℃)}$$

单位管长的传热量为

$$q_1 = k_1(t_{f1} - t_{f2}) = 0.7850 \times (300 - 25) = 215.9(\mathrm{W/m})$$

保温层表面的温度为

$$t_{w2} = t_{f2} + \frac{q_1}{\alpha_3 \pi d_3} = 25 + \frac{215.9}{8.5 \times 3.14 \times 0.46} = 42.58(℃)$$

第三节　传热的增强和减弱

一、传热的增强

增强传热通常是指提高换热设备单位面积的传热量，使换热设备达到体积小、质量轻的目的。根据式（12-1）有

$$q = \frac{Q}{F} = k(t_{f1} - t_{f2}) = \frac{t_{f1} - t_{f2}}{\frac{1}{\alpha_1} + \frac{\delta}{\lambda} + \frac{1}{\alpha_2}} \tag{12-7}$$

增强传热系数 k 和温差 $(t_{f1} - t_{f2})$ 中的任一项，都能使 q 增加，但是后者往往受到工艺或设备条件的限制，不能任意地改变。

提高传热系数，也就是降低总热阻。这里，总热阻由三个分热阻组成，因为总热阻的值主要取决于最大的分热阻值，所以减小最大的分热阻要比减小最小的分热阻更为有效。但当各分热阻的值相差不多时，则同时减小它们的值才能最有效地降低总热阻的值。

一般的换热器中，换热面多为薄壁金属，金属的导热系数 λ 又较大，所以当内、外壁面无水垢和烟炭层，而两对流热阻又较大时，导热热阻允许忽略不计，故式（12-7）又可改写为

$$q = \frac{t_{f1} - t_{f2}}{\frac{1}{\alpha_1} + \frac{1}{\alpha_2}} \tag{12-8}$$

所以提高 k 值，必须增大 α_1 和 α_2。

例如，铜管内受迫流动的热水，传热给铜管外自由流动的空气。设内侧的 $\alpha_1 = 1000\text{W}/(\text{m}^2 \cdot ℃)$，外侧的 $\alpha_2 = 10\text{W}/(\text{m}^2 \cdot ℃)$，则传热系数为

$$k = \frac{1}{\frac{1}{\alpha_1} + \frac{1}{\alpha_2}} = \frac{\alpha_1\alpha_2}{\alpha_1 + \alpha_2} = \frac{1000 \times 10}{1000 + 10} = 9.90[\text{W}/(\text{m}^2 \cdot ℃)]$$

为提高 k 值，把水侧的 α_1 由 1000 增大至 2000，则

$$k' = \frac{2000 \times 10}{2000 + 10} = 9.95[\text{W}/(\text{m}^2 \cdot ℃)]$$

k' 值仅为 k 值的 1.005 倍，几乎不变。如把空气内侧的 α_2 由 10 增大至 20，则

$$k'' = \frac{1000 \times 20}{1000 + 20} = 19.60[\text{W}/(\text{m}^2 \cdot ℃)]$$

k'' 值达到 k 值的 1.98 倍。由此可知，在两个分热阻 $r_{\alpha_1} = \frac{1}{\alpha_1} = \frac{1}{1000}$ 和 $r_{\alpha_2} = \frac{1}{\alpha_2} = \frac{1}{10}$ 中，减小最大的分热阻 r_{α_2}（即提高 α_2），才能最有效地提高 k 值。

二、传热的减弱

工程上所谓的热绝缘，即减弱传热，其目的多数是为了防止热损失和保持介质所需的温度，如高温蒸气的输送管道和低温介质容器的外包绝缘层等。绝热保温的材料很多，如石棉、铝箔和泡沫塑料等，其导热系数一般都小于 $0.2\text{W}/(\text{m} \cdot ℃)$。

平壁上敷设绝缘层必然是传热量与厚度成反比,圆筒壁却有不同的情况。

图 12-2 表示敷设在圆筒壁外的绝热层,内壁温度 t_{w1} 保持一定,外壁与温度为 t_f 的流体接触。通过绝热层的导热量为

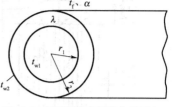

$$Q = \frac{2\pi\lambda l(t_{w1} - t_{w2})}{\ln(r_2/r_1)} \quad (\text{W})$$

而绝热层外壁与流体间的对流换热量为

$$Q = \alpha \cdot 2\pi r_2 l(t_{w2} - t_f) \quad (\text{W})$$

图 12-2　圆筒壁绝热层的临界厚度

因局部热阻之和为总热阻,故由以上两式可得

$$Q = \frac{2\pi l(t_{w1} - t_f)}{\dfrac{\ln(r_2/r_1)}{\lambda} + \dfrac{1}{r_2\alpha}} \quad (\text{W})$$

由上式可知,如 r_1、λ 和 α 为定值,则绝热层 r_2 加厚时,导热热阻加大。而外侧的对流热阻减小。当 $dQ/dr_2 = 0$ 时,则 Q 有极大值。此时的绝缘层外半径 r_2 称为临界热绝缘半径,并以 r_{2c} 表示。即

$$\frac{dQ}{dr_2} = \frac{1}{\lambda r_2} - \frac{1}{\alpha r_2^2} = 0$$

解得

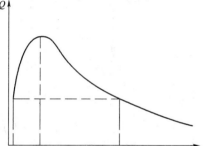

$$r_{2c} = \frac{\lambda}{\alpha}$$

它表明:对于半径 r_1 小于 r_{2c} 的小管子敷设绝缘层,若绝缘层外半径 $r_2 < r_{2c}$,此时随着绝缘层厚度增加,总热阻减小,散热量增大。当绝缘层加厚到 $r_2 = r_{2c}$ 时,总热阻最小,散热量最大;若再加厚,$r_2 > r_{2c}$,则随绝缘层厚度的增加,总热阻将加大,散热量减小,此时绝缘层才真正发挥绝热的作用,如图 12-3 所示。

图 12-3　绝缘层厚度与总热阻的关系

当然,如果管子本身的半径 r_1 已大于 r_{2c},则敷设绝缘层,总热阻总是增加的。

第四节　间壁式换热器及其热计算原理

管壳式换热器是间壁式换热器中最常用的一种形式。这种换热器的传热面一般由管束组成并置于壳体内,壳体两端头用端盖封闭。图 12-4 是两种常见的管壳式结构,水在管内(管方或管侧)流动,从一端流到另一端,然后折回来;蒸气在管外(壳方或壳侧)被冷却。在间壁式换热器中,热流体与冷流体可以平行流动,也可以交叉流动。平行流动时,还可以分为顺流和逆流,如图 12-5 所示。实际换热器中流体流动的路程往往是比较复杂的,常是这三种流动方式的具体组合。

在工程上,换热器热计算按前提和要求不同分为两种:设计计算和校核计算。设计计算的任务就是根据加热或冷却的要求,确定换热器的换热面积。校核计算的任务就是对已有的换热器或已选定面积的换热器,核算能否实现规定的工艺目的或在非设计工况下的工作情况。

设计计算和校核计算时,均应用以下传热公式:

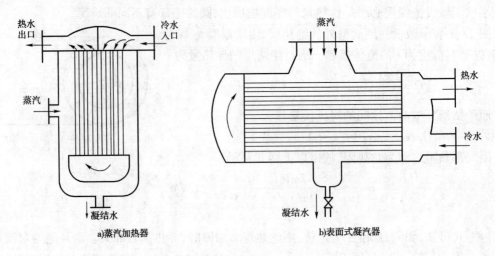

| a)蒸汽加热器 | b)表面式凝汽器 |

图 12-4 管壳式换热器的典型结构

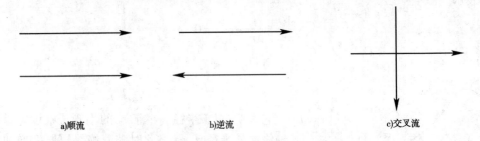

| a)顺流 | b)逆流 | c)交叉流 |

图 12-5 换热器中流体流动方式示意图

$$Q = k\Delta tF \tag{12-9}$$

在设计计算中，Q 可以根据计算任务来确定。就计算任务来说，要求计算出一定型式换热器的换热面积，此面积在一定时间内将某种流体温度从 t_1' 降到 t_1''。此时，若忽略换热器的对外散热损失，则 Q 可由下式确定：

$$Q = G_1 c_{p1}(t_1' - t_1'') = G_2 c_{p2}(t_2'' - t_2') \tag{12-10}$$

式中：G_1、G_2——热流体、冷流体的流量，kg/h；

c_{p1}、c_{p2}——热流体、冷流体的定压比热容，J/kg·℃；

t_1'、t_2'——热流体、冷流体在换热器进口处的温度，℃；

t_1''、t_2''——热流体、冷流体在换热器出口处的温度，℃。

一、传热系数 k

式(12-9)中的传热系数 k 和温差 Δt 都是对整个换热面而言的平均值。传热系数 k 可以根据冷、热流体的性质和在换热器内流动的情况计算出来，计算方法已在前几节中阐明。应该注意到，换热器使用一段时间后常会在换热面上积存污垢，或者由于表面受腐蚀而变质。这种表面污垢，或出现腐蚀层，就将形成附加热阻而降低传热系数。特别像水—水换热器、蒸发器、冷凝器之类放热热阻比较小的情况，污垢热阻很可能成为传热的主要热阻。因此，如果要强化换热器的传热，应当提高水质或缩短清洗周期。污垢热阻的参考值见表 12-1。典型表面式换热器中传热系数 k 的大致范围见表 12-2。

介　　质	污垢热阻 [(m² · ℃)/W]	
水:	供热介质温度 115℃ 以下、水温 50℃ 以下	供热介质温度 115 ~ 205℃、水温 50℃ 以上
蒸馏水		
海水	0.0001	0.0001
硬度不高的自来水和井水	0.0001	0.0002
经过水处理的锅炉给水	0.0002	0.0005
多泥沙的河水	0.0002	0.0005
	0.0007	0.001
汽油,有机液体	0.0002	
石油制品(液体)	0.0002 ~ 0.001	
盐水	0.0005	
淬火油	0.0009	
润滑油,变压器油	0.0002	
含油蒸气,有机蒸气	0.0002	
制冷剂蒸气(含油)	0.0005	
燃气,焦炉气	0.0002	

在各种不同换热器中, k 值的大致范围略见如表 12-2 所列。

换热器的类型	$k [\text{W}/(\text{m}^2 \cdot \text{℃})]$
暖气片:热流体为水,被加热的是室内空气	7 ~ 12
空气加热器:热流体为蒸汽,被加热的是大气压力下的空气	14 ~ 35
热流体为烟气,被加热的是大气压力下的空气	10 ~ 18
空气冷却器:用水冷却 $p = 300 ~ 400\text{kPa}$ 的空气	50 ~ 120
锅炉:热流体为烟气,被加热的是水	20 ~ 70
蒸汽加热器:热流体为蒸汽,被加热的是水	1000 ~ 4500

二、平均温差 Δt

在换热器中,冷、热流体沿换热面不断地吸收和放出热量。如果它们在整个换热面上不发生相态变化,则它们的温度将沿整个换热面变化,因而局部温差也将沿着整个换热面变化。变化的情况会影响平均温差 Δt。参见图 12-6,无论顺流或逆流换热器,如果 $(\Delta t)'$ 和 $(\Delta t)''$ 各代表换热器一端的冷、热两流体间的温度差,则顺流时, $(\Delta t)' = t_1' - t_2'$, $(\Delta t)'' = t_1'' - t_2''$;逆流时, $(\Delta t)' = t_1' - t_2''$, $(\Delta t)'' = t_1'' - t_2'$,沿整个换热面积 F 的冷、热流体之间的平均温度差 Δt 可按下式计算:

$$\Delta t = \frac{(\Delta t)' - (\Delta t)''}{\ln \dfrac{(\Delta t)'}{(\Delta t)''}} \tag{12-11}$$

在假定冷、热流体的比热容和流量以及传热系数 k 在整个换热面上都保持不变时,式 (12-11) 可推导如下:

在微元换热面 $\mathrm{d}F$ 上,式 (12-10) 可被写作:

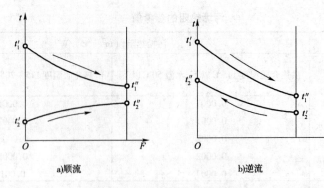

a)顺流   b)逆流

图 12-6   流体沿换热面的温度变化

$$dQ = -G_1 c_{p1} dt_1 = \pm G_2 c_{p2} dt_2 \tag{a}$$

注意,热流体温度沿途下降,dt 永为负值;而冷流体的温度,如图 12-6 所示。在顺流时上升,dt_2 为正,式(a)中 $G_2 dt_2$ 取正号;逆流时 dt_2 为负,$G_2 dt_2$ 取负号,即冷流体温度沿热流体流动方向下降。式(a)表明:

$$dt_1 = -\frac{1}{G_1 c_{p1}} dQ$$

$$dt_2 = \pm \frac{1}{G_2 c_{p2}} dQ \qquad (顺流时取正号,逆流时取负号)$$

即

$$d(\Delta t) = d(t_1 - t_2) = -\left(\frac{1}{G_1 c_{p1}} \pm \frac{1}{G_2 c_{p2}}\right) dQ \tag{b}$$

从换热器一端积分到另一端,得

$$(\Delta t)' - (\Delta t)'' = -\left(\frac{1}{G_1 c_{p1}} \pm \frac{1}{G_2 c_{p2}}\right) Q \tag{c}$$

由式(12-9)知:

$$dQ = k\Delta t dF \tag{d}$$

代入式(b)并且分离变量,则

$$\frac{d(\Delta t)}{dt} = -\left(\frac{1}{G_1 c_{p1}} \pm \frac{1}{G_2 c_{p2}}\right) k dF \tag{e}$$

同样从换热器一端积分到另一端,得

$$\ln \frac{(\Delta t)'}{(\Delta t)''} = -\left(\frac{1}{G_1 c_{p1}} \pm \frac{1}{G_2 c_{p2}}\right) k F \tag{f}$$

对比式(c)和式(f)可得

$$Q = kF \frac{(\Delta t)' - (\Delta t)''}{\ln \dfrac{(\Delta t)'}{(\Delta t)''}} \tag{g}$$

比较式(g)和式(11-9),即可得到式(12-11)。

如果 $(\Delta t)'$ 和 $(\Delta t)''$ 比较接近,根据经验,对于较大温差与较小温差之比,即 $\dfrac{\Delta t_{max}}{\Delta t_{min}} < 2$ 的情况,式(12-9)中的 Δt 可以更简便的算术平均值来代替式(12-11)的对数平均值,而误差不超过4%,即

$$\Delta t = \frac{1}{2}\left[(\Delta t)' + (\Delta t)''\right] \tag{12-12}$$

对于交叉流、混合流及其他复杂的流动方式,在不同程度上都包含顺流和逆流的成分,不难理解,它们的对数平均温差一定介于顺流和逆流之间。热计算时,通常先按逆流方式计算出对数平均温差 Δt,然后再乘以校正系数 Ψ。所以其传热方程式被表示为

$$Q = kF\psi\Delta t = kF\psi \frac{(t_1' - t_2'') - (t_1'' - t_2')}{\ln\dfrac{(t_1' - t_2'')}{(t_1'' - t_2')}}$$

校正系数 Ψ 作为辅助量 R 和 p 的函数形式出现,即 $\Psi = f(R, p)$,而

$$R = \frac{t_1' - t_1''}{t_1' - t_2'} = \frac{热流体温度降低}{冷流体温度升高}$$

$$p = \frac{t_2'' - t_2'}{t_1' - t_2'} = \frac{冷流体温度升高}{进口温差}$$

$\Psi = f(R, p)$ 的具体函数表达式,随换热器形式而异。工程上通常将其整理成曲线图。查取这类曲线图时,应注意流动方式是否与图符合。Ψ 的值示于图 12-7 ~ 图 12-10 中。

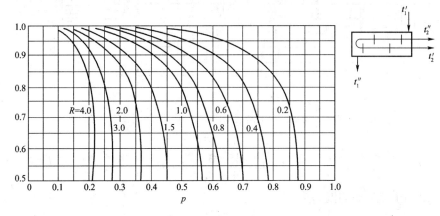

图 12-7 壳侧 1 程,管侧 2、4、6…程的 Ψ 值

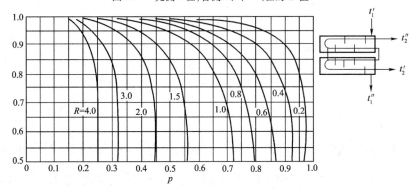

图 12-8 壳侧 2 程,管侧 4、8、12…程的 Ψ 值

【例 12-3】 一台水—水板式换热器,热水流量为 4000kg/h,进口温度 $t_1' = 90℃$;冷水流量为 1500kg/h,进口温度 $t_2' = 10℃$,出口温度 $t_2'' = 40℃$。试求顺流和逆流时的温度差。

解: 冷、热水的比热容近似相等,即 $c_{p1} \approx c_{p2}$

由式(12-10)得

$$G_1 c_{p1}(t_1' - t_1'') = G_2 c_{p2}(t_2'' - t_2')$$

知 $\quad\quad\quad\quad 4000 \times (90 - t_1'') = 1500 \times (40 - 10)$

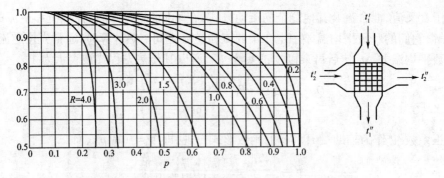

图 12-9　一次交叉流,两种流体各自都不混合时的 Ψ 值

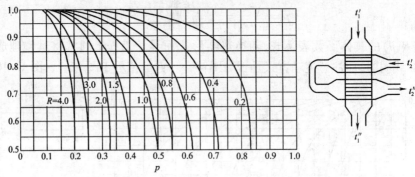

图 12-10　两次交叉流,壳侧流体混合,管侧流体不混合,逆流布置时的 Ψ 值

即

$$t_1'' = 90 - \frac{45000}{4000} = 78.8\,^\circ\!C$$

因此,对于顺流,平均温差为

$$\Delta t = \frac{(90-10)-(78.8-40)}{\ln\dfrac{(90-10)}{(78.8-40)}} = 56.9\,^\circ\!C$$

对于逆流,平均温差为

$$\Delta t = \frac{(90-40)-(78.8-10)}{\ln\dfrac{(90-40)}{(78.8-10)}} = 58.9\,^\circ\!C$$

算术平均温差为

$$\Delta t = \frac{1}{2}(\Delta t' + \Delta t'') = \frac{1}{2}\big[(90-10)+(78.8-40)\big] = \frac{1}{2}(80+38.8) = 59.4\,^\circ\!C$$

由上述计算可见,逆流方式的平均温差大于顺流方式(约大 4%)。算术平均温差对于逆流情况有 0.8% 的误差。对于顺流情况有 4% 的误差。

【例 12-4】　如果冷、热流体的相对流动方式如图 12-11 所示,为一次交叉流,进出口温度和上题相同,试求其平均温差。

解:根据上题计算结果,逆流时 $\Delta t = 58.9\,^\circ\!C$。

参数:

$$R = \frac{90-78.8}{40-10} = 0.373$$

图 12-11　一次交叉流

$$p = \frac{40-10}{90-10} = 0.375$$

由图 12-9，查得修正系数为 1。即在目前情况下，交叉流和逆流的效果相同。这是由于本题中，热流体的比热容值较大，其温度降低不多，故交叉流的平均温差和逆流的相差甚微，可近似认为两者相同。

第五节 效率——传热单元数热计算法

当选用已有的换热器或者选购定型产品时，换热器的换热面积为已知，需要核算冷、热流体的出口温度。此时利用上节的平均温差法求解时，必须先假定流体的出口温度，然后采取繁杂的试算求解。为了躲开未知的出口温度求解传热量 Q，逐渐推广了一种无须先假设出口温度的热计算法，即效率(ε)—传热单元数(NTU)法。

一、几个重要参数的定义

为了便于理解效率—传热单元数法的分析和推导，把包含在该热计算公式中的三个重要参数作必要的介绍。

(1)第一个参数——热容比(c)。它是两流体的热容量 Gc_p 之比，但是，c 值应表示为：

$$c = \frac{G_2 c_{p2}}{G_1 c_{p1}}$$

如 $G_1 c_{p1} > G_2 c_{p2}$，则 $c = \dfrac{G_2 c_{p2}}{G_1 c_{p1}}$

如 $G_1 c_{p1} < G_2 c_{p2}$，则 $c = \dfrac{G_1 c_{p1}}{G_2 c_{p2}}$

(2)第二个参数——效率(ε)。它被定义为换热器中实际的传热量与换热面积为无限大时最大可能的传热量之比。

在逆流换热器中，随着两流体热容量的不同，其温度分布有两种情况，参见图 12-6b)。

①如果 $G_1 c_{p1} < G_2 c_{p2}$，由式(12-10)可知，热流体的温降($t_1' - t_1''$)大于冷流体的温升($t_2'' - t_2'$)，随着换热面积 F 的加大，热流体的出口温度 t_1'' 将进一步接近冷流体的进口温度 t_2'；当 $F \to \infty$ 时，$t_1'' \to t_2'$，换热器相应的极限传热量为

$$Q_{max} = G_1 c_{p1}(t_1' - t_2')$$

故

$$\varepsilon = \frac{t_1' - t_1''}{t_1' - t_2'}$$

②如果 $G_1 c_{p1} > G_2 c_{p2}$，则冷流体的温升($t_2'' - t_2'$)大于热流体的温降($t_1' - t_1''$)，当 $F \to \infty$ 时，$t_2'' \to t_1'$，换热器的极限传热量为

$$Q_{max} = G_2 c_{p2}(t_1' - t_2')$$

故

$$\varepsilon = \frac{t_2'' - t_2'}{t_1' - t_2'}$$

在顺流换热器中，参见图 12-6a)。当换热面积 $F \to \infty$ 时，$t_2'' \to t_1''$，相应的极限传热量为

$$Q_{max} = G_2 c_{p2}(t_1'' - t_2')$$

故

$$\varepsilon = \frac{t_2'' - t_2'}{t_1'' - t_2'}$$

（3）第三个参数——传热单元数（NTU）。它将与热容比（c）和效率（ε）共同确定换热器的性能，它被定义为

$$NTU = \frac{kF}{(Gc_p)_{min}}$$

如 $G_1 c_{p1} > G_2 c_{p2}$，则 $NTU = \dfrac{kF}{G_2 c_{p2}}$

如 $G_1 c_{p1} < G_2 c_{p2}$，则 $NTU = \dfrac{kF}{G_1 c_{p1}}$

二、传热单元数法

以逆流换热器作为分析对象。设两流体的热容量为 $G_1 c_{p1} < G_2 c_{p2}$，故

$$NTU = \frac{kF}{G_1 c_{p1}}; \quad c = \frac{G_1 c_{p1}}{G_2 c_{p2}}; \quad \varepsilon = \frac{t_1' - t_1''}{t_1' - t_2'}$$

根据第十二章四节的式（e），对于逆流换热器有

$$\frac{\mathrm{d}(\Delta t)}{\Delta t} = -\left(\frac{1}{G_1 c_{p1}} - \frac{1}{G_2 c_{p2}}\right)kF$$

即

$$\frac{\mathrm{d}(\Delta t)}{\Delta t} = -\frac{1}{G_1 c_{p1}}\left(1 - \frac{G_1 c_{p1}}{G_2 c_{p2}}\right)kF$$

即

$$\frac{\mathrm{d}(\Delta t)}{\Delta t} = -\frac{1}{G_1 c_{p1}}(1 - c)k\mathrm{d}F$$

在换热器进、出口两端之间对上式积分，即

$$\int_{\Delta t_1}^{\Delta t_2} \frac{\mathrm{d}(\Delta t)}{\Delta t} = -\int_0^F \frac{k\mathrm{d}F}{G_1 c_{p1}}(1 - c)$$

得

$$\ln \frac{\Delta t_2}{\Delta t_1} = \ln \frac{(t_1'' - t_2')}{(t_1' - t_2'')} = -\frac{kF}{G_1 c_{p1}}(1 - c) = -NTU(1 - c)$$

或

$$\frac{t_1'' - t_2'}{t_1' - t_2''} = e^{-NTU(1 - c)} \tag{a}$$

利用式（12-10）和热容比 c 的定义，把式（a）的左边改写后，可得

$$\frac{t_1'' - t_2'}{t_1' - t_2''} = \frac{t_1' - t_2' - (t_1' - t_1'')}{t_1' - t_2' - (t_2'' - t_2')} = \frac{t_1' - t_2' - (t_1' - t_1'')}{t_1' - t_2' - c(t_1' - t_1'')} = \frac{1 - \dfrac{t_1' - t_1''}{t_1' - t_2'}}{1 - c\dfrac{t_1' - t_1''}{t_1' - t_2'}} = \frac{1 - \varepsilon}{1 - c\varepsilon} \tag{b}$$

由式（a）和式（b）得出逆流换热器中的效率 ε、热容比 c 和传热单元数 NTU 之间的关系式为

$$\varepsilon = \frac{1 - e^{-NTU(1 - c)}}{1 - ce^{-NTU(1 - c)}} \tag{12-13}$$

如果两流体的热容量为 $G_1 c_{p1} > G_2 c_{p2}$，虽然 c、ε 和 NTU 的值不同，但仍能得出如同式（12-13）一样的表达式。

对于顺流换热器，采用同样方法可得下面的关系式：

$$\varepsilon = \frac{1 - e^{-NTU(1+c)}}{1 + c} \qquad (12\text{-}14)$$

顺流和逆流的 ε-NTU 曲线列于图 12-12 和图 12-13 中。对于更为复杂的流动方式，ε-NTU 曲线可查阅有关文献。

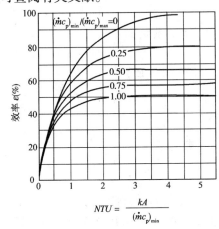
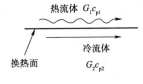

图 12-12　顺流换热器的效率

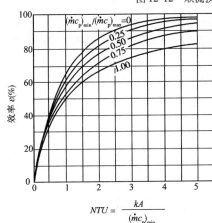
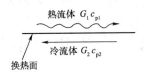

图 12-13　逆流换热器的效率

【例 12-5】　逆流式油冷器中，油的进口温度 $t_1' = 130℃$，流量 $G_1 = 0.5\text{kg/s}$，定压比热容 $c_{p1} = 2220\text{J}/(\text{kg}\cdot℃)$。冷却水的进口温度 $t_2' = 15℃$，流量 $G_2 = 0.3\text{kg/s}$，定压比热容 $c_{p2} = 4182\text{J}/(\text{kg}\cdot℃)$。换热面积 $F = 2.4\text{m}^2$，传热系数 $k = 1530\text{W}/(\text{m}^2\cdot℃)$。求油冷器的效率 ε 和两流体的出口温度 t_1'' 和 t_2''。

解：因油的热容量和水的热容量各为

$$G_1 c_{p1} = 0.5 \times 2220 = 1110\text{J}/(\text{s}\cdot℃)$$
$$G_2 c_{p2} = 0.3 \times 4182 = 1255\text{J}/(\text{s}\cdot℃)$$

故热容比为

$$c = \frac{G_1 c_{p1}}{G_2 c_{p2}} = \frac{1110}{1255} = 0.885$$

传热单元数为

$$NTU = \frac{kF}{G_1 c_{p1}} = \frac{1530 \times 2.4}{1110} = 3.31$$

查图 12-13 可得 $\varepsilon = 80\%$，即

$$\varepsilon = \frac{t_1' - t_1''}{t_1' - t_2'} = \frac{130 - t_1''}{130 - 15} = 0.8$$

解上式，可得油的出口温度 $t_1'' = 38℃$

又由公式

$$Q = G_1 c_{p1}(t_1' - t_1'') = G_2 c_{p2}(t_2'' - t_2')$$

把各值代入后，得

$$1110(130 - 38) = 1255(t_2'' - 15)$$

解得

$$t_2'' = 96.5℃$$

思 考 题

1. 什么是传热过程？试举例说明。
2. 计算传热系数时，在什么条件下可以忽略管壁的导热热阻？
3. 为什么在 h_1 和 h_2 相差悬殊的情况下，在 h 小的一侧采用肋壁才能使增强传热效果显著？
4. 强化传热有什么措施？分别适用在什么场合？
5. 热绝缘层厚度越厚，隔热效果就越好吗？分别以圆筒和平壁为例加以说明。
6. 何谓换热器？它可以分为哪几种类型？
7. 传热计算中为什么要先算平均温差？如何计算？
8. 传热单元数法比对数平均温差法有何优越性？

习 题

1. 一管式空气加热器，空气由 15℃ 加热到 30℃。水在 80℃ 下进入换热器管内，50℃ 时离开，总换热量为 30kW，导热系数为 $40W/(m^2 \cdot ℃)$。求换热面积。

2. 某板式换热器用钢板制成，钢板厚 2mm，导热系数为 $40W/(m^2 \cdot ℃)$。钢板两侧气体的平均温度分别为 50℃ 和 20℃，表面传热系数分别为 $75W/(m^2 \cdot ℃)$ 和 $50W/(m^2 \cdot ℃)$。求换热器的传热系数。

3. 套管式换热器的钢管，壁厚 δ 为 2mm，导热系数为 $30W/(m \cdot ℃)$。设两侧的表面传热系数 α_1 和 α_2 各为 $800W/(m^2 \cdot ℃)$ 和 $50W/(m^2 \cdot ℃)$。流体的平均温差为 60℃，为使传热增强而采用下列措施：(1) α_1 增大 60%；(2) α_2 增大 20%；(3) 以 $\lambda = 330W/(m \cdot ℃)$ 的等厚度铜管代替钢管。试计算传热量各增长的百分数。

4. 温度为 25℃ 的室内，外置表面温度为 200℃，外径为 0.05m 的管道，如以 $\lambda = 0.1W/(m \cdot ℃)$ 的蛭石作管道外的保温层，而保温层外表面与空气间的表面传热系数 $\alpha = 14W/(m^2 \cdot ℃)$。试问保温层需要多厚才能使其表面温度不超过 50℃？

5. 在管壳式换热器中，冷流体的进、出口温度为 60℃ 和 120℃；热流体的进、出口温度 320℃ 和 160℃。试计算和比较顺流和逆流时的对数平均温差。

6. 在管壳式换热器中,油的进、出口温度为 80℃和 120℃;水的进、出口温度为 180℃和 120℃。求换热器为逆流和顺流时的效率 ε。

7. 高温气体在单流程逆流式换热器中,把水加热。气体的温度、比热容和流量各为 700K、1.01kJ/(kg·℃)和 13kg/s;水的流量为 12kg/s,温度由 330K 提高到 360K;传热系数 为 90W/(m²·℃)。试计算:(1)气体的出口温度;(2)换热器所必须的换热面积。

8. 逆流套管式换热器中,油被水所冷却。水的进、出口温度和流量各为 290K、330K 和 1.4kg/s;油的进、出口温度和比热容各为 380K、305K 和 1.84kJ/(kg·℃);传热系数为 284W/(m²·℃),求传热面积。

9. 根据上题中所确定的传热面积,若水的流量减少为 1kg/s,而油的流量不变。试以传 热单元数法计算水的出口温度。

10. 油冷却器每小时冷却 58℃的透平油 39m³。油沿管外单程流过;冷却水在管内流过, 单程流量为 50×10^3 kg/h,进口温度为 30℃,比热容为 4.19kJ/(kg·℃)。传热系数 $k = 400$W/(m²·℃),比热容 $c_p = 1.95$kJ/(kg·℃)。试计算水和油的进、出口温度。请分别用 $\varepsilon\text{-}NTU$ 法和对数平均温差试算法计算。

附　录

压　力					
帕斯卡 Pa N/m²	巴 bar 10N/cm²	工程气压 at kgf/cm²	标准气压 atm 760mmHg	托 Torr mmHg	米水柱 mH₂O
1	10⁻⁵	1.0197 × 10⁻⁵		7.5 × 10⁻³	1.021 × 10⁴
10⁵	1	1.0197	0.9869	750	10.21
98066	0.9806	1	0.9678	735.5	10
101325	0.0132	1.033	1	760	10.34
133.3	0.00133	0.00136	0.00131	1	0.0136

功　（能量）					
千焦耳 kJ	千卡 kcal	千克力 · 米 kgf · m	千瓦小时 kW · h	马力小时 PS · h	英热单位 Btu
1	0.2388	101.9	0.277 × 10⁻³	0.377 × 10⁻³	0.9478
4.1868	1	426.6	1.162 × 10⁻³	1.581 × 10⁻³	3.968
9.806 × 10⁻³	2.342 × 10⁻³	1	2.724 × 10⁻⁶	3.70 × 10⁻⁶	9.296 × 10⁻³
3600	860	3.671 × 10⁵	1	1.359	3413
2647	632.3	270 × 10³	0.7358	1	2511
1.055	0.252	107.58	2.93 × 10⁻⁴	3.981 × 10⁻⁴	1

208

功　率				
瓦；焦耳/秒 W；J/s	千卡/时 kcal/h	千克力 · 米/秒 kgf · m/s	马力 PS	英热单位/时 Btu/h
1	0.86	0.1019	1.35 × 10⁻³	3.389
1.163	1	0.1185	1.58 × 10⁻³	3.968
9.804	8.43	1	0.0133	33.39
735.3	632.25	75	1	2511
0.293	0.252	0.02986	3.98 × 10⁻⁴	1

比　热		
千焦耳/（千克 · 度） kJ/(kg · ℃)	千卡/（千克 · 度） kcal/(kg · ℃)	英热单位/（磅 · ℉） Btu/(lb · ℉)
1	0.2388	0.2388
4.1868	1	1

导　热　系　数		
瓦/（米 · 度） W/(m · K)	千卡/（米 · 时 · 度） kcal/(m · h · ℃)	英热单位/（英尺 · 时 · ℉） Btu/(ft · h · ℉)
1	0.86	0.577
1.163	1	0.672
1.73	1.488	1

放热系数和传热系数		
瓦/（米² · 度） W/(m² · K)	千卡/（米² · 时 · 度） kcal/(m² · h · ℃)	英热单位/（英尺² · 时 · ℉） Btu/(ft² · h · ℉)
1	0.86	0.1761
1.163	1	0.2048
5.677	4.882	1

附表 B1　饱和水与干饱和蒸汽表 *
（按温度排列）

温度	压力	比　容		密　度		焓		汽化潜热	熵	
		液 体	蒸 汽	液 体	蒸 汽	液 体	蒸 汽		液 体	蒸 汽
t	p	v'	v''	ρ'	ρ''	h'	h''	γ	s'	s''
℃	10^5 Pa	m³/kg	m³/kg	kg/m³	kg/m³	kJ/kg	kJ/kg	kJ/kg	kJ/(kg·K)	kJ/(kg·K)
0.01	0.006112	0.0010002	206.3	999.80	0.004847	0.00	2501	2501	0.0000	9.1544
1	0.006566	0.0010001	192.6	999.90	0.005192	4.22	2502	2498	0.0154	9.1281
2	0.007054	0.0010001	179.9	999.90	0.005559	8.42	2504	2496	0.0306	9.1018
3	0.007575	0.0010001	168.2	999.90	0.005945	12.63	2506	2493	0.0458	9.0757
4	0.008129	0.0010001	157.3	999.90	0.006357	16.84	2508	2491	0.0610	9.0498
5	0.008719	0.0010001	147.2	999.90	0.006793	21.05	2510	2489	0.0762	9.0241
6	0.009347	0.0010001	137.8	999.90	0.007257	25.25	2512	2487	0.0913	8.9978
7	0.010013	0.0010001	129.1	999.90	0.007746	29.45	2514	2485	0.1063	8.9736
8	0.010721	0.0010002	121.0	999.80	0.008264	33.55	2516	2482	0.1212	8.9485
9	0.011473	0.0010003	113.4	999.70	0.008818	37.85	2517	2479	0.1361	8.9238
10	0.012277	0.0010004	106.42	999.60	0.009398	42.04	2519	2477	0.1510	8.8994
11	0.013118	0.0010005	99.91	999.50	0.01001	46.22	2521	2475	0.1658	8.8752
12	0.014016	0.0010006	93.84	999.40	0.01066	50.41	2523	2473	0.1805	8.8513
13	0.014967	0.0010007	88.18	999.30	0.01134	54.60	2525	2470	0.1952	8.8276
14	0.015974	0.0010008	82.90	999.30	0.01206	58.78	2527	2468	0.2098	8.8040
15	0.017041	0.0010010	77.97	999.00	0.01282	62.97	2528	2465	0.2244	8.7806
16	0.018170	0.0010011	73.39	998.90	0.01363	67.16	2530	2463	0.2389	8.7574
17	0.019364	0.0010013	69.10	998.70	0.01447	71.34	2532	2461	0.2534	8.7344
18	0.02062	0.0010015	65.09	998.50	0.01536	75.53	2 534	2458	0.2678	8.7116
19	0.02196	0.0010016	61.34	998.40	0.01630	79.72	2 536	2456	0.2821	8.6891
20	0.02337	0.0010018	57.84	998.20	0.01729	83.90	2 537	2454	0.2964	8.8885
22	0.02643	0.0010023	51.50	997.71	0.01942	92.27	2 541	2449	0.3249	8.6220
24	0.02982	0.0010028	45.93	997.21	0.02177	100.03	2545	2444	0.3532	8.5785
26	0.03360	0.0010033	41.04	996.71	0.02437	108.99	2548	2440	0.3812	8.5358
28	0.03779	0.0010038	36.73	996.21	0.02723	117.35	2552	2435	0.4090	8.4938
30	0.04241	0.0010044	32.93	995.62	0.03037	125.71	2556	2430	0.4366	8.4523
35	0.05622	0.0010061	25.24	993.94	0.03962	146.60	2565	2418	0.5049	8.3519
40	0.07375	0.0010079	19.55	992.16	0.05115	167.50	2574	2460	0.5723	8.2559
45	0.09584	0.0010099	15.28	990.20	0.06544	188.40	2582	2394	0.6384	8.1638
50	0.12335	0.0010021	12.04	988.04	0.08306	209.3	2 592	2383	0.7038	8.0753
55	0.15740	0.0010145	9.578	985.71	0.1044	230.2	2600	2370	0.7679	7.9901
60	0.19917	0.0010171	7.678	983.19	0.1302	251.1	2609	2358	0.8311	7.9084
65	0.2531	0.0010199	6.201	980.49	0.1613	272.1	2617	2345	0.8934	7.8297
70	0.3117	0.0010228	5.045	977.71	0.1982	293.0	2626	2333	0.9549	7.7544
75	0.3855	0.0010258	4.133	974.85	0.2420	314.0	2635	2321	1.0157	7.6815
80	0.4736	0.0010290	3.408	971.82	0.2934	334.9	2643	2308	1.0753	7.6116
85	0.5781	0.0010324	2.828	968.62	0.3536	355.9	2651	2295	1.1342	7.5438

$1 N/m^2 = 1 Pa; 1 at = 98066.5 N/m^2 = 0.980665 bar; 1 bar = 10^5 Pa$

* 　附表 A、B1、B2、C 摘自 Thomas F, Irvine, Jr. and James P. Hartnett, Steam and Air Tables in SI Units。

温度	压力	比　　容		密　　度		焓		汽化	熵	
		液体	蒸汽	液体	蒸汽	液体	蒸汽	潜热	液体	蒸汽
t	p	v'	v''	ρ'	ρ''	h'	h''	γ	s'	s''
℃	10^5Pa	m³/kg	m³/kg	kg/m³	kg/m³	kJ/kg	kJ/kg	kJ/kg	kJ/(kg·K)	kJ/(kg·K)
90	0.7011	0.0010359	2.361	965.34	0.4235	377.0	2659	2282	1.1925	7.4787
100	1.01325	0.0010435	1.637	958.31	0.5977	419.1	2676	2257	1.3071	7.3547
110	1.4326	0.0010515	1.210	951.02	0.8264	461.3	2691	2230	1.4184	7.2387
120	1.9854	0.0010603	0.8917	943.13	1.121	503.7	2706	2202	1.5277	7.1298
130	2.7011	0.0010697	0.6683	934.84	1.496	546.3	2721	2174	1.6354	7.0272
140	3.614	0.0010798	0.5087	926.10	1.966	589.0	2734	2145	1.7392	6.9304
150	4.760	0.0010906	0.3926	916.93	2.547	632.2	2746	2114	1.8418	6.8383
160	6.180	0.0011021	0.3068	907.36	3.258	675.6	2758	2082	1.9427	6.7508
170	7.920	0.0011144	0.2426	897.34	4.122	719.2	2769	2050	2.0417	6.6666
180	10.027	0.0011275	0.1939	886.92	5.157	763.1	2778	2015	2.1395	6.5858
190	12.553	0.0011415	0.1564	876.04	6.394	807.5	2786	1979	2.2357	6.5074
200	15.551	0.0011565	0.1272	864.68	7.862	852.4	2793	1941	2.3308	6.4318
210	19.080	0.0011726	0.1043	852.81	9.588	897.7	2798	1900	2.4246	6.3577
220	23.201	0.0011900	0.08606	840.34	11.62	943.7	2802	1858	2.5179	6.2849
230	27.979	0.0012087	0.07147	827.34	13.99	990.4	2803	1813	2.6101	6.2133
240	33.480	0.0012291	0.05967	813.60	16.76	1037.5	2803	1766	2.7021	6.1425
250	39.776	0.0012512	0.05006	799.23	19.28	1085.7	2801	1715	2.7934	6.0721
260	46.94	0.0012755	0.04215	784.01	23.72	1135.1	2796	1661	2.8851	6.0013
270	55.05	0.0013023	0.03560	767.87	28.09	1185.3	2790	1605	2.9764	5.9297
280	64.19	0.0013321	0.03013	750.69	33.19	1236.9	2780	1542.9	3.0681	5.8573
290	74.45	0.0013655	0.02554	732.33	39.15	1290.0	2766	1476.3	3.1611	5.7827
300	85.92	0.0014036	0.02164	712.45	46.21	1344.9	2749	1404.3	3.2548	5.7049
310	98.70	0.001447	0.01832	691.09	54.58	1402.1	2727	1325.2	3.3508	5.6233
320	112.90	0.001499	0.01545	667.11	64.72	1462.1	2700	1237.8	3.4495	5.5353
330	128.65	0.001562	0.01297	640.20	77.10	1526.1	2666	1139.6	3.5522	5.4412
340	146.08	0.001639	0.01078	610.13	92.76	1594.7	2622	1027.0	3.6605	5.3361
350	165.37	0.001741	0.008803	574.38	113.6	1671	2565	893.5	3.7786	5.2117
360	186.74	0.001894	0.006943	527.98	144.0	1762	2481	719.3	3.9162	5.0530
370	210.53	0.00222	0.00493	450.45	203	1893	2331	438.4	4.1137	4.7951
374	220.87	0.00280	0.00347	357.14	288	2032	2147	114.7	4.3258	4.5029
374.15	221.297	0.00326	0.00326	306.75	306.75	2100	2100	0.0	4.4296	4.4296

临 界 参 数

$t_c = 374.15℃$ $\qquad$ $\rho_c = 306.75$kg/m³

$p_c = 221.29 \times 10^5$Pa $\quad$ $h_c = 2100$kJ/kg

$v_c = 0.00326$m³/kg $\quad$ $s_c = 4.430$kJ/(kg·K)

附表 B2　饱和水与干饱和蒸汽表(按压力排列)

压力	温度	比　容		密　度		焓		汽化潜热	熵	
		液体	蒸汽	液体	蒸汽	液体	蒸汽		液体	蒸汽
p	t	v'	v''	ρ'	ρ''	h'	h''	γ	s'	s''
10^5 Pa	℃	m³/kg	m³/kg	kg/m³	kg/m³	kJ/kg	kJ/kg	kJ/kg	kJ/(kg·K)	kJ/(kg·K)
0.010	6.92	0.0010001	129.9	999.9	0.00770	29.22	2513	2484	0.1054	8.975
0.020	17.514	0.0010014	66.97	998.6	0.01493	73.52	2533	2459	0.2609	8.722
0.030	24.097	0.0010028	45.66	997.2	0.02190	101.04	2545	2444	0.3546	8.576
0.040	28.979	0.0010041	34.81	995.9	0.02873	121.41	2554	2433	0.4225	8.473
0.050	32.88	0.0010053	28.19	994.7	0.03547	137.88	2 561	2423	0.4761	8.393
0.060	36.18	0.0010064	23.74	993.6	0.04212	151.50	2 567	2415	0.5207	8.328
0.070	39.03	0.0010075	20.53	992.6	0.04871	163.43	2 572	2409	0.5591	8.274
0.080	41.54	0.0010085	18.10	991.6	0.05525	173.9	2576	2402	0.5927	8.227
0.090	43.79	0.0010094	16.20	990.7	0.06172	183.3	2580	2397	0.6225	8.186
0.10	45.84	0.0010103	14.68	898.8	0.06812	191.9	2584	2392	0.6492	8.149
0.15	54.00	0.0010140	10.02	986.2	0.09980	226.1	2599	2373	0.7550	8.007
0.20	60.08	0.0010171	7.647	983.2	0.1308	251.4	2609	2358	0.8321	7.907
0.25	64.99	0.0010199	6.202	980.5	0.1612	272.0	2618	2346	0.8934	7.830
0.30	69.12	0.0010222	5.226	978.3	0.1913	289.3	2625	2336	0.9441	7.769
0.40	75.88	0.0010264	3.994	974.3	0.2504	317.7	2636	2318	1.0261	7.670
0.45	78.75	0.0010282	3.574	972.6	0.2797	329.6	2614	2311	1.0601	7.629
0.50	81.35	0.0010299	3.239	971.0	0.3087	340.6	2645	2304	1.0910	7.593
0.55	83.74	0.0010315	2.963	969.5	0.3375	350.7	2649	2298	1.1193	7.561
0.60	85.95	0.0010330	2.732	968.1	0.3661	360.1	2653	2293	1.1453	7.531
0.70	89.97	0.0010359	2.364	965.3	0.4230	376.8	2660	2283	1.1918	7.479
0.80	93.52	0.0010385	2.087	962.9	0.4792	391.8	2665	2273	1.2330	7.434
0.90	96.72	0.0010409	1.869	960.7	0.5350	405.3	2670	2265	1.2696	7.394
1.0	99.64	0.0010432	1.694	958.6	0.5903	417.4	2675	2258	1.3026	7.360
1.5	111.38	0.0010527	1.159	949.9	0.8627	467.2	2693	2226	1.4336	7.223
2.0	120.23	0.0010605	0.8854	943.0	1.129	504.8	2707	2202	1.5302	7.127
2.5	127.43	0.0010672	0.7185	937.0	1.393	535.4	2717	2182	1.6071	7.053
3.0	133.54	0.0010733	0.6057	931.7	1.651	561.4	2725	2164	1.672	6.992
3.5	138.88	0.0010786	0.5241	927.1	1.908	584.5	2732	2148	1.728	6.941
4.0	143.62	0.0010836	0.4624	922.8	2.163	604.7	2738	2133	1.777	6.897
4.5	147.92	0.0010883	0.4139	918.9	2.416	623.4	2744	2121	1.821	6.857
5.0	151.84	0.0010927	0.3747	915.2	2.669	640.1	2749	2109	1.860	6.822
6.0	158.84	0.0011007	0.3156	908.5	3.169	670.5	2757	2086	1.931	6.761
7.0	164.96	0.0011081	0.2728	902.4	3.666	697.2	2764	2067	1.992	6.709
8.0	170.42	0.0011149	0.2403	896.9	4.161	720.9	2769	2048	2.046	6.663
9.0	175.35	0.0011213	0.2149	891.8	4.654	742.8	2774	2031	2.094	6.623
10.0	179.88	0.0011273	0.1946	887.1	5.139	762.7	2778	2015	2.138	6.587
11.0	184.05	0.0011331	0.1775	882.5	5.634	781.1	2781	2000	2.179	6.554

压力	温度	比 容		密 度		焓		汽化潜热	熵	
		液 体	蒸 汽	液 体	蒸 汽	液 体	蒸 汽		液 体	蒸 汽
p	t	v'	v''	ρ'	ρ''	h'	h''	γ	s'	s''
10^5Pa	℃	m³/kg	m³/kg	kg/m³	kg/m³	kJ/kg	kJ/kg	kJ/kg	kJ/(kg·K)	kJ/(kg·K)
12.0	187.95	0.0011385	0.1633	878.3	6.124	798.3	2785	1987	2.216	6.523
13.0	191.60	0.0011438	0.1512	874.3	6.614	814.5	2787	1973	2.215	6.495
14.0	195.04	0.0011490	0.1408	870.3	7.103	830.0	2790	1960	2.284	6.496
15.0	198.28	0.0011539	0.1317	866.6	7.593	844.6	2792	1947	2.314	6.445
16.0	201.36	0.0011586	0.1238	863.1	8.080	858.3	2793	1935	2.344	6.422
17.0	204.30	0.0011632	0.1167	859.7	8.569	871.6	2795	1923	2.371	6.400
18.0	207.10	0.0011678	0.1104	856.3	9.058	884.4	2796	1912	2.397	6.379
19.0	209.78	0.0011722	0.1047	853.1	9.549	896.6	2798	1901	2.442	6.359
20.0	212.37	0.0011766	0.09958	849.9	10.041	908.5	2799	1891	2.447	6.340
22.0	217.24	0.0011851	0.09068	843.8	11.03	930.9	2801	1870	2.492	6.305
24.0	221.77	0.0011932	0.08324	838.1	12.01	951.8	2802	1850	2.534	6.272
26.0	226.03	0.0012012	0.07688	835.2	13.01	971.7	2803	1831	2.573	6.242
28.0	230.04	0.0012088	0.07141	827.3	14.00	990.4	2803	1813	2.661	6.213
30	233.83	0.0012163	0.06665	822.2	15.00	1008.3	2804	1796	2.646	6.186
35	242.54	0.0012345	0.05704	810.0	17.53	1049.8	2803	1753	2.725	6.125
40	250.33	0.0012520	0.04977	798.7	20.09	1087.5	2801	1713	2.796	6.070
45	257.41	0.0012690	0.04404	788.0	22.71	1122.1	2798	1676	2.862	6.020
50	263.91	0.0012857	0.03944	777.8	25.35	1154.4	2794	1640	2.921	5.973
60	275.56	0.0013185	0.03243	758.4	30.84	1213.9	2785	1570.8	3.027	5.890
70	285.80	0.0013510	0.02737	740.2	36.54	1267.4	2772	1504.9	3.122	5.814
80	294.98	0.0013838	0.02352	722.6	42.52	1317.0	2758	1441.1	3.208	5.745
90	303.32	0.0014174	0.02048	705.5	48.83	1363.7	2743	1379.3	3.287	5.678
100	310.96	0.0014521	0.01803	688.7	55.46	1407.7	2725	1317.0	3.360	5.615
110	318.04	0.001489	0.01598	671.6	62.58	1450.2	2705	1255.4	3.430	5.553
120	324.63	0.001527	0.01426	654.9	70.13	1491.1	2685	1193.5	3.496	5.492
130	330.81	0.001567	0.01277	638.2	78.3	1531.5	2662	1130.8	3.561	5.432
140	336.53	0.001611	0.01149	620.7	87.03	1570.8	2638	1066.9	3.623	5.372
160	347.32	0.001710	0.009318	584.8	107.3	1605	2582	932.0	3.746	5.247
180	356.96	0.001837	0.007504	544.4	133.2	1732	2510	778.2	3.871	5.107
200	365.71	0.00204	0.00585	490.2	170.9	1827	2410	583	4.015	4.928
220	373.7	0.00273	0.00367	366.3	272.5	2016	2168	152	4.303	4.591
221.29	374.15	0.00326	0.00326	306.75	306.75	2100	2100	0	4.430	4.430

附表 C 未饱和水与过热蒸汽表

饱和参数：

- 0.01×10^5 Pa：$t_{\text{sat}}=6.92\,℃$，$h''=2513\,\text{kJ/kg}$，$v''=129.9\,\text{m}^3/\text{kg}$，$s''=8.975\,\text{kJ/(kg·K)}$
- 0.05×10^5 Pa：$t_{\text{sat}}=32.88\,℃$，$h''=2561\,\text{kJ/kg}$，$v''=28.19\,\text{m}^3/\text{kg}$，$s''=8.393\,\text{kJ/(kg·K)}$
- 0.10×10^5 Pa：$t_{\text{sat}}=45.84\,℃$，$h''=2584\,\text{kJ/kg}$，$v''=14.68\,\text{m}^3/\text{kg}$，$s''=8.149\,\text{kJ/(kg·K)}$
- 0.50×10^5 Pa：$t_{\text{sat}}=81.35\,℃$，$h''=2645\,\text{kJ/kg}$，$v''=3.239\,\text{m}^3/\text{kg}$，$s''=7.593\,\text{kJ/(kg·K)}$
- 1.0×10^5 Pa：$t_{\text{sat}}=99.64\,℃$，$h''=2675\,\text{kJ/kg}$，$v''=1.694\,\text{m}^3/\text{kg}$，$s''=7.360\,\text{kJ/(kg·K)}$
- 2.0×10^5 Pa：$t_{\text{sat}}=120.23\,℃$，$h''=2707\,\text{kJ/kg}$，$v''=0.8854\,\text{m}^3/\text{kg}$，$s''=7.127\,\text{kJ/(kg·K)}$

压力 p / 温度 t（℃）；各压力下 v（m³/kg），h（kJ/kg），s（kJ/(kg·K)）

t/℃	0.01×10^5 v	h	s	0.05×10^5 v	h	s	0.10×10^5 v	h	s	0.50×10^5 v	h	s	1.0×10^5 v	h	s	2.0×10^5 v	h	s
0	0.0010002	0.0	0.0000	0.0010002	0.0	0.0000	0.0010002	0.0	0.0000	0.0010002	0.1	0.0000	0.0010001	0.1	0.0000	0.0010000	0.2	0.0000
10	131.3	2518	8.995	0.0010003	41.9	0.1511	0.0010003	41.9	0.1511	0.0010003	42.0	0.1511						
20	136.0	2537	9.056	0.0010018	83.7	0.2964	0.0010018	83.7	0.2964	0.0010018	83.8	0.2964	0.0010018	83.9	0.2964	0.0010017	84.0	0.2964
30	140.7	2556	9.117	0.0010044	125.6	0.4363	0.0010044	125.6	0.4363	0.0010044	125.6	0.4363						
40	145.4	2575	9.178	28.87	2574	8.434	0.0010079	167.5	0.5715	0.0010079	167.5	0.5715	0.0010079	167.5	0.5715	0.0010078	167.6	0.5716
50	150.0	2594	9.238	29.80	2593	8.492	15.00	2593	8.170	0.0010121	209.3	0.7031	0.0010121	209.3	0.7031	0.0010120	209.4	0.7033
60	154.7	2613	9.296	30.73	2612	8.549	15.35	2611	8.227	0.0010171	251.1	0.8307	0.0010171	251.1	0.8307	0.0010170	251.2	0.8307
70	159.4	2632	9.352	31.65	2631	8.605	15.81	2630	8.283	0.0010228	293.0	0.9546						
80	164.0	2651	9.406	32.58	2650	8.659	16.27	2649	8.337	0.0010290	334.9	1.0748	0.0010289	334.9	1.0748	0.0010289	335.0	1.0748
90	168.7	2669	9.459	33.50	2669	8.712	16.74	2669	8.390	3.324	2663	7.640						
100	173.3	2688	9.510	34.43	2688	8.764	17.20	2688	8.442	3.420	2688	7.693	1.695	2676	7.361	0.0010434	419.0	1.3067
120	182.6	2726	9.609	36.28	2726	8.863	18.13	2726	8.542	3.608	2722	7.795	1.795	2717	7.465	0.0010603	503.7	1.5269
140	191.9	2764	9.703	38.13	2764	8.957	19.06	2764	8.636	3.795	2761	7.890	1.889	2757	7.562	0.9357	2749	7.227
160	201.1	2803	9.793	39.98	2803	9.047	19.98	2802	8.727	3.982	2799	7.981	1.984	2796	7.654	0.9840	2790	7.324
180	210.4	2841	9.880	41.83	2841	9.135	20.90	2841	8.814	4.169	2838	8.069	2.078	2835	7.743	1.032	2830	7.415
200	219.8	2880	9.963	43.68	2880	9.219	21.83	2879	8.897	4.335	2877	8.152	2.172	2875	7.828	1.080	2870	7.501
220	229.1	2918	10.044	45.53	2918	9.299	22.76	2918	8.978	4.540	2916	8.233	2.266	2914	7.910	1.128	2910	7.583
240	238.3	2953	10.121	47.37	2958	9.376	23.68	2957	9.056	4.726	2956	8.311	2.359	2954	7.988	1.175	2950	7.633
260	247.6	2997	10.196	49.22	2997	9.451	24.60	2995	9.131	4.912	2995	8.386	2.452	2993	8.064	1.222	2990	7.740
280	256.9	3037	10.269	51.07	3037	9.524	25.53	3035	9.203	5.098	3035	8.460	2.545	3033	8.139	1.269	3030	7.815
300	266.2	3077	10.340	52.92	3077	9.595	26.46	3077	9.274	5.284	3076	8.531	2.638	3074	8.211	1.316	3071	7.887
400	312.6	3280	10.665	62.16	3280	9.921	31.08	3280	9.601	6.212	3279	8.858	3.102	3278	8.541	1.549	3276	8.219
500	359.0	3490	10.958	71.39	3490	10.214	35.70	3490	9.895	7.136	3489	9.152	3.565	3488	8.833	1.781	3487	8.512
600	405.6	3707	11.226	80.64	3707	10.482	40.32	3707	10.162	8.085	3707	9.419	4.028	3706	9.097	2.013	3705	8.776

214

压力 p 温度	4.0×10⁵Pa t_sat=143.62℃ h"=2738kJ/kg v"=0.4624m³/kg s"=6.897kJ/(kg·K)			6.0×10⁵Pa t_sat=158.84℃ h"=2757kJ/kg v"=0.3156m³/kg s"=6.761kJ/(kg·K)			8.0×10⁵Pa t_sat=170.42℃ h"=2769kJ/kg v"=0.2403m³/kg s"=6.663kJ/(kg·K)			10×10⁵Pa t_sat=179.88℃ h"=2778kJ/kg v"=0.1946m³/kg s"=6.587kJ/(kg·K)			20×10⁵Pa t_sat=212.37℃ h"=2.799kJ/kg v"=0.09958m³/kg s"=6.340kJ/(kg·K)			30×10⁵Pa t_sat=233.83℃ h"=2.804kJ/kg v"=0.06665m³/kg s"=6.186kJ/(kg·K)		
t	v	h	s	v	h	s	v	h	s	v	h	s	v	h	s	v	h	s
℃	m³/kg	kJ/kg	kJ/(kg·K)	m³/kg	kJ/kg	kJ/(kg·K)	m³/kg	kJ/kg	kJ/(kg·K)	m³/kg	kJ/kg	kJ/(kg·K)	m³/kg	kJ/kg	kJ/(kg·K)	m³/kg	kJ/kg	kJ/(kg·K)
0	0.0010000	0.5	0.0000	0.0009998	0.7	0.0000	0.0009997	0.9	0.0000	0.0009996	1.1	0.0000	0.0009991	2.1	0.0000	0.0009986	3.1	0.0000
20	0.0010017	84.1	0.2964	0.0010015	84.3	0.2964	0.0010015	84.5	0.2962	0.0010014	84.7	0.2960	0.0010009	85.7	0.2957	0.0010004	86.7	0.2956
40	0.0010078	167.7	0.5716	0.0010076	167.9	0.5716	0.0010076	168.1	0.5714	0.0010075	168.3	0.5712	0.0010070	169.2	0.5708	0.0010065	170.1	0.5707
50	0.0010120	209.5	0.7030	0.0010118	209.7	0.7028	0.0010118	209.9	0.7026	0.0010117	210.1	0.7024	0.0010112	210.9	0.7020	0.0010107	211.8	0.7018
60	0.0010170	251.3	0.8303	0.0010168	251.5	0.8302	0.0010167	251.7	0.8300	0.0010166	251.8	0.8298	0.0010161	252.6	0.8294	0.0010157	253.5	0.8290
80	0.0010288	335.1	1.0745	0.0010287	335.2	1.0744	0.0010286	335.3	1.0742	0.0010285	335.4	1.0740	0.0010280	336.2	1.0731	0.0010275	337.0	1.0726
100	0.0010433	419.1	1.3063	0.0010432	419.1	1.3062	0.0010431	419.2	1.3060	0.0010430	419.3	1.3058	0.0010424	420.1	1.3048	0.0010419	420.9	1.3038
120	0.0010602	503.7	1.5265	0.0010601	503.7	1.5265	0.0010600	503.8	1.5263	0.0010598	503.9	1.5261	0.0010593	504.7	1.5252	0.0010587	505.4	1.5244
140	0.0010798	598.1	1.738	0.0010797	589.1	1.738	0.0010795	589.1	1.737	0.0010794	589.2	1.737	0.0010787	589.9	1.736	0.0010782	590.6	1.735
150	0.4709	2754	6.928	0.0010906	632.1	1.840	0.0010904	632.1	1.840	0.0010902	632.1	1.840	0.0010895	632.8	1.838	0.0010889	633.4	1.837
160	0.4840	2776	6.980	0.3167	2759	6.767	0.0011020	675.4	1.941	0.0011018	675.4	1.94	0.0011011	675.9	1.939	0.0011004	676.4	1.938
180	0.5094	2818	7.077	0.3348	2805	6.869	0.2473	2792	6.715	0.1949	2778	6.588	0.0011267	763.2	2.136	0.0011258	763.7	2.134
200	0.5341	2859	7.166	0.3520	2849	6.963	0.2609	2839	6.814	0.2060	2827	6.692	0.0011561	852.4	2.328	0.0011551	852.6	2.326
220	0.5585	2900	7.251	0.3688	2891	7.051	0.2739	2883	6.905	0.2169	2874	6.788	0.1021	2821	6.385	0.0011891	943.5	2.514
240	0.5827	2941	7.332	0.3855	2933	7.135	0.2867	2926	6.991	0.2274	2918	6.877	0.1084	2875	6.491	0.06826	2823	6.225
260	0.6068	2982	7.410	0.4019	2975	7.215	0.2993	2969	7.073	0.2377	2962	6.961	0.1143	2924	6.585	0.07294	2882	6.337
280	0.6307	3023	7.486	0.4181	3017	7.292	0.3118	3011	7.151	0.2478	3005	7.040	0.1200	2972	6.674	0.07720	2937	6.438
300	0.6545	3065	7.560	0.4342	3059	7.366	0.3240	3054	7.226	0.2578	3048	7.116	0.1255	3019	6.757	0.08119	2988	6.530
400	0.7723	3273	7.895	0.5136	3270	7.704	0.3842	3267	7.568	0.3065	3263	7.461	0.1511	3246	7.122	0.09929	3229	6.916
500	0.8890	3485	8.190	0.5919	3483	8.001	0.4432	3481	7.866	0.3539	3479	7.761	0.1755	3468	7.429	0.1161	3456	7.231
600	1.0054	3703	8.455	0.6697	3701	8.266	0.5018	3699	8.132	0.4010	3698	8.027	0.1995	3690	7.701	0.1325	3682	7.506

饱和参数：
- $40\times10^5\,\mathrm{Pa}$：$t_{sat}=250.33\,℃$，$h''=2.801\,\mathrm{kJ/kg}$，$v''=0.04977\,\mathrm{m^3/kg}$，$s''=6.070\,\mathrm{kJ/(kg\cdot K)}$
- $50\times10^5\,\mathrm{Pa}$：$t_{sat}=263.91\,℃$，$h''=2.794\,\mathrm{kJ/kg}$，$v''=0.03944\,\mathrm{m^3/kg}$，$s''=5.973\,\mathrm{kJ/(kg\cdot K)}$
- $60\times10^5\,\mathrm{Pa}$：$t_{sat}=275.56\,℃$，$h''=2.785\,\mathrm{kJ/kg}$，$v''=0.03243\,\mathrm{m^3/kg}$，$s''=5.890\,\mathrm{kJ/(kg\cdot K)}$
- $70\times10^5\,\mathrm{Pa}$：$t_{sat}=285.80\,℃$，$h''=2.772\,\mathrm{kJ/kg}$，$v''=0.02737\,\mathrm{m^3/kg}$，$s''=5.814\,\mathrm{kJ/(kg\cdot K)}$
- $80\times10^5\,\mathrm{Pa}$：$t_{sat}=294.80\,℃$，$h''=2.758\,\mathrm{kJ/kg}$，$v''=0.02352\,\mathrm{m^3/kg}$，$s''=5.745\,\mathrm{kJ/(kg\cdot K)}$
- $90\times10^5\,\mathrm{Pa}$：$t_{sat}=303.32\,℃$，$h''=2.743\,\mathrm{kJ/kg}$，$v''=0.02048\,\mathrm{m^3/kg}$，$s''=5.678\,\mathrm{kJ/(kg\cdot K)}$

压力 p / 温度 t (℃)	40×10^5 Pa			50×10^5 Pa			60×10^5 Pa			70×10^5 Pa			80×10^5 Pa			90×10^5 Pa		
	v m³/kg	h kJ/kg	s kJ/(kg·K)	v m³/kg	h kJ/kg	s kJ/(kg·K)	v m³/kg	h kJ/kg	s kJ/(kg·K)	v m³/kg	h kJ/kg	s kJ/(kg·K)	v m³/kg	h kJ/kg	s kJ/(kg·K)	v m³/kg	h kJ/kg	s kJ/(kg·K)
0	0.0009981	4.2	0.0002	0.0009976	5.2	0.0004	0.0009971	6.2	0.0004	0.0009966	7.2	0.0004	0.000961	8.2	0.0004	0.0009956	9.2	0.0004
20	0.0010000	87.6	0.2953	0.0009995	88.5	0.2951	0.0009991	89.4	0.2948	0.0009987	90.4	0.2945	0.0009983	91.3	0.2943	0.0009978	92.3	0.2941
40	0.0010061	171.0	0.5704	0.0010056	171.9	0.5699	0.0010052	172.8	0.5694	0.0010048	173.7	0.5689	0.0010043	174.6	0.5686	0.0010038	175.5	0.5681
50	0.0010103	212.7	0.7012	0.0010098	213.6	0.7005	0.0010094	214.4	0.700	0.0010090	215.3	0.6995	0.0010085	216.2	0.6992	0.0010080	217.1	0.6986
60	0.0010152	254.4	0.8282	0.0010147	255.3	0.8273	0.0010143	256.1	0.8263	0.0010139	256.9	0.8263	0.0010134	257.8	0.8260	0.0010129	258.7	0.8253
80	0.0010270	337.8	1.0718	0.0010265	338.7	1.0709	0.0010261	339.5	1.0702	0.0010257	340.3	1.0694	0.0010254	341.2	1.0689	0.0010249	342.1	1.0682
100	0.0010414	421.7	1.3030	0.0010408	422.5	1.3020	0.0010403	423.3	1.3012	0.0010400	424.1	1.3003	0.0010398	424.9	1.2996	0.0010393	425.7	1.2988
120	0.0010582	506.2	1.5236	0.0010576	506.9	1.5233	0.0010571	507.7	1.5215	0.0010567	508.4	1.5205	0.0010564	509.1	1.5198	0.0010559	509.8	1.5189
140	0.0010776	591.2	1.734	0.0010769	591.9	1.733	0.0010763	592.6	1.732	0.0010758	593.2	1.731	0.0010754	593.9	1.730	0.0010749	594.6	1.729
150	0.0010883	634.0	1.836	0.0010876	634.7	1.835	0.0010869	635.4	1.834	0.0010864	636.0	1.833	0.0010859	636.6	1.832	0.0010854	637.3	1.831
160	0.0010997	677.0	1.936	0.0010990	677.7	1.935	0.0010938	678.4	1.934	0.0010977	679.0	1.933	0.0010972	679.6	1.931	0.0010966	680.3	1.930
180	0.0011250	764.2	2.133	0.0011242	764.9	2.131	0.0011234	765.5	2.119	0.0011226	766.1	2.123	0.0011220	766.7	2.126	0.0011213	767.4	2.125
200	0.0011541	853.0	2.324	0.0011530	853.6	2.322	0.0011522	854.0	2.320	0.0011512	854.5	2.319	0.0011504	855.0	2.317	0.0011496	855.5	2.316
220	0.0011879	943.8	2.512	0.0011867	944.1	2.510	0.0011855	944.5	2.508	0.0011845	944.8	2.506	0.0011833	945.1	2.504	0.0011822	945.5	2.502
240	0.0012280	1037.4	2.698	0.0012264	1037.4	2.696	0.0012249	1037.6	2.693	0.0012235	1037.8	2.691	0.0012221	1037.9	2.688	0.0012207	1038.1	2.686
250	0.0012511	1085.7	2.791	0.0012492	1085.7	2.789	0.0012476	1085.7	2.786									
260	0.05174	2834	6.133	0.0012749	1135.1	2.882	0.0012727	1134.8	2.879	0.0012706	1134.6	2.876	0.0012689	1134.4	2.873	0.0012669	1134.2	2.870
280	0.05550	2898	6.249	0.04224	2854	6.083	0.03315	2803	5.923	0.0013304	1235.9	3.063	0.0013275	1235.4	3.059	0.0013246	1234.9	3.056
300	0.05888	2955	6.352	0.04539	2920	6.200	0.03620	2880	6.060	0.02948	2835	5.925	0.02429	2784	5.788	0.0014016	1344.3	3.249
400	0.07337	3211	6.762	0.05781	3193	6.640	0.04742	3174	6.535	0.03997	3155	6.442	0.03488	3135	6.358	0.03001	3114	6.280
500	0.08642	3445	7.087	0.06858	3433	6.974	0.05667	3421	6.878	0.04817	3409	6.795	0.04177	3397	6.722	0.03680	3386	6.656
600	0.09885	3674	7.367	0.07870	3666	7.257	0.06525	3658	7.165	0.05565	3649	7.087	0.04844	3640	7.019	0.04285	3631	6.957

附录

饱和及过热水蒸气性质表（续）

各压力下的饱和参数：

- $100 \times 10^5\,\text{Pa}$：$t_{sat}=318.04\,℃$，$h''=2705\,\text{kJ/kg}$，$v''=0.01598\,\text{m}^3/\text{kg}$，$s''=5.553\,\text{kJ/(kg·K)}$
- $120 \times 10^5\,\text{Pa}$：$t_{sat}=324.63\,℃$，$h''=2685\,\text{kJ/kg}$，$v''=0.01426\,\text{m}^3/\text{kg}$，$s''=5.492\,\text{kJ/(kg·K)}$
- $140 \times 10^5\,\text{Pa}$：$t_{sat}=336.63\,℃$，$h''=2638\,\text{kJ/kg}$，$v''=0.01149\,\text{m}^3/\text{kg}$，$s''=5.372\,\text{kJ/(kg·K)}$
- $160 \times 10^5\,\text{Pa}$：$t_{sat}=347.32\,℃$，$h''=2582\,\text{kJ/kg}$，$v''=0.009318\,\text{m}^3/\text{kg}$，$s''=5.247\,\text{kJ/(kg·K)}$
- $180 \times 10^5\,\text{Pa}$：$t_{sat}=356.96\,℃$，$h''=2510\,\text{kJ/kg}$，$v''=0.007504\,\text{m}^3/\text{kg}$，$s''=5.107\,\text{kJ/(kg·K)}$
- $200 \times 10^5\,\text{Pa}$：$t_{sat}=365.71\,℃$，$h''=2410\,\text{kJ/kg}$，$v''=0.00585\,\text{m}^3/\text{kg}$，$s''=4.928\,\text{kJ/(kg·K)}$

压力 p	100×10^5 Pa			120×10^5 Pa			140×10^5 Pa			160×10^5 Pa			180×10^5 Pa			200×10^5 Pa		
温度 t / ℃	v / (m³/kg)	h / (kJ/kg)	s / (kJ/(kg·K))	v	h	s	v	h	s	v	h	s	v	h	s	v	h	s
0	0.0009951	10.2	0.0004	0.0009941	12.2	0.0006	0.0009931	14.2	0.0008	0.0009922	16.2	0.00099	0.0009913	18.2	0.0011	0.0009904	20.2	0.0013
20	0.0009975	93.2	0.2939	0.0009965	95.1	0.2935	0.0009957	96.9	0.2930	0.0009948	98.9	0.2925	0.0009930	100.7	0.2918	0.0009930	102.6	0.2918
40	0.0010033	176.4	0.5677	0.0010024	178.2	0.5668	0.0010016	179.9	0.5660	0.0010007	181.7	0.5653	0.0009999	183.5	0.5647	0.0009990	185.3	0.5640
50	0.0010075	218.0	0.6980	0.0010066	216.8	0.6970	0.0010058	221.4	0.6960	0.0010049	223.2	0.6951	0.0010041	225.0	0.6942	0.0010033	226.7	0.6933
60	0.0010125	259.6	0.8247	0.0010116	261.4	0.8236	0.0010108	263.0	0.8224	0.0010099	264.7	0.8212	0.0010091	266.5	0.8200	0.0010083	268.1	0.8188
80	0.0010245	342.9	1.0676	0.0010236	344.6	1.0662	0.0010226	346.2	1.0648	0.0010217	347.9	1.0634	0.0010209	349.5	1.0620	0.0010200	351.1	1.0605
100	0.0010386	426.5	1.2982	0.0010379	428.1	1.2967	0.0010368	429.6	1.2951	0.0010359	431.2	1.2937	0.0010349	432.7	1.2923	0.0010339	434.2	1.2909
120	0.0010552	510.5	1.5182	0.0010544	512.0	1.5165	0.0010533	513.4	1.5148	0.0010522	524.9	1.5131	0.0010512	516.4	1.5115	0.0010501	517.8	1.5098
150	0.0010741	595.3	1.728	0.0010732	596.7	1.727	0.0010719	598.0	1.724	0.0010707	599.4	1.722	0.0010695	600.8	1.721	0.0010684	602.1	1.719
160	0.0010845	638.0	1.830	0.0010835	639.4	1.828	0.0010822	640.7	1.826	0.0010809	642.0	1.823	0.0010796	643.4	1.822	0.0010784	644.6	1.820
180	0.0010956	681.0	1.929	0.0010946	682.4	1.927	0.0010932	683.6	1.925	0.0010918	684.9	1.922	0.0010905	686.2	1.921	0.0010891	687.4	1.919
200	0.0011201	768.0	2.123	0.0011189	769.1	2.121	0.0011174	770.2	2.118	0.0011157	771.3	2.116	0.0011142	772.4	2.114	0.0011126	773.5	2.112
220	0.0011482	856.0	2.314	0.0011468	857.0	2.311	0.0011448	857.9	2.308	0.0011430	858.8	2.305	0.0011411	859.7	2.302	0.0011393	860.6	2.299
240	0.0011805	945.8	2.500	0.0011788	946.6	2.497	0.0011766	947.3	2.493	0.0011744	948.0	2.489	0.0011721	948.7	2.486	0.0011700	949.4	2.488
250	0.0012185	1038.3	2.684	0.0012164	1083.7	2.680	0.0012136	1039.1	2.676	0.0012109	1039.5	2.672	0.0012082	1039.9	2.668	0.0012056	1040.3	2.664
260	0.0012650	1134.1	2.868	0.0012612	1133.9	2.863	0.0012575	1133.8	2.858	0.0012316	1086.2	2.762	0.0012286	1086.4	2.758	0.0012256	1086.6	2.754
280	0.0013217	1234.5	3.053	0.0013164	1233.7	3.046	0.0013111	1232.9	3.040	0.0012539	1133.7	2.853	0.0012504	1133.7	2.848	0.0012470	1133.6	2.843
300	0.0013970	1342.2	3.244	0.0013886	1340.0	3.235	0.0013808	1338.0	3.226	0.0013061	1232.2	3.035	0.0013013	1231.6	3.028	0.0012968	1230.9	3.023
320	0.01926	2778	5.705	0.001493	1459.3	3.441	0.001479	1454.1	3.427	0.0013735	1336.2	3.218	0.0013665	1334.6	3.211	0.0013598	1333.2	3.204
340	0.02150	2878	5.872	0.01624	2789	5.667	0.01197	2672	5.436	0.001466	1449.8	3.414	0.001455	1446.3	3.403	0.001444	1442.9	3.394
350										0.001616	1586.3	3.642	0.001592	1576.6	3.620	0.001569	1569.1	3.603
360	0.02337	2958	6.002	0.01810	2892	5.832	0.01425	2812	5.654	0.00978	2612	5.302	0.001704	1657	3.751	0.001824	1644	3.724
380										0.01106	2843	5.457	0.01042	2759	5.149	0.00828	2655	5.309
400	0.02646	3093	6.207	0.02113	3049	6.071	0.01726	3000	5.942	0.01429	2945	5.816	0.01194	2884	5.498	0.00998	2816	5.553
500	0.03281	3372	6.596	0.02681	3347	6.487	0.02252	3321	6.390	0.01930	3294	6.303	0.01678	3267	6.221	0.01478	3238	6.144
600	0.03837	3621	6.901	0.03163	3603	6.803	0.02683	3585	6.716	0.02322	3567	6.640	0.02043	3549	6.572	0.01816	3530	6.508

粗水平线之上为未饱和水，粗水平线之下为过热蒸汽。

216

附表 D　金属材料的密度、比热容和导热系数

材料名称	密度 ρ kg/m³ (20℃)	比热容 c_p J/(kg·℃) (20℃)	导热系数 λ W/(m·℃) (20℃)	导热系数 λ，W/(m·℃)　温度 ℃ −100	0	100	200	300	400	600	800	1000	1200
纯铝	2710	902	236	243	236	240	238	234	228	215			
杜拉铝(96Al-4Cu微量Mg)	2790	881	169	124	160	188	188	193					
铝合金(92Al-8Mg)	2610	904	107	86	102	123	148						
铝合金(87Al-13Si)	2660	871	162	139	158	173	176	180					
铍	1850	1758	219	382	218	170	145	129	118		352		
纯铜	8930	386	398	421	401	393	389	384	379	366			
铝青铜(90Cu-10Al)	8360	420	56		49	57	66						
青铜(89Cu-11Sn)	8800	343	24.8		24	28.4	33.2						
黄铜(70Cu-30Zn)	8440	377	109	90	106	131	143	145	148				
铜合金(60Cu-40Ni)	8920	410	22.2	19	22.2	23.4	22.2						
黄金	19300	127	315	331	318	313	310	305	300	287			
纯铁	7870	455	81.1	96.7	83.5	72.1	63.5	56.5	50.3	39.4	29.6	29.4	31.6
阿姆口铁	7860	455	73.2	82.9	74.7	67.5	61.0	54.8	49.9	38.6	29.3	29.3	31.1
灰铸铁(C≈3%)	7570	470	39.2		28.5	32.4	35.8	37.2	36.6	20.8	19.2		
碳钢(C≈0.5%)	7840	465	49.8		50.5	47.5	44.8	42.0	39.4	34.0	29.0		
碳钢(C≈1.0%)	7790	470	43.2		43.0	42.8	42.2	41.5	40.6	36.7	32.2		
碳钢(C≈1.5%)	7750	470	36.7		36.8	36.6	36.2	35.7	34.7	31.7	27.8		
铬钢(Cr≈5%)	7830	460	36.1		36.3	35.2	34.7	33.5	31.4	28.0	27.2	27.2	27.2
铬钢(Cr≈13%)	7740	460	26.8		26.5	27.0	27.0	27.0	27.6	28.4	29.0	29.0	
铬钢(Cr≈17%)	7710	460	22		22	22.2	22.6	22.6	23.3	24.0	24.8	25.5	
铬钢(Cr≈26%)	7650	460	22.6		22.6	23.8	25.5	27.2	28.5	31.8	35.1	38	
铬镍钢(18-20Cr/8 12Ni)	7820	460	15.2	12.2	14.7	16.6	18.0	19.4	20.8	23.5	26.3		

材料名称	20℃ 密度ρ kg/m³	20℃ 比热容 c_p J/(kg·℃)	20℃ 导热系数λ W/(m·℃)	导热系数λ, W/(m·℃) — 温度℃ -100	0	100	200	300	400	600	800	1000	1200
铬镍钢(17-19Cr/9-13Ni)	7830	460	14.7	11.8	14.3	16.1	17.5	17.9	20.2	22.8	25.5	28.2	30.9
镍钢(Ni≈1%)	7900	460	45.5	40.8	45.2	46.8	46.1	44.1	41.2	41.2	35.7		
镍钢(Ni≈3.5%)	7910	460	36.5	30.7	36.0	38.8	39.7	39.2	37.8				
镍钢(Ni≈25%)	8030	460	13.0										
镍钢(Ni≈35%)	8110	460	13.8	10.9	13.4	15.4	17.1	18.6	20.1	23.1			
镍钢(Ni≈44%)	8190	460	15.8		15.7	16.1	16.5	16.9	17.1	17.8	18.4		
镍钢(Ni≈50%)	8260	460	19.6	17.3	19.4	20.5	21.0	21.1	21.3	22.5			
锰钢(Mn≈12%~13%，Ni≈3%)	7800	487	13.6			14.8	16.0	17.1	18.3				
锰钢(Mn≈0.4%)	7860	440	51.2			51.0	50.0	47.0	43.5	35.5	27		
钨钢(W≈5%~6%)	8070	436	18.7		18.4	19.7	21.0	22.3	23.6	24.9	26.3		
铅	11340	128	35.5	37.2	35.5	34.3	32.8	31.5					
镁	1730	1020	156	160	157	154	152	150					
钼	9590	255	138	146	139	135	131	127	123	116	109	103	93.7
镍	8900	444	91.4	144	94	82.8	74.2	67.3	64.6	69.0	73.3	77.6	81.9
铂	21450	133	73.3	73.3	71.5	71.6	72.0	72.8	73.6	76.6	80.80	84.2	88.9
银	10500	234	427	431	428	422	415	407	399	384			
锡	7310	228	67	75	68.2	63.2	60.9						
钛	4500	520	22	23.3	22.4	20.7	19.9	19.5	19.4	19.9			
铀	19070	116	37.4	24.3	27	29.1	31.1	33.4	35.7	40.6	45.6		
锌	7140	388	121	123	122	117	112						
锆	6570	276	22.9	26.5	23.2	21.8	21.2	20.9	21.4	22.3	24.5	26.4	28.0
钨	19350	134	179	204	182	166	153	142	134	125	119	114	110

附表 E 保温、建筑及其他材料的密度和导热系数

材 料 名 称	温度 t ℃	密度 ρ kg/m³	导热系数 λ W/(m·℃)	材 料 名 称	温度 t ℃	密度 ρ kg/m³	导热系数 λ W/(m·℃)
膨胀珍珠岩散料	25	60~300	0.021~0.062	玉米梗板	22	25.2	0.065
沥青膨胀珍珠岩	31	233~282	0.069~0.076	棉花	20	117	0.049
磷酸盐膨胀珍珠岩制品	20	200~250	0.044~0.052	丝	20	57.7	0.036
水玻璃膨胀珍珠岩制品	20	200~300	0.056~0.065	锯木屑	20	179	0.086
蛭石	20	395~467	0.10~0.13	硬泡沫塑料	30	29.5~56.3	0.041~0.048
膨胀蛭石	20	100~130	0.051~0.07	软泡沫塑料	30	41~162	0.043~0.056
沥青蛭石板管	20	350~400	0.081~0.10	铝箔间隔层(5层)	21		0.042
石棉粉	22	744~1400	0.099~0.19	红砖(营造状态)	25	1860	0.87
石棉砖	21	384	0.099	红砖	35	1560	0.49
石棉绳	15	590~730	0.10~0.21	松木(垂直木纹)	15	496	0.15
石棉绒	21	35~230	0.055~0.077	松木(平行木纹)	21	527	0.35
石棉板	30	770~1045	0.10~0.14	水泥	30	1900	0.30
碳酸镁石棉灰	30	240~490	0.077~0.086	混凝土板	35	1930	0.79
硅藻土石棉灰	30	280~380	0.085~0.11	耐酸混凝土板	30	2250	1.5~1.6
粉煤灰砖	27	458~589	0.12~0.22	黄砂	30	1580~1700	0.28~0.34
矿渣棉	30	207	0.058	泥土	20		0.83
玻璃丝	35	120~492	0.058~0.07	瓷砖	37	2090	1.1
玻璃棉毡	28	18.4~38.3	0.043	玻璃		2500	0.52~1.1
软木板	20	105~437	0.044~0.079	聚苯乙烯	30	24.7~37.8	0.04~0.043
木丝纤维板	25	245	0.048	花岗石		2643	1.73~3.98
稻草浆板	20	325~365	0.068~0.084	大理石	20	2499~2707	2.70
麻秆板	25	180~147	0.056~0.11	云母	25	290	0.58
甘蔗板	20	282	0.067~0.072	水垢	65		1.31~3.14
蔗芯板	20	95.5	0.05	冰	0	913	2.22

附表 F 干空气的热物理性质($p = 760\text{mmHg} \approx 1.01 \times 10^5 \text{Pa}$)

t ℃	ρ kg/m³	c_p kJ/(kg·℃)	$\lambda \times 10^2$ W/(m·℃)	$a \times 10^6$ m²/s	$\mu \times 10^6$ kg/(m·s)	$\nu \times 10^6$ m²/s	Pr
−50	1.584	1.013	2.04	12.7	14.6	9.24	0.728
−40	1.515	1.013	2.12	13.8	15.2	10.04	0.278
−30	1.453	1.013	2.20	14.9	15.7	10.80	0.723
−20	1.395	1.009	2.28	16.2	16.2	11.61	0.716
−10	1.342	1.009	2.36	17.4	16.7	12.43	0.712
0	1.293	1.005	2.44	18.8	17.2	13.28	0.707
10	1.247	1.005	2.51	20.0	17.6	14.16	0.705
20	1.205	1.005	2.59	21.4	18.1	15.06	0.703
30	1.165	1.005	2.67	22.9	18.6	16.00	0.701
40	1.128	1.005	2.76	24.3	19.1	16.96	0.699
50	1.003	1.005	2.83	25.7	19.6	17.95	0.698
60	1.060	1.005	2.90	26.2	20.1	18.97	0.696
70	1.029	1.009	2.96	28.6	20.6	20.02	0.694
80	1.000	1.009	3.05	30.2	21.1	21.09	0.692
90	0.972	1.009	3.13	31.9	21.5	22.10	0.690
100	0.946	1.009	3.21	33.6	21.9	23.13	0.688
120	0.898	1.009	3.34	36.8	22.8	25.45	0.686
140	0.854	1.013	3.49	40.3	23.7	27.80	0.684
160	0.815	1.017	3.64	43.9	24.5	30.09	0.682
180	0.779	1.022	3.78	47.5	25.3	32.49	0.681
200	0.746	1.026	3.93	51.4	26.0	34.85	0.680
250	0.674	1.038	4.27	61.0	27.4	40.61	0.677
300	0.615	1.047	4.60	71.6	29.7	48.33	0.674
350	0.566	1.059	4.91	81.9	31.4	55.46	0.676
400	0.524	1.068	5.21	93.1	33.0	63.09	0.678
500	0.456	1.093	5.74	115.8	36.2	79.38	0.687
600	0.404	1.114	6.22	138.3	39.1	96.89	0.699
700	0.362	1.135	6.71	163.4	41.8	115.4	0.700
800	0.329	1.156	7.18	188.8	44.3	134.8	0.713
900	0.301	1.172	7.63	216.2	46.7	155.1	0.717
1000	0.277	1.185	8.07	245.9	49.0	177.1	0.719
1100	0.257	1.197	8.50	276.2	51.2	199.3	0.722
1200	0.239	1.210	9.15	316.5	53.5	233.7	0.724

附表 G 未饱和水（1.013×10⁵Pa）和饱和水的热物理性质

t °C	p 10⁵Pa	ρ kg/m³	h' kJ/kg	c_p kJ/(kg·K)	$\lambda \times 10^2$ W/(m·K)	$a \times 10^3$ m²/s	$\mu \times 10^6$ kg/(m·s)	$\nu \times 10^6$ m²/s	$\beta \times 10^4$ K⁻¹	$\sigma \times 10^4$ N/m	Pr
0	1.013	999.9	0	4.212	55.1	13.1	1788	1.789	-0.63	756.4	13.67
10	1.013	999.7	42.04	4.919	57.4	13.7	1306	1.306	0.70	741.6	9.52
20	1.013	998.2	83.91	4.183	59.9	14.3	1004	1.006	1.82	726.8	7.02
30	1.013	995.7	125.7	4.174	61.8	14.9	801.5	0.805	3.21	712.2	5.42
40	1.013	992.2	167.5	4.174	63.5	15.3	653.3	0.659	3.87	696.5	4.31
50	1.013	988.1	209.3	4.174	64.8	15.7	549.4	0.556	4.49	676.9	3.54
60	1.013	983.2	251.1	4.179	65.9	16.0	469.9	0.478	5.11	662.2	3.98
70	1.013	977.8	293.0	4.187	66.8	16.3	406.1	0.415	5.70	643.5	2.55
80	1.013	971.8	335.0	4.195	67.4	16.6	355.1	0.365	6.32	625.9	2.21
90	1.103	965.3	377.0	4.208	68.0	16.8	314.9	0.325	6.95	607.2	1.95
100	1.013	958.4	419.1	4.220	68.3	16.9	282.5	0.295	7.52	588.6	1.75
110	1.43	951.0	461.4	4.233	68.5	17.0	259.0	0.272	8.08	569.0	1.60
120	1.98	943.1	503.7	4.250	68.6	17.1	237.4	0.252	8.64	548.4	1.47
130	2.70	934.8	546.4	4.266	68.6	17.2	217.8	0.233	9.19	528.8	1.36
140	3.61	926.1	589.1	4.287	68.5	17.2	201.1	0.217	9.72	507.2	1.26
150	4.76	917.8	632.2	4.313	68.4	17.3	186.4	0.203	10.3	486.6	1.17
160	6.18	907.4	675.4	4.346	68.3	17.3	173.6	0.191	10.7	466.0	1.10
170	7.92	897.3	719.3	4.380	67.9	17.3	162.8	0.181	11.3	443.4	1.05
180	10.03	886.9	763.3	4.417	67.4	17.2	153.0	0.173	11.9	422.8	1.00
190	12.55	876.0	807.8	4.459	67.0	17.1	144.2	0.165	12.6	400.2	0.96

t ℃	p 10^5Pa	ρ kg/m³	h' kJ/kg	c_p kJ/(kg·K)	$\lambda \times 10^2$ W/(m·K)	$a \times 10^3$ m²/s	$\mu \times 10^6$ kg/(m·s)	$\nu \times 10^6$ m²/s	$\beta \times 10^4$ K⁻¹	$\sigma \times 10^4$ N/m	Pr
200	15.55	863.0	852.5	4.505	66.3	17.0	136.4	0.158	13.3	376.7	0.93
210	19.08	852.3	897.7	4.555	65.5	16.9	130.5	0.153	14.1	354.1	0.91
220	23.20	840.3	943.7	4.614	64.5	16.6	124.6	0.148	14.8	331.6	0.89
230	27.89	827.3	990.2	4.681	63.7	16.4	119.7	0.145	15.9	310.0	0.88
240	33.48	813.6	1037.5	4.756	62.8	16.2	114.8	0.141	16.8	285.5	0.87
250	39.78	799.0	1085.7	4.844	61.8	15.9	109.9	0.137	18.1	216.9	0.86
260	46.94	784.0	1135.1	4.949	60.5	15.6	105.9	0.135	19.7	237.4	0.87
270	55.50	767.9	1185.3	5.070	59.0	15.1	102.0	0.133	21.6	214.8	0.88
280	64.19	750.7	1236.8	5.230	57.4	14.6	98.1	0.131	23.7	191.3	0.90
290	74.45	732.2	1290.0	5.485	55.8	13.9	94.2	0.129	26.2	168.7	0.93
300	85.92	712.5	1344.9	5.736	54.0	13.2	91.2	0.128	29.2	144.2	0.97
310	98.7	691.1	1402.2	6.071	52.3	12.5	88.3	0.128	32.9	120.7	1.03
320	112.90	667.1	1462.1	6.574	50.6	11.5	85.3	0.128	38.2	98.10	1.11
330	128.65	640.2	1526.2	7.244	48.4	10.4	81.4	0.127	43.3	76.71	1.22
340	146.08	610.1	1594.8	8.165	45.7	9.17	77.5	0.127	53.4	56.70	1.39
350	165.37	574.4	1971.4	9.504	43.0	7.88	72.6	0.126	66.8	38.16	1.60
360	186.74	528.0	1761.5	13.984	39.5	5.36	66.7	0.126	109	20.21	2.35
370	210.53	450.5	1892.5	40.321	33.7	1.86	56.9	0.126	264	4.709	6.79

附表 H 干饱和水蒸气的热物理性质

t ℃	p $10^5 Pa$	ρ'' kg/m^3	h kJ/kg	γ kJ/kg	c_p $kJ/(kg \cdot K)$	$\lambda \times 10^2$ $W/(m \cdot K)$	$a \times 10^3$ m^2/s	$\mu \times 10^6$ $kg/(m \cdot s)$	$\nu \times 10^6$ m^2/s	Pr
0	0.00611	0.004847	2501.6	2501.6		1.83	7313.0	8.022	1655.01	0.815
10	0.012270	0.009396	2520.0	2477.7	1.8594	1.88	3881.3	8.424	896.54	0.831
20	0.02338	0.01729	2538.0	2454.3	1.8661	1.94	2167.2	8.84	509.90	0.847
30	0.04241	0.03037	2556.5	2430.9	1.8744	2.00	1265.1	9.218	303.53	0.863
40	0.07375	0.05116	2574.5	2407.0	1.8853	2.06	768.45	9.620	188.04	0.883
50	0.12335	0.08302	2592.0	2382.7	1.8987	2.12	483.59	10.022	120.72	0.896
60	0.19920	0.1302	2609.6	2358.4	1.9155	2.19	315.55	10.424	80.07	0.913
70	0.3116	0.1982	2626.8	2334.1	1.9364	2.25	210.57	10.817	54.57	0.930
80	0.4736	0.2933	2643.5	2309.0	1.9615	2.33	145.53	11.219	38.25	0.947
90	0.7011	0.4235	2660.3	2283.1	1.9921	2.40	102.22	11.621	27.44	0.966
100	1.0130	0.5977	2676.2	2257.1	2.0281	2.48	73.57	12.023	20.21	0.984
110	1.4327	0.8265	2691.3	2229.9	2.0704	2.56	53.83	12.425	15.03	1.00
120	1.9854	1.122	2705.9	2202.3	2.1198	2.65	40.15	12.798	11.41	1.02
130	2.7013	1.497	2719.7	2173.8	2.1763	2.76	30.46	13.170	8.80	1.40
140	3.614	1.967	2733.1	2144.1	2.2408	2.85	23.28	13.543	6.89	1.06
150	4.760	2.548	2745.3	2113.1	2.3142	2.97	18.10	13.896	5.45	1.08
160	6.181	3.260	2756.6	2081.3	2.3974	3.08	14.20	14.249	4.37	1.11
170	7.920	4.123	2767.1	2047.8	2.4911	3.21	11.25	14.612	3.54	1.13
180	10.027	5.160	2776.3	2013.0	2.5958	3.36	9.03	14.965	2.90	1.15
190	12.551	6.397	2784.2	1976.6	2.7126	3.51	7.29	15.298	2.39	1.18

t ℃	p 10^5Pa	ρ'' kg/m³	h kJ/kg	γ kJ/kg	c_p kJ/(kg·K)	$\lambda \times 10^2$ W/(m·K)	$a \times 10^3$ m²/s	$\mu \times 10^6$ kg/(m·s)	$\nu \times 10^6$ m²/s	Pr
200	15.549	7.864	2790.9	1938.5	2.8428	3.68	5.92	15.651	1.99	1.21
210	19.077	9.593	2796.4	1898.3	2.9877	3.87	4.86	15.995	1.67	1.24
220	23.198	11.62	2799.7	1856.4	3.1497	4.07	4.00	16.338	1.41	1.26
230	27.976	14.00	2801.8	1811.6	3.3310	4.30	3.32	16.701	1.19	1.29
240	33.478	16.67	2802.2	1764.7	3.5366	4.54	2.76	17.073	1.02	1.33
250	39.776	19.99	2800.6	1714.5	3.7723	4.84	2.31	17.446	0.873	1.36
260	16.943	23.73	2796.4	1661.3	4.0470	5.18	1.94	17.848	0.752	1.40
270	55.058	28.10	2789.7	1604.8	4.3735	5.55	1.63	18.280	0.651	1.44
280	64.202	33.19	2780.5	1543.7	4.7675	6.00	1.37	18.750	0.565	1.49
290	74.461	39.16	2767.5	1477.5	5.2528	6.55	1.15	19.270	0.492	1.54
300	85.927	46.19	2751.1	1405.9	5.8632	7.22	0.96	19.839	0.430	1.61
310	98.700	54.54	2730.2	1327.6	6.6503	8.02	0.80	20.691	0.380	1.71
320	112.89	64.60	2703.8	1241.0	7.7217	8.65	0.62	21.691	0.336	1.94
330	128.63	76.99	2670.3	1143.8	9.1613	9.61	0.48	23.093	0.300	2.24
340	146.05	92.76	2626.0	1030.8	12.2180	10.7	0.34	24.692	0.266	2.82
350	165.35	113.6	2567.8	895.6	17.1504	11.90	0.22	26.594	0.234	3.83
360	186.75	144.1	2485.3	721.4	25.1162	13.70	0.14	29.193	0.203	5.34
370	210.54	201.1	2342.9	452.6	81.1025	16.60	0.04	33.989	0.169	15.7
374.15	221.20	315.5	2107.2	0.0		23.80	0.0	44.992	0.143	

参 考 文 献

[1] 朱明善. 工程热力学[M]. 2 版. 北京:清华大学出版社,2011.

[2] 沈维道,童钧耕. 工程热力学[M]. 4 版. 北京:高等教育出版社,2007.

[3] 严家騄. 工程热力学[M]. 4 版. 北京:高等教育出版社,2006.

[4] 陶文铨. 传热学[M]. 西安:西北工业大学出版社,2006.

[5] 赵镇真. 传热学[M]. 北京:高等教育出版社,2002.

[6] 傅俊萍. 热工理论基础[M]. 长沙:湖南师范大学出版社,2005.

[7] 何雅玲. 工程热力学常见题型解析及模拟题[M]. 西安:西北工业大学出版社,2004.

[8] 朱明善,邓小雪,等. 工程热力学题型分析[M]. 2 版. 北京:清华大学出版社,2000.

[9] 何雅玲. 工程热力学精要分析及典型题精解[M]. 西安:西安交通大学出版社,2001.

[10] 徐生荣. 工程热力学[M]. 南京:东南大学出版社,2004.

[11] 陈宏芳,杜建华. 高等工程热力学[M]. 北京:清华大学出版社,2003.

[12] 赵玉珍. 热工原理[M]. 哈尔滨:哈尔滨工业大学出版社,1990.

[13] 吴祖明. 热工理论基础(内部教材)[M]. 武汉:武汉交通科技大学,1991.

[14] 曹玉璋. 热工基础[M]. 北京:航空工业出版社,1995.

[15] 傅秦生,何雅玲,赵小明. 热工理论与应用[M]. 北京:机械工业出版社,2001.

[16] 刘桂玉,刘志刚,等. 工程热力学[M]. 北京:高等教育出版社,1998.

[17] 严家禄,余晓福. 水和水蒸气热力性质图表[M]. 北京:高等教育出版社,1995.

[18] 杨世铭,陶文铨. 传热学[M]. 3 版. 北京:高等教育出版社,1998.

[19] 俞佐平. 传热学[M]. 2 版. 北京:高等教育出版社,1988.

[20] Holman J P. Heat Transfer. 8th ed. New York:McGraw-Hill Book Company,1997.

[21] 戴锅生. 传热学[M]. 2 版. 北京:高等教育出版社,1999.